《建筑与市政施工现场安全卫生与职业健康通用规范》**GB 55034** 实施指南

《建筑与市政施工现场安全卫生与职业健康
通用规范》GB 55034 实施指南编写组　编著

中国建筑工业出版社

图书在版编目（CIP）数据

《建筑与市政施工现场安全卫生与职业健康通用规范》
GB 55034 实施指南 /《建筑与市政施工现场安全卫生与
职业健康通用规范》GB 55034 实施指南编写组编著. --
北京：中国建筑工业出版社，2024.2
ISBN 978-7-112-29629-3

Ⅰ. ①建… Ⅱ. ①建… Ⅲ. ①建筑工程－工程施工－
劳动卫生－管理规范－指南②市政工程－工程施工－劳动
卫生－管理规范－指南 Ⅳ. ① TU714-62

中国国家版本馆 CIP 数据核字（2024）第 040624 号

责任编辑：曹丹丹　田立平　张　磊
责任校对：张　颖

《建筑与市政施工现场安全卫生与职业健康通用规范》GB 55034 实施指南

《建筑与市政施工现场安全卫生与职业健康
通用规范》GB 55034 实施指南编写组　编著

*

中国建筑工业出版社出版、发行（北京海淀三里河路9号）
各地新华书店、建筑书店经销
北京建筑工业印刷有限公司制版
建工社（河北）印刷有限公司印刷

*

开本：850毫米×1168毫米　1/32　印张：12$\frac{1}{8}$　字数：336千字
2025 年 3 月第一版　　2025 年 3 月第一次印刷
定价：**58.00** 元
ISBN 978-7-112-29629-3
（42710）

《建筑与市政施工现场安全卫生与职业健康通用规范》GB 55034 实施指南

编写委员会

主　　编：冯大阔

副 主 编：王大讲　　叶雨山　　孟　刚　　卢海陆

编写人员：闫亚召　　张　辉　　陈　璐　　胡　彬

　　　　　孟庆鑫　　南北豪　　李留洋　　沈　晨

　　　　　祁予海　　陈伊涛

编写单位

中国建筑第七工程局有限公司

序

按照《国务院关于印发深化标准化工作改革方案的通知》（国发〔2015〕13号）要求，住房和城乡建设部印发了《关于深化工程建设标准化工作改革的意见》，明确提出构建以全文强制性工程建设规范（以下简称"工程规范"）为核心，推荐性标准和团体标准为配套的新型工程建设标准体系。通过制定工程规范，筑牢工程建设技术"底线"，按照工程规范规定完善推荐性工程技术标准和团体标准，细化技术要求，提高技术水平，形成政府与市场共同供给标准的新局面，逐步实现与"技术法规与技术标准相结合"的国际通行做法接轨。

工程规范作为工程建设的"技术法规"，是勘察、设计、施工、验收、维护等建设项目全生命周期必须严格执行的技术准则。在编制方面，与现行工程建设标准规定建设项目技术要求和方法不同，工程规范突出强调对建设项目的规模、布局、功能、性能及关键技术措施的要求。在实施方面，工程规范突出强调以建设目标和结果为导向，在满足性能化要求前提下，技术人员可以结合工程实际合理选择技术方法，创新技术实现路径。

《建筑与市政施工现场安全卫生与职业健康通用规范》发布后，我部标准定额研究所组织规范编制单位，在条文说明的基础上编制了本工程规范实施指南，供相关工程建设技术和管理人员在工作中研究参考，希望能为上述人员准确把握、正确执行工程规范提供帮助。

住房和城乡建设部标准定额司

前　　言

　　建筑与市政工程建设过程中，施工现场的安全、环境、卫生和职业健康管理是工程管理中的重要部分，关系到施工现场每位人员的生命财产安全、环境安全和身心健康。党和国家高度重视安全和环境管理、卫生和职业健康管理工作，制定和出台了一系列法律法规、规范性文件和标准规范，防范和减少安全事故的发生。"安全第一、预防为主、综合治理"的方针是党和国家的重要政策，是社会主义企业管理的一项基本原则。

　　标准规范可以提高生产效率、保证产品质量、促进技术创新、促进国际贸易、保护环境和人身安全，是国民经济和社会发展的重要技术支撑。2015年，国务院印发《国务院关于印发深化标准化工作改革方案的通知》文件，提出建立政府主导制定的标准与市场自主制定的标准协同发展、协调配套的新型标准体系，健全统一协调、运行高效、政府与市场共治的标准化管理体制，形成政府引导、市场驱动、社会参与、协同推进的标准化工作格局，有效支撑统一市场体系建设，让标准成为对质量的"硬约束"，推动中国经济迈向中高端水平。2016年，住房和城乡建设部印发《关于深化工程建设标准化工作改革的意见》文件，提出按照政府制定强制性标准、社会团体制定自愿采用性标准的长远目标，到2020年，适应标准改革发展的管理制度基本建立，重要的强制性标准发布实施，政府推荐性标准得到有效精简，团体标准具有一定规模；到2025年，以强制性标准为核心、推荐性标准和团体标准相配套的标准体系初步建立，标准有效忭、先进性、适用性进一步增强，标准国际影响力和贡献力进一步提升。

　　《建筑与市政施工现场安全卫生与职业健康通用规范》GB 55034（以下简称《规范》）作为住房和城乡建设领域全文强制规范之一，

以建筑与市政工程施工中的现场安全、环境、卫生与职业健康管理为对象，以建筑与市政工程施工中保障人身健康和生命财产安全、生态环境安全，满足经济社会管理基本需要为目的，明确建筑与市政工程施工现场安全管理、环境管理、卫生管理和职业健康管理的功能、性能和技术指标要求。安全管理规定了施工现场高处坠落、物体打击、起重伤害、坍塌、机械伤害、冒顶片帮、车辆伤害等14种安全隐患的管理要求；环境管理规定了施工现场扬尘、建筑垃圾、施工污水、噪声污染等环境管理要求；卫生管理规定了施工现场饮用水、食品、防疫等卫生管理要求；职业健康管理规定了施工现场起重机械操作、电焊、切割、安装、油漆等工种职业健康管理要求。

为了配合规范的实施，便于使用人员领会规范条文，把握其关键实施要点，我们组织编写了《〈建筑与市政施工现场安全卫生与职业健康通用规范〉GB 550534 实施指南》（以下简称《指南》）。《指南》各章节内容及编号与规范一致，按照章节和条文顺序给出了【条文要点】和【实施要点】。【条文要点】明确了条文规定的目的和意义，或明确是功能、功能目标要求，还是性能要求，或者是关键技术措施要求。【实施要点】紧扣规范条文，着重说明条文规定的关键内涵或外延，明确如何实现条文规定的功能和性能要求以及条文规定的关键实施要点。需要说明的是，《指南》只是为《规范》的实施和操作提供借鉴参考，不是《规范》及其条文规定的补充说明和全面解释；不能替代《规范》的强制规定，更不能免除因违反《规范》条文规定而产生的责任和处罚。

《指南》作为《规范》的释义性资料，力求为《规范》的拓展理解和有效实施提供帮助和参考。由于部分内容编制与标准引用存在时间性差异，同时限于编写成员水平，书中不免有疏漏和不足之处，敬请读者批评指正。

《建筑与市政施工现场安全卫生与职业健康
通用规范》GB 55034 实施指南编写组

目　　录

第一部分

《建筑与市政施工现场安全卫生与职业健康通用规范》

1 总　　则

1.0.1 为在建筑与市政工程施工中保障人身健康和生命财产安全、生态环境安全，满足经济社会管理基本需要，制定本规范。

1.0.2 建筑与市政工程施工现场安全、环境、卫生与职业健康管理必须执行本规范。

1.0.3 建筑与市政工程施工应符合国家施工现场安全、环保、防灾减灾、应急管理、卫生及职业健康等方面的政策，实现人身健康和生命财产安全、生态环境安全。

1.0.4 工程建设所采用的技术方法和措施是否符合本规范要求，由相关责任主体判定。其中，创新性的技术方法和措施，应进行论证并符合本规范中有关性能的要求。

2 基本规定

2.0.1 工程项目专项施工方案和应急预案应根据工程类型、环境地质条件和工程实践制定。

2.0.2 工程项目应根据工程特点及环境条件进行安全分析、危险源辨识和风险评价，编制重大危险源清单并制定相应的预防和控制措施。

2.0.3 施工现场规划、设计应根据场地情况、入住队伍和人员数量、功能需求、工程所在地气候特点和地方管理要求等各项条件，采取满足施工生产、安全防护、消防、卫生防疫、环境保护、防范自然灾害和规范化管理等要求的措施。

2.0.4 施工现场生活区应符合下列规定：

　　1 围挡应采用可循环、可拆卸、标准化的定型材料，且高度不得低于1.8m。

　　2 应设置门卫室、宿舍、厕所等临建房屋，配备满足人员管理和生活需要的场所和设施；场地应进行硬化和绿化，并应设置有效的排水设施。

　　3 出入大门处应有专职门卫，并应实行封闭式管理。

　　4 应制定法定传染病、食物中毒、急性职业中毒等突发疾病应急预案。

2.0.5 应根据各工种的作业条件和劳动环境等为作业人员配备安全有效的劳动防护用品，并应及时开展劳动防护用品使用培训。

2.0.6 进场材料应具备质量证明文件，其品种、规格、性能等应满足使用及安全卫生要求。

2.0.7 各类设施、设备应具备制造许可证或其他质量证明文件。

2.0.8 停缓建工程项目应做好停工期间的安全保障工作，复工前应进行检查，排除安全隐患。

3 安 全 管 理

3.1 一 般 规 定

3.1.1 工程项目应根据工程特点制定各项安全生产管理制度，建立健全安全生产管理体系。

3.1.2 施工现场应合理设置安全生产宣传标语和标牌，标牌设置应牢固可靠。应在主要施工部位、作业层面、危险区域以及主要通道口设置安全警示标识。

3.1.3 施工现场应根据安全事故类型采取防护措施。对存在的安全问题和隐患，应定人、定时间、定措施组织整改。

3.1.4 不得在外电架空线路正下方施工、吊装、搭设作业棚、建造生活设施或堆放构件、架具、材料及其他杂物等。

3.2 高 处 坠 落

3.2.1 在坠落高度基准面上方 2m 及以上进行高空或高处作业时，应设置安全防护设施并采取防滑措施，高处作业人员应正确佩戴安全帽、安全带等劳动防护用品。

3.2.2 高处作业应制定合理的作业顺序。多工种垂直交叉作业存在安全风险时，应在上下层之间设置安全防护设施。严禁无防护措施进行多层垂直作业。

3.2.3 在建工程的预留洞口、通道口、楼梯口、电梯井口等孔洞以及无围护设施或围护设施高度低于 1.2m 的楼层周边、楼梯侧边、平台或阳台边、屋面周边和沟、坑、槽等边沿应采取安全防护措施，并严禁随意拆除。

3.2.4 严禁在未固定、无防护设施的构件及管道上进行作业或通行。

3.2.5 各类操作平台、载人装置应安全可靠，周边应设置临边防护，并应具有足够的强度、刚度和稳定性，施工作业荷载严禁超过其设计荷载。

3.2.6 遇雷雨、大雪、浓雾或作业场所 5 级以上大风等恶劣天气时，应停止高处作业。

3.3 物 体 打 击

3.3.1 在高处安装构件、部件、设施时，应采取可靠的临时固定措施或防坠措施。

3.3.2 在高处拆除或拆卸作业时，严禁上下同时进行。拆卸的施工材料、机具、构件、配件等，应运至地面，严禁抛掷。

3.3.3 施工作业平台物料堆放重量不应超过平台的容许承载力，物料堆放高度应满足稳定性要求。

3.3.4 安全通道上方应搭设防护设施，防护设施应具备抗高处坠物穿透的性能。

3.3.5 预应力结构张拉、拆除时，预应力端头应采取防护措施，且轴线方向不应有施工作业人员。无粘结预应力结构拆除时，应先解除预应力，再拆除相应结构。

3.4 起 重 伤 害

3.4.1 吊装作业前应设置安全保护区域及警示标识，吊装作业时应安排专人监护，防止无关人员进入，严禁任何人在吊物或起重臂下停留或通过。

3.4.2 使用吊具和索具应符合下列规定：

　1　吊具和索具的性能、规格应满足吊运要求，并与环境条件相适应；

　2　作业前应对吊具与索具进行检查，确认完好后方可投入使用；

　3　承载时不得超过额定荷载。

3.4.3 吊装重量不应超过其中设备的额定起重量。吊装作业严禁超载、斜拉或起吊不明重量的物体。

3.4.4 物料提升机严禁使用摩擦式卷扬机。

3.4.5 施工升降设备的行程限位开关严禁作为停止运行的控制开关。

3.4.6 吊装作业时，对未形成稳定体系的部分，应采取临时固定措施。对临时固定的构件，应在安装固定完成并经检查确认无误后，方可解除临时固定措施。

3.4.7 大型起重机械严禁在雨、雪、雾、霾、沙尘等低能见度天气时进行安装拆卸作业；起重机械最高处的风速超出 9.0m/s 时，应停止起重机安装拆卸作业。

3.5 坍 塌

3.5.1 土方开挖的顺序、方法应与设计工况相一致，严禁超挖。

3.5.2 边坡坡顶、基坑顶部及底部应采取截水或排水措施。

3.5.3 边坡及基坑周边堆放材料、停放设备设施或使用机械设备等荷载严禁超过设计要求的地面荷载限值。

3.5.4 边坡及基坑开挖作业过程中，应根据设计和施工方案进行监测。

3.5.5 当基坑出现下列现象时，应及时采取处理措施，处理后方可继续施工。

    1 支护结构或周边建筑物变形值超过设计变形控制值；

    2 基坑侧壁出现大量漏水、流土，或基坑底部出现管涌；

    3 桩间土流失空洞深度超过桩径。

3.5.6 当桩基成孔施工中发现斜孔、弯孔、缩孔、塌孔或沿护筒周围冒浆及地面沉陷等现象时，应及时采取处理措施。

3.5.7 基坑回填应在具有挡土功能的结构强度达到设计要求后进行。

3.5.8 回填土应控制土料含水率及分层压实厚度等参数，严禁使用淤泥、沼泽土、泥炭土、冻土、有机土或含生活垃圾的土。

3.5.9 模板及支架应根据施工工况进行设计，并应满足承载力、刚度和稳定性要求。

3.5.10 混凝土强度应达到规定要求后，方可拆除模板和支架。

3.5.11 施工现场物料、物品等应整齐堆放，并应根据具体情况采取相应的固定措施。

3.5.12 临时支撑结构安装、使用时应符合下列规定：

1 严禁与起重机械设备、施工脚手架等连接；

2 临时支撑结构作业层上的施工荷载不得超过设计允许荷载；

3 使用过程中，严禁拆除构配件。

3.5.13 建筑施工临时结构应进行安全技术分析，并应保证在设计使用工况下保持整体稳定性。

3.5.14 拆除作业应符合下列规定：

1 拆除作业应从上至下逐层拆除，并应分段进行，不得垂直交叉作业。

2 人工拆除作业时，作业人员应在稳定的结构或专用设备上操作，水平构件上严禁人员聚集或物料集中堆放；拆除建筑墙体时，严禁采用底部掏掘或推倒的方法。

3 拆除建筑时应先拆除非承重结构，再拆除承重结构。

4 上部结构拆除过程中应保证剩余结构的稳定。

3.6 机 械 伤 害

3.6.1 机械操作人员应按机械使用说明书规定的技术性能、承载能力和使用条件正确操作、合理使用机械，严禁超载、超速作业或扩大使用范围。

3.6.2 机械操作装置应灵敏，各种仪表应功能完好，指示装置应醒目、直观、清晰。

3.6.3 机械上的各种安全防护装置、保险装置、报警装置应齐全有效，不得随意更换、调整或拆除。

3.6.4 机械作业应设置安全区域，严禁非作业人员在作业区停留、通过、维修或保养机械。当进行清洁、保养、维修机械时，应设置警示标识，待切断电源、机械停稳后，方可进行操作。

3.6.5 工程结构上搭设脚手架、施工作业平台，以及安装塔式起重机、施工升降机等机具设备时，应进行工程结构承载力、变形等验算，并应在工程结构性能达到要求后进行搭设、安装。

3.6.6 塔式起重机安全监控系统应具有数据存储功能，其监视内容应包含起重量、起重力矩、起升高度、幅度、回转角度、运行行程等信息。塔式起重机有运行危险趋势时，控制回路电源应能自动切断。

3.7 冒 顶 片 帮

3.7.1 暗挖施工应合理规划开挖顺序，严禁超挖，并应根据围岩情况、施工方法及时采取有效支护，当发现支护变形超限或损坏时，应立即整修和加固。

3.7.2 盾构作业时，掘进速度应与地表控制的隆陷值、进出土量及同步注浆等相协调。

3.7.3 盾构掘进中遇有下列情况之一时，应停止掘进，分析原因并采取措施：

   1 盾构前方地层发生坍塌或遇有障碍；

   2 盾构自转角度超出允许范围；

   3 盾构位置偏离超出允许范围；

   4 盾构推力增大超出预计范围；

   5 管片防水、运输及注浆等过程发生故障。

3.7.4 顶进作业前，应对施工范围内的既有线路进行加固。顶进施工时应对既有线路、顶力体系和后背实时进行观测、记录、分析和控制，发现变形和位移超限时，应立即进行调整。

3.8 车 辆 伤 害

3.8.1 施工车辆运输危险物品时应悬挂警示牌。

3.8.2 施工现场车辆行驶道路应平整坚实，在特殊路段应设置反光柱、爆闪灯、转角灯等设施，车辆行驶应遵守施工现场限速要求。

3.8.3 车辆行驶过程中，严禁人员上下。

3.8.4 夜间施工时，施工现场应保障充足的照明，施工车辆应降低行驶速度。

3.8.5 施工车辆应定期进行检查、维护和保养。

3.9 中毒和窒息

3.9.1 领取和使用有毒物品时，应实行双人双重责任制，作业中途不得擅离职守。

3.9.2 施工单位应根据施工环境设置通风、换气和照明等设备。

3.9.3 受限或密闭空间作业前，应按照氧气、可燃性气体、有毒有害气体的顺序进行气体检测。当气体浓度超过安全允许值时，严禁作业。

3.9.4 室内装修作业时，严禁使用苯、工业苯、石油苯、重质苯及混苯作为稀释剂和溶剂，严禁使用有机溶剂清洗施工用具。建筑外墙清洗时，不得采用强酸强碱清洗剂及有毒有害化学品。

3.10 触　　电

3.10.1 施工现场用电的保护接地与防雷接地应符合下列规定：

　　1 保护接地导体（PE）、接地导体和保护联结导体应确保自身可靠连接；

　　2 采用剩余电流动作保护电器时应装设保护接地导体（PE）；

　　3 共享接地装置的电阻值应满足各种接地的最小电阻值的要求。

3.10.2 施工用电的发电机组电源应与其他电源互相闭锁，严禁并列运行。

3.10.3 施工现场配电线路应符合下列规定：

　　1 线缆敷设应采取有效保护措施，防止对线路的导体造成机械损伤和介质腐蚀。

　　2 电缆中应包含全部工作芯线、中性导体（N）及保护接地导体（PE）或保护中性导体（PEN）；保护接地导体（PE）及保护中性导体（PEN）外绝缘层应为黄绿双色；中性导体（N）外绝缘层应为淡蓝色；不同功能导体外绝缘色不应混用。

3.10.4 施工现场的特殊场所照明应符合下列规定：

1 手持式灯具应采用供电电压不大于 36V 的安全特低电压（SELV）供电；

2 照明变压器应使用双绕组型安全隔离变压器，严禁采用自耦变压器；

3 安全隔离变压器严禁带入金属容器或金属管道内使用。

3.10.5 电气设备和线路检修应符合下列规定：

1 电气设备检修、线路维修时，严禁带电作业。应切断并隔离相关配电回路及设备的电源，并应检验、确认电源被切除，对应配电间的门、配电箱或切断电源的开关上锁，及应在锁具或其箱门、墙壁等醒目位置设置警示标识牌。

2 电气设备发生故障时，应采用验电器检验，确认断电后方可检修，并在控制开关明显部位悬挂"禁止合闸、有人工作"停电标识牌。停送电必须由专人负责。

3 线路和设备作业严禁预约停送电。

3.10.6 管道、容器内进行焊接作业时，应采取可靠的绝缘或接地措施，并应保障通风。

3.11 爆　　炸

3.11.1 柴油、汽油、氧气瓶、乙炔气瓶、煤气罐等易燃、易爆液体或气体容器应轻拿轻放、严禁暴力抛掷，并应设置专门的存储场所，严禁存放在住人用房。

3.11.2 严禁利用输送可燃液体、可燃气体或爆炸性气体的金属管道作为电气设备的保护接地导体。

3.11.3 输送管道进行强度和严密性试验时，严禁使用可燃气体和氧气进行试验。

3.11.4 当管道强度试验和严密性试验中发现缺陷时，应待试验压力降至大气压后进行处理，处理合格后应重新进行试验。

3.11.5 设备、管道内部涂装和衬里作业时，应采用防爆型电气设备和照明器具，并应采取防静电保护措施。可燃性气体、蒸汽和粉尘浓度应控制在可燃烧极限和爆炸下限的 10% 以下。

3.11.6 输送臭氧、氧气的管道及附件在安装前应进行除锈、吹扫、脱脂。

3.11.7 压力容器及其附件应合格、完好和有效；严禁使用减压器或其他附件缺损的氧气瓶。严禁使用乙炔专用减压器、回火防止器或其他附件缺损的乙炔气瓶。

3.11.8 对承压作业时的管道、容器或装有剧毒、易燃、易爆物品的容器，严禁进行焊接或切割作业。

3.12 爆 破 作 业

3.12.1 爆破作业前应对爆区周围的自然条件和环境状况进行调查，了解危及安全的不利环境因素，并应采取必要的安全防范措施。

3.12.2 爆破作业前应确定爆破警戒范围，并应采取相应的警戒措施。应在人员、机械、车辆全部撤离或者采取防护措施后方可起爆。

3.12.3 爆破作业人员应按设计药量进行装药，网路敷设后应进行起爆网路检查，起爆信号发出后现场指挥应再次确认达到安全起爆条件，然后下令起爆。

3.12.4 露天浅孔、深孔、特种爆破实施后，应等待 5min 后方准许人员进入爆破作业区检查；当无法确认有无盲炮时，应等待 15min 后方准许人员进入爆破作业区检查；地下工程爆破后，经通风除尘排烟确认井下空气合格后，应等待 15min 后方准许人员进入爆破作业区检查。

3.12.5 有下列情况之一时，严禁进行爆破作业：

    1 爆破可能导致不稳定边坡、滑坡、崩塌等危险；

    2 爆破可能危及建（构）筑物、公共设施或人员的安全；

3 危险区边界未设置警戒的；

4 恶劣天气条件下。

3.13 透　　水

3.13.1 地下施工作业穿越富水地层、岩溶发育地质、采空区以及其他可能引发透水事故的施工环境时，应制定相应的防水、排水、降水、堵水及截水措施。

3.13.2 盾构机气压作业前，应通过计算和试验确定开挖仓内气压，确保地层条件满足气体保压的要求。

3.13.3 钢板桩或钢管桩围堰施工前，其锁口应采取止水措施；土石围堰外侧迎水面应采取防冲刷措施，防水应严密；施工过程中应监测水位变化，围堰内外水头差应满足安全要求。

3.14 淹　　溺

3.14.1 当场地内开挖的槽、坑、沟、池等积水深度超过 0.5m 时，应采取安全防护措施。

3.14.2 水上或水下作业人员，应正确佩戴救生设施。

3.14.3 水上作业时，操作平台或操作面周边应采取安全防护措施。

3.15 灼　　烫

3.15.1 高温条件下，作业人员应正确佩戴个人防护用品。

3.15.2 带电作业时，作业人员应采取防灼烫的安全措施。

3.15.3 具有腐蚀性的酸、碱、盐、有机物等应妥善储存、保管和使用，使用场所应有防止人员受到伤害的安全措施。

4 环 境 管 理

4.0.1 主要通道、进出道路、材料加工区及办公生活区地面应全部进行硬化处理；施工现场内裸露的场地和集中堆放的土方应采取覆盖、固化或绿化等防尘措施。易产生扬尘的物料应全部篷盖。

4.0.2 施工现场出口应设冲洗池和沉淀池，运输车辆底盘和车轮全部冲洗干净后方可驶离施工场所。施工场地、道路应采取定期洒水抑尘措施。

4.0.3 建筑垃圾应分类存放、按时处置。收集、储存、运输或装卸建筑垃圾时应采取封闭措施或其他防护措施。

4.0.4 施工现场严禁熔融沥青及焚烧各类废弃物。

4.0.5 严禁将有毒物质、易燃易爆物品、油类、酸碱类物质向城市排水管道或地表水体排放。

4.0.6 施工现场应设置排水沟及沉淀池，施工污水应经沉淀处理后，方可排入市政污水管网。

4.0.7 严禁将危险废物纳入建筑垃圾回填点、建筑垃圾填埋场，或送入建筑垃圾资源化处理厂处理。

4.0.8 施工现场应编制噪声污染防治工作方案并积极落实，并应采用有效的隔声降噪设备、设施或施工工艺等，减少噪声排放，降低噪声影响。

4.0.9 施工现场应在安全位置设置临时休息点。施工区域禁止吸烟。

5 卫 生 管 理

5.0.1 施工现场应根据工人数量合理设置临时饮水点。施工现场生活饮用水应符合卫生标准。

5.0.2 饮用水系统与非饮用水系统之间不得存在直接或间接连接。

5.0.3 施工现场食堂应设置独立的制作间、储藏间，配备必要的排风和冷藏设施；应制定食品留样制度并严格执行。

5.0.4 食堂应有餐饮服务许可证和卫生许可证，炊事人员应持有身体健康证。

5.0.5 施工现场应选择满足安全卫生标准的食品，且食品加工、准备、处理、清洗和储存过程应无污染、无毒害。

5.0.6 施工现场应根据施工人员数量设置厕所，厕所应定期清扫、消毒，厕所粪便严禁直接排入雨水管网、河道或水沟内。

5.0.7 施工现场和生活区应设置保障施工人员个人卫生需要的设施。

5.0.8 施工现场生活区宿舍、休息室应根据人数合理确定使用面积、布置空间格局，且应设置足够的通风、采光、照明设施。

5.0.9 办公区和生活区应采取灭鼠、灭蚊蝇、灭蟑螂及灭其他害虫的措施。

5.0.10 办公区和生活区应定期消毒，当遇突发疫情时，应及时上报，并应按卫生防疫部门相关规定进行处理。

5.0.11 办公区和生活区应设置封闭的生活垃圾箱，生活垃圾应分类投放，收集的垃圾应及时清运。

5.0.12 施工现场应配备充足有效的医疗和急救用品，且应保障在需要时方便取用。

6 职业健康管理

6.0.1 应为从事放射性、高毒、高危粉尘等方面工作的作业人员，建立、健全职业卫生档案和健康监护档案，定期提供医疗咨询服务。

6.0.2 架子工、起重吊装工、信号指挥工配备劳动防护用品应符合下列规定：

1 架子工、塔式起重机操作人员、起重吊装工应配备灵便紧口的工作服、系带防滑鞋和工作手套；

2 信号指挥工应配备专用标识服装，在强光环境条件作业时，应配备有色防护眼镜。

6.0.3 电工配备劳动防护用品应符合下列规定：

1 维修电工应配备绝缘鞋、绝缘手套和灵便紧口的工作服；

2 安装电工应配备手套和防护眼镜；

3 高压电气作业时，应配备相应等级的绝缘鞋、绝缘手套和有色防护眼镜。

6.0.4 电焊工、气割工配备劳动防护用品应符合下列规定：

1 电焊工、气割工应配备阻燃防护服、绝缘鞋、鞋盖、电焊手套和焊接防护面罩；高处作业时，应配备安全帽与面罩连接式焊接防护面罩和阻燃安全带；

2 进行清除焊渣作业时，应配备防护眼镜；

3 进行磨削钨极作业时，应配备手套、防尘口罩和防护眼镜；

4 进行酸碱等腐蚀性作业时，应配备防腐蚀性工作服、耐酸碱胶鞋、耐酸碱手套、防护口罩和防护眼镜；

5 在密闭环境或通风不良的情况下，应配备送风式防护面罩。

6.0.5 锅炉、压力容器及管道安装工配备劳动防护用品应符合下列规定：

1 锅炉、压力容器安装工及管道安装工应配备紧口工作服和保护足趾安全鞋；在强光环境条件作业时，应配备有色防护眼镜；

2 在地下或潮湿场所作业时，应配备紧口工作服、绝缘鞋和绝缘手套。

6.0.6 油漆工在进行涂刷、喷漆作业时，应配备防静电工作服、防静电鞋、防静电手套、防毒口罩和防护眼镜；进行砂纸打磨作业时，应配备防尘口罩和密闭式防护眼镜。

6.0.7 普通工进行淋灰、筛灰作业时，应配备高腰工作鞋、鞋盖、手套和防尘口罩，并应配备防护眼镜；进行抬、扛物料作业时，应配备垫肩；进行人工挖扩桩孔井下作业时，应配备雨靴、手套和安全绳；进行拆除工程作业时，应配备保护足趾安全鞋和手套。

6.0.8 磨石工应配备紧口工作服、绝缘胶靴、绝缘手套和防尘口罩。

6.0.9 防水工配备劳动防护用品应符合下列规定：

1 进行涂刷作业时，应配备防静电工作服、防静电鞋和鞋盖、防护手套、防毒口罩和防护眼镜；

2 进行沥青熔化、运送作业时，应配备防烫工作服、高腰布面胶底防滑鞋和鞋盖、工作帽、耐高温长手套、防毒口罩和防护眼镜。

6.0.10 钳工、铆工、通风工配备劳动防护用品应符合下列规定：

1 使用锉刀、刮刀、錾子、扁铲等工具进行作业时，应配备紧口工作服和防护眼镜；

2 进行剔凿作业时，应配备手套和防护眼镜；进行搬抬作业时，应配备保护足趾安全鞋和手套；

3 进行石棉、玻璃棉等含尘毒材料作业时，应配备防异物工作服、防尘口罩、风帽、风镜和薄膜手套。

6.0.11 电梯、起重机械安装拆卸工进行安装、拆卸和维修作业时，应配备紧口工作服、保护足趾安全鞋和手套。

6.0.12 进行电钻、砂轮等手持电动工具作业时，应配备绝缘鞋、绝缘手套和防护眼镜；进行可能飞溅渣屑的机械设备作业时，应配备防护眼镜。

6.0.13 其他特殊环境作业的人员配备劳动防护用品应符合下列规定：

  1 在噪声环境下工作的人员应配备耳塞、耳罩或防噪声帽等；

  2 进行地下管道、井、池等检查、检修作业时，应配备防毒面具、防滑鞋和手套；

  3 在有毒、有害环境中工作的人员应配备防毒面罩或面具；

  4 冬期施工期间或作业环境温度较低时，应为作业人员配备防寒类防护用品；

  5 雨期施工期间，应为室外作业人员配备雨衣、雨鞋等个人防护用品。

第二部分

《建筑与市政施工现场安全卫生与职业健康通用规范》
编 制 概 述

一、编制背景

我国工程建设标准（以下简称"标准"）经过 60 余年发展，国家标准、行业标准和地方标准已达 10000 余项，形成了覆盖经济社会各领域、工程建设各环节的标准体系，在保障工程质量安全、促进产业转型升级、强化生态环境保护、推动经济提质增效、提升国际竞争力等方面发挥了重要作用。但与技术更新变化和经济社会发展需求相比，仍存在着"标准"供给不足、缺失滞后，部分"标准"老化陈旧、水平不高等问题，"标准"交叉重复矛盾，特别是涉及健康、安全、卫生及环保的强制性条文矛盾重复，"标准"体系不够合理，不完全适应社会主义市场经济发展的要求。国家标准、行业标准、地方标准均由政府主导制定，这些标准中许多应由市场主体遵循市场规律制定，而国际上通行的团体标准在我国没有法律地位，市场自主制定、快速反映需求的标准还不能有效供给。为落实《国务院关于印发深化标准化工作改革方案的通知》（国发〔2015〕13 号），进一步改革"标准"体制，健全"标准"体系，完善工作机制，住房和城乡建设部于2016 年 8 月发布了《住房城乡建设部关于印发深化工程建设标准化工作改革意见的通知》（建标〔2016〕166 号），提出要改革强制性标准：加快制定全文强制性标准，逐步用全文强制性标准取代现行标准中分散的强制性条文；构建强制性标准体系：应覆盖各类工程项目和建设环节，实行动态更新维护。2016 年，住房和城乡建设部启动强制性工程建设规范制定工作。

1 工程建设标准强制性条文

1.1 强制性条文的产生

1978 年改革开放以来，我国工程建设发展迅猛，基本建设投资规模加大。到2000 年，我国固定资产投资总额达到32619 亿元；到 2016 年，我国固定资产投资总额达到 596501 亿元。建筑业完成的总产值和增加值持续增长，城市建设、住宅建设形势喜人，人民住房条件、居住环境得到明显改善。但与此同时，有些地方建设市场秩序混乱，有法不依、有章不循的现象突出，严重危及工程质量和安全生产，给国家财产和人民群众的生命财产安全带来巨大威胁。一些血的教训警示我们，一定要加强工程建设全过程的管理，一定要把工程建设和使用过程中的质量、安全隐患消灭在萌芽状态。2000年1月30日，国务院第279号令发布《建设工程质量管理条例》（以下简称《条例》），这是国务院对如何在市场经济条件下，建立新的建设工程质量管理制度和运行机制作出的重大决定。《条例》第一次对执行工程建设强制性标准作出了严格的规定，不执行工程建设强制性技术标准就是违法，就要受到相应的处罚。《条例》的发布实施，为加强标准实施监督、保障工程质量提供了法律依据。

从1988年我国《标准化法》颁布后的十年间，批准发布的"标准"（国家＋行业＋地方）中强制性标准有2700多项，占整个"标准"数量的75%（相应条文15万多条）。如果按照这样数量庞大的条文去监督处罚，一是工作量太大，执行不便；二是突出不了重点。在此背景下，就需要寻找以较少的条文作为政府重点监管和处罚的依据，带动标准的贯彻执行。建设部通过征求专家意见并反复研究，采取从已批准的国家、行业标准中节有"必须"和"应"规定的条文中摘录直接涉及人民生命财产安全、人身健康、环境保护和其他公众利益的条文等方式，形成《工程建设标准强制性条文》（以下简称"强制性条文"）。房屋建筑标准强制性条文2000年版摘录强制性条文共1554条，仅占相应标准条文总数的5%。2000年以来，陆续发布、更新包括城乡规划、城市建设、房屋建筑、工业建筑、水利工程、电力工程、信息工程、水运工程、公路工程、铁道工程、石油和化工建设工程、矿山工程、人防工程、广播电影电视工程和民航机场工程的15部分强制性条文，覆盖了工程建设的各主要领域。2000年8月，建设部发布《实施工程建设强制性标准监督规定》（81号部令），明确了工程建设强制性标准是指直接涉及工程质量、安全、卫生及环境保护等方面的工程建设标准强制性条文，从而确立了"强制性条文"的法律地位。

1.2 "强制性条文"的作用

（1）实施"强制性条文"是贯彻《条例》的重大举措

《条例》是国务院对如何在市场经济条件下，建立新的建设工程质量管理制度和运行机制作出的重大决定，是国家对不执行强制性标准作出的行政处罚规定，同时也为强制性标准全面贯彻实施创造了有利条件。《条例》对强制性标准实施监督的严格规定，打破了传统的单纯依靠行政管理保障建设工程质量的概念，开始走上了行政管理和技术规范并重的保障建设工程质量的道路。

（2）编制"强制性条文"是推进工程建设标准体制改革迈出的关键性一步

我国现行的工程建设标准体制是由《标准化法》规定的强制性标准与推荐性标准相结合的体制，在建立和完善社会主义市场经济体制和当时应对加入世界贸易组织的新形势下，需要进行改革和完善，需要与时俱进。发达国家大多数采取的是技术法规与技术标准相结合的管理体制。技术法规数量少、重点突出，执行起来比较明确和方便。为向技术法规过渡而编制的"强制性条文"，标志着启动了工程建设标准体制的改革，并且迈出了关键性的一步。

（3）"强制性条文"对保障工程质量安全、规范建筑市场具有重要的作用

我国建筑工程行业从 1999 年开始的建设执法大检查，将是否执行"强制性条文"作为一项重要内容。从检查情况看，工程质量问题不容乐观。不论对人为原因造成的，还是对在自然灾害中垮塌的建设工程都要审查有关单位贯彻执行"强制性条文"的情况，对违规者要追究法律责任。只有严格贯彻执行"强制性条文"，才能保证建筑的使用寿命，才能使建筑经得起自然灾害的

检验，才能确保人民的生命财产安全，才能使投资发挥更好的效益。

（4）制定和严格执行"强制性条文"是我国应对加入世界贸易组织的重要举措

技术贸易壁垒协定（WTO/TBT）作为非关税协定的重要组成部分，将技术标准、技术法规和合格评定作为三大技术贸易壁垒。其中，技术法规是政府颁布的强制性文件，是国家主权体现；技术标准是竞争的手段。我国的"强制性条文"与WTO/TBT的技术法规等同，必须执行；我国的推荐性标准与WTO/TBT的技术标准等同，自愿采用。执行"强制性条文"既能保障工程质量安全、规范建筑市场，又能切实保护我国民族工业应对加入WTO之后的挑战，维护国家和人民的根本利益。

1.3 "强制性条文"的完善

强制性条文散布于各专业技术标准中，系统性不够，且可能存在重复、交叉甚至矛盾的现象。各标准强制性条文的产生是由标准编制组提出，经审查会专家审查通过后，再由住房和城乡建设部强制性条文咨询委员会审查。审查会专家可较好地把握技术成熟性和可操作性，但编制组和审查会专家可能对强制性条文的确定原则理解不深，或对有关标准的规定（特别是强制性条文）不熟悉，造成提交的强制性条文质量不佳，或者与相关标准强制性条文重复、交叉甚至矛盾。强制性条文之间有些重复问题不大，但内容交叉甚至矛盾则势必造成实施者无所适从，不利于标准作用的发挥，更不利于保证质量和责任划分。

"强制性条文"在不断充实的过程中，也存在"强制性条文"确定原则和方式、审查规则等方面不够完善的问题，造成强制性条文之间重复、交叉、矛盾，以及强制性条文与非强制性条文界限不清等现象。同时，由于标准修订不同步和审查时限要求等因素，住房和城乡建设部强制性条文咨询委员会有时也无法从总体上平衡，只能"被动"接受。这些都不能完全适应当前工程建设和经济社会发展的需求，需要进一步修改完善。

2 国外建筑技术法规

2.1 国外建筑技术法规的组成

发达国家和地区的建筑标准体制一般是由建筑技术法规和建筑技术标准组成。技术法规是法定依据，技术标准是应用基础。建筑技术法规是为确保建筑在设计、施工阶段能达到最低要求和执法措施，通过立法强制执行建筑法规（包括引用的标准），使建筑在整个生命周期内都满足最低性能要求。建筑法规是一系列法律文件，包括建筑设计、施工和运营不同阶段。主要由三个层次组成：法律、技术法规、技术标准。

英国体系由建筑法、建筑条例、建筑技术准则组成。建筑条例包括两部分：建筑行政管理规定和技术规定。建筑行政管理规定是对建筑全过程的规定，从工程准备、规划申请、规划审查、开工许可、施工监理、隐蔽工程和专业工程（如给水工程）检查、工程竣工验收等各个阶段建筑工程质量管理的要求。技术规定涉及建筑工程与人民生命财产安全、健康、卫生、环保和其他公众利益等方面而达到的建筑主要功能标准和质量要求。技术准则是由英国皇家建筑师学会旗下的国家建筑规程研究所发布，是技术法规要求的延伸与扩充，是实施导则；是技术解决途径，是在广泛使用的建筑方法和细节上给出的工作导则；是各种措施，解决方法中引用的材料以英国标准（BS）为主。技术准则提供典型的建筑方案，当有其他可选择方式时，没有义务强制采纳技术准则的方案。

2.2 启示

主要发达国家和地区，均建立了与其政治体制、法律体系配套的、完整的建筑技术制约体系，也都编制了独立的建筑技术法规。建筑技术法规是以功能性、目标性、性能化为目的，性能化法规规定建筑最后应达到什么样的政策目标、社会预期功能要求、运行要求和性能水平。而我国建筑标准大多是指令性、措施性的，我国也应建立起与国际接轨的以功能性、性能化为目标且与我国体制、法律相配套的技术法规体系。

3 全文强制性工程建设标准体系

《国务院关于印发深化标准化工作改革方案的通知》（国发〔2015〕13号）、《国务院办公厅关于印发贯彻实施〈深化标准化工作改革方案〉行动计划（2015—2016年）的通知》（国办发〔2015〕67号）、《国务院办公厅关于印发强制性标准整合精简工作方案的通知》（国办发〔2016〕3号）等文件，明确了标准化工作改革目标任务、职责分工及保障措施等。《住房城乡建设部关于印发深化工程建设标准化工作改革意见的通知》（建标〔2016〕166号）等文件提出了改革的总体要求、具体任务和保障措施，其中明确提出了建立强制性标准体系，逐步以全文强制性标准替代目前散落在各标准中的强制性条文。

3.1 全文强制性工程建设标准定位

全文强制性标准具有强制约束力，是保障人民生命财产安全、人身健康、工程安全、生态环境安全、公众权益，以及促进能源资源节约利用、满足社会经济管理等方面的控制性底线要求。强制性标准项目名称统称为技术规范，相当于技术法规，分为建设项目类规范及通用技术类规范。建设项目类规范是以工程项目为对象，以总量规模、规划布局，以及项目功能、性能和关键技术措施为主要内容的强制性标准。从工程项目整体上进行约束，明确工程项目立项、建设、运行、拆除各阶段的约束要求，功能性能完善程度，质量水平满足需求，保障国家方针政策有效落实。通用技术类规范是以技术专业为对象，以规划、勘察、测量、设计、施工等通用技术要求为主要内容的强制性标准；从具体专业技术上进行约束，避免通用技术要求在工程项目类规范的重复，同时满足政府实施监管的需求。

3.2 强制性标准体系构建原则

工程建设强制性标准体系要涵盖政府强制控制的所有工程项目。每一项标准的内容，要"从生到死"，涵盖工程项目的规划、设计、施工、验收、运行维护、鉴定加固、改造修缮、拆除、废旧利用等全过程；要涵盖该项目在整个国家工程建设中应具备的规模，以及布局、功能、技术措施等要求；要强化工程项目规模、布局、功能、性能要求。以工程建设项目为对象的各项标准之间，内容不能重复，有共性要求和规定的，可编制通用技术规范。通用技术规范的容，既要适应新建建筑和设施的需要，又要适用既有建筑和设施改造的需要，并尽可能适用各领域的各类工程项目。通用技术规范原则上按专业划分，但各专业的标准之间，内容不能重复。

二、编制概述

1 《建筑与市政施工现场安全卫生与职业健康通用规范》编制的总体思路

对国家相关法律法规、政策措施、现行标准及相关强制性条文、国外相关标准及法规，以及多发、易发事故等进行了仔细研究，确定了编制方向和思路。

（1）国家相关法律法规、政策制度是规范编制的依据和基础，编制方向和内容应严格与国家相关律法规、政策制度保持一致。

（2）根据事故调研情况，分析易发生事故的时段节点、薄弱环节等规律特点，确定规范应重点解决的问题。

1.1 编制起源

自《住房和城乡建设部关于印发 2017 年工程建设标准规范修订及相关工作计划的通知》（建标〔2016〕248 号）下达后，主编单位在住房和城乡建设部标准定额司的指导下，积极召集有关专家对《规范》的研编工作进行了反复讨论，确定了初步的工作方案；收集了国内外现行的规范、标准及与施工安全卫生、职业健康等方面的相关强制性条文。

1.2 编制过程

1.2.1 国家现行标准及强制性条文梳理

梳理、分析现行工程建设标准及强制性条文，重点研究现行强制性条文的覆盖范围、可行性、可操作性等，《规范》原则上应涵盖所有现行强制性条文。强制性条文在不断发展与充实过程中，存在强制性条文确定原则和方式、审查规则等方面不够完善的问题，造成强制性条文之间重复、交叉甚至矛盾，以及强制性条文与非强制性条文界限不清等现象。《规范》在研编阶段，重点对于一些条文在执行过程中存在内涵不清晰、容易引起不同理解或在不同标准中相互矛盾的条文加以梳理，并在《规范》编制中予以明确。和建筑与市政施工现场安全、卫生、职业健康相关的现行标准见表2-1。

表 2-1 建筑与市政施工现场安全、卫生、职业健康相关标准

序号	标准名称
1	《建筑施工高处作业安全技术规范》JGJ 80—2016
2	《龙门架及井架物料提升机安全技术规范》JGJ 88—2010
3	《建筑施工升降机安装、使用、拆卸安全技术规程》JGJ 215—2010
4	《建筑机械使用安全技术规程》JGJ 33—2012
5	《建筑施工安全技术统一规范》GB 50870—2013
6	《地下铁道工程施工质量验收标准》GB/T 50299—2018
7	《建设工程施工现场供用电安全规范》GB 50194—2014
8	《聚乙烯燃气管道工程技术标准》CJJ 63—2018
9	《城镇污水处理厂工程质量验收规范》GB 50334—2017
10	《爆破安全规程》GB 6722—2014
11	《建筑施工土石方工程安全技术规范》JGJ 180—2009
12	《建设工程施工现场环境与卫生标准》JGJ 146—2013
13	《岩土工程勘察安全标准》GB/T 50585—2019

续表 2-1

序号	标准名称
14	《建筑垃圾处理技术标准》CJJ/T 134—2019
15	《建筑施工作业劳动防护用品配备及使用标准》JGJ 184—2009
16	《建筑施工塔式起重机安装、使用、拆卸安全技术规程》JGJ 196—2010
17	《建筑与市政工程施工现场临时用电安全技术标准》JGJ/T 46—2024

1.2.2 国家相关法律法规的梳理

研究并分析国家法律法规、相关部门规章、规范性文件等在建筑与市政施工现场关于安全、环保、卫生、职业健康等方面的要求，并考虑将其纳入《规范》的可行性和必要性。编制过程中重点关注《中华人民共和国劳动法》《中华人民共和国建筑法》《中华人民共和国安全生产法》《中华人民共和国环境保护法》《中华人民共和国水污染防治法》《中华人民共和国大气污染防治法》《建设工程安全生产管理条例》《建设项目职业病危害分类管理办法》《工作场所职业卫生监督管理规定》《建设项目职业卫生"三同时"监督管理暂行办法》《用人单位职业健康监护监督管理办法》等。

1.2.3 借鉴国外技术法规和标准

《规范》的技术条文充分借鉴了美国、英国和日本等国家的标准和技术法规，在内容架构、要素构成及技术指标等方面进行了对比研究。

结构方面：在借鉴美国《建筑业安全与健康规范》（CFR part 1926）和第 167 号国际劳工公约《施工安全与卫生公约》平铺式顺序结构的基础上，对同类项进行合并，形成总分结构。

内容方面：借鉴美国《建筑业安全与健康规范》（CFR part 1926），包含施工安全、现场环境、卫生和职业健康管理等方面的内容，内容更加完善。

组成要素方面：借鉴美国《建筑业安全与健康规范》（CFR

part 1926）按照事故类型或者危险源划分的方法，对施工安全板块的内容进行划分，确保组成要素全覆盖。

2 《规范》编制内容

2.1 《规范》总体架构

《规范》共6章129条，其中30条与现行强制性条文保持一致，58条由现行强制性条文整合、修改和参考国外标准制定，41条根据落实法规政策要求，改善人居环境及以实现"全覆盖"、增强系统性增加的技术内容而确定。

《规范》以建筑与市政工程施工中的现场安全、环境、卫生与职业健康管理为对象，以建筑与市政工程施工中保障人身健康和生命财产安全、生态环境安全，满足经济社会管理基本需要为目的，明确建筑与市政工程施工现场安全管理、环境管理、卫生管理和职业健康管理的功能、性能和技术指标要求。

2.2 《规范》主要特点

《规范》在整合、汇总现有相关强制性条文的基础上，从以下几个方面对施工现场安全卫生与职业健康进行提升：

一是安全管理方面，提出工程项目专项施工方案和应急预案应根据工程类型、地质条件和工程实践制定。工程项目应根据工程特点及环境条件进行安全分析、危险源辨识和风险评价，编制重要危险源清单并制定相应的预防和控制措施。施工现场规划、设计应根据场地情况、入住队伍和人员数量、功能需求、工程所在地气候特点和地方管理要求等各项条件采取相应措施。工程项目应根据各工种的作业条件和劳动环境等为作业人员配备安全有效的劳动防护用品，并开展使用培训。停缓建工程项目应做好停工期间的安全保障工作，复工前应制定安全隐患排查计划，并应进行复工前的安全检查。施工车辆运输危险物品时应悬挂警示牌。室内装修作业时，规定了严禁使用稀释剂和溶剂，严禁使用有机溶剂清洗施工用具。地下施工作业穿越富水地层、岩溶发育地质、采空区时，应采取措施。水上或水下作业的人员，应正确佩戴救生设施等。

二是环境管理方面，提出施工现场出口应设冲洗池，施工场地、道路应采取定期洒水抑尘措施，提高施工现场的环境质量。施工现场应进行噪声监测，并采取控制噪声排放和降低噪声影响的措施，降低施工现场的噪声污染。

三是卫生管理方面，提出施工现场食堂应设置设施，制定食品留样制度，并严格执行；食堂应有餐饮服务许可证和卫生许可证，炊事人员应持身体健康证上岗，以提高食堂食品的安全和管理规范化。办公区和生活区应定期消毒，遇突发疫情，应及时上报，并应按卫生防疫部门相关规定进行处理。办公区和生活区应设置封闭的垃圾箱及垃圾的处理方式。

四是职业健康管理方面，提出工程项目从事放射性、高毒、高危粉尘等方面的作业人员，应建立健全职业卫生档案和健康监护档案，定期提供医疗咨询和服务。

2.3 《规范》主要内容

《规范》功能方面主要有施工现场安全管理、环境管理、卫生管理及职业健康管理四个方面的规定。重点规定的内容有：

安全管理方面，《规范》对工程项目应加强各类安全事故的安全管理并根据安全事故类型采取防护措施进行规定，对危险源清单制定相应的预防和控制措施做出规定；对进场材料的质量证明文件、品种、规格、性能等提出要求，对各类设施、机械、设备制造许可证或质量证明文件提出要求。环境管理方面，明确施工现场排水沟、沉淀池和施工污水的处理的要求，明确施工现场临时饮水点的设置要求。卫生管理方面，明确施工现场生活饮用水的标准，对食堂许可证和炊事人员健康证提出要求，对施工现场的厕所、盥洗室、宿舍、垃圾箱、医疗和急救用品提出具体规定。职业健康方面，明确根据各工种的作业条件和劳动环境等为作业人员配备安全有效的劳动防护用品，并及时开展劳动防护用品的使用培训。明确从事放射性、高毒、高危粉尘作业人员，建立健全职业卫生档案和健康监护档案，定期提供医疗咨询和服务。

《规范》性能方面主要有施工现场安全管理、环境管理、卫生管理三个方面的规定。重点规定的内容有：

安全管理方面，明确专项施工方案和应急预案应根据工程类型、地质条件和工程实践制定的要求，明确停缓建工程项目在停工期间的安全保障工作，复工前安全隐患排查计划，进行复工前的安全检查。对施工现场设置安全生产宣传标语和标牌提出具体要求。环境管理方面，明确生活区规划、设计、选址根据场地情况、入住队伍和人员数量、功能需求、工程所在地气候特点和地方管理要求等各项条件，采取满足施工生产、安全防护、消防、卫生防疫、环境保护、防范自然灾害和规范化管理等要求的措施。卫生管理方面，对现场的食堂设置提出要求，对食品的安全卫生作出具体规定。

《规范》关键技术主要有施工现场安全管理、环境管理、卫生管理及职业健康管理四个方面的规定。重点规定的内容有：

安全管理方面，对高处坠落、物体打击、起重伤害等14种安全事故类别分别规定防范技术措施，如明确坠落高度基准面2m及以上进行高空或高处作业时的防范措施、高处作业下层作业的位置的规定、各种孔洞以及无围护设施或围护设施的高度等；遇恶劣天气时应采取的措施，在高处安装和拆除时的防范措施等。对吊装作业前和作业中的安全区域、安全措施、起重设备运行要求进行规定。对土方开挖的安全措施、开挖原则，边坡及基坑周边堆载的限值要求，保护对象进行位移和变形的监测等进行规定。对可燃性气体、蒸汽和粉尘浓度的限值进行规定；对爆破作业的安全防范措施、安全距离、爆破区的检查进行规定；对水中水下作业的安全措施进行规定。

环境管理方面，明确施工现场的出入口、主要道路应进行硬化处理，裸露的场地和堆放的土方应采取覆盖、固化或绿化等措施；施工现场出口应设冲洗池，施工场地、道路应采取定期洒水抑尘措施。严禁将有毒物质、易燃易爆物品、油类、酸碱类物质向城市排水管道和地表水体排放。施工现场应在安全位置设置临时休息点；施工区域禁止吸烟，应根据工程实际设置固定的敞开式吸烟处，吸烟处配备足够的消防器材。

卫生管理方面，明确办公区和生活区应采取灭鼠、灭蚊蝇、灭蟑螂及其他害虫的措施；办公区和生活区应定期消毒，如遇突发疫情，应及时上报，并应按卫生防疫部门相关规定进行处理。

职业健康管理方面，明确架子工、起重吊装工、信号指挥工应配备的劳动防护用品；包括电工的劳动防护用品配备应满足的要求，电焊工、气割工的劳动防护用品配备应满足的要求，锅炉、压力容器及管道安装工的劳动防护用品配备应满足的要求，油漆工在从事涂刷、喷漆作业时应配备的防护措施，从事砂纸打磨作业时应配备的防护用品，普通工从事淋灰、筛灰作业时应配备的防护用品等。

第三部分

《建筑与市政施工现场安全卫生与职业健康通用规范》
实 施 指 南

1 总 则

1.0.1 为在建筑与市政工程施工中保障人身健康和生命财产安全、生态环境安全，满足经济社会管理基本需要，制定本规范。

【条文要点】

本条规定了规范的制定目的。建筑与市政工程在我国产业结构中有着重要地位，对促进我国经济的健康发展有着不可或缺的作用。其为社会创造价值的同时，也存在一定的安全风险和隐患，例如高空坠落、物体打击、机械伤害、坍塌、触电等安全事故会在不经意间发生，施工伤亡事故和死亡人数仅次于矿山。因此，营造良好文明的施工作业环境，保障施工作业人员的生命健康及财产安全是建筑与市政工程施工中的重中之重。多年来，党和国家高度重视施工的安全生产工作，为保护广大劳动者的安全和健康，控制和减少各类事故，提高安全生产管理水平，国家确定了"安全第一、预防为主、综合治理"的安全生产方针，颁布了一系列的安全生产法律法规和标准规范。本规范的发布实施，丰富了建筑安全标准体系，有助于减少重大伤亡事故发生，对提高我国建筑与市政工程安全管理水平将起到重要的推动作用。

【实施要点】

本规范主要包括建筑与市政工程施工过程中的安全管理、环境管理、卫生管理和职业健康管理内容，贯穿了建筑与市政工程现场施工、验收阶段，与施工现场人员的人身健康和生命财产安全、环境卫生安全息息相关。为达到施工现场人员的人身健康和生命财产安全、环境卫生安全，施工现场应制定相关管理制度，并严格执行；在施工过程中应加强监督和检查，对不满足规定的行为及时制止，并监督整改到位；确保施工现场配套设施、人员行为等满足法律法规、技术标准等的要求。

1.0.2 建筑与市政工程施工现场安全、环境、卫生与职业健康管理必须执行本规范。

【条文要点】

本条规定了规范的适用范围。适用于新建、改建、扩建与拆除等建筑与市政工程项目；规范对建筑与市政工程施工现场安全、环境、卫生与职业健康管理进行了规定；其中，"安全管理"着重对建筑与市政工程施工现场常见、多发的14类安全事故管理进行了要求。

【实施要点】

规范所规定的建筑与市政工程，包括各类地下和地上的工业和民用建筑等各类房屋建筑，轨道交通工程，城市交通隧道工程；平时使用的人民防空工程，加油站、加气站、加氢站及其合建站；管廊或共同沟、电缆隧道及其他市政工程与设施；各类生产装置、塔和筒仓等构筑物。不包括可燃气体和液体的储罐或储罐区，可燃材料堆场，集装箱堆场，核电工程及其建筑，军事建筑和工程，矿山工程，炸药、烟花爆竹等火工品建筑和工程。

安全管理包括施工现场高处坠落、物体打击、起重伤害、坍塌、机械伤害、冒顶片帮、车辆伤害、中毒和窒息、触电、爆炸、爆破作业、透水、淹溺和灼烫14类安全事故的管理要求，不包括脚手架工程安全管理和防火安全管理。

环境管理包括施工现场扬尘、建筑垃圾、施工污水、噪声污染等环境管理。

卫生管理包括施工现场饮用水、食品、防疫等卫生管理。

职业健康管理包括施工现场起重机械操作、电焊、切割、安装、油漆等工种职业健康管理。

1.0.3 建筑与市政工程施工应符合国家施工现场安全、环保、防灾减灾、应急管理、卫生及职业健康等方面的政策，实现人身健康和生命财产安全、生态环境安全。

【条文要点】

本条规定了建筑与市政工程施工现场安全卫生和职业健康管

理的总体原则。为实现人身健康和生命财产安全、生态环境安全，建筑与市政工程施工应符合国家施工现场安全、环保、防灾减灾、应急管理、卫生及职业健康等方面的法律法规、规章制度。

【实施要点】

为保证建筑与市政工程施工现场人身健康和生命财产安全、生态环境安全，国家制定和出台了一系列的法律法规、规章制度，建筑与市政工程施工管理过程中应严格遵守和执行法律法规、规章制度的规定。

国家施工现场安全、环保、防灾减灾、应急管理、卫生及职业健康等方面的相关政策主要有：《中华人民共和国安全生产法》《中华人民共和国建筑法》《中华人民共和国劳动法》《中华人民共和国环境保护法》《中华人民共和国水污染防治法》《中华人民共和国大气污染防治法》《中华人民共和国水污染防治法实施细则》《建设工程安全生产管理条例》《建设项目环境保护管理条例》《中华人民共和国职业病防治法》《使用有毒物品作业场所劳动保护条例》《建设项目职业病危害分类管理办法》《用人单位职业健康监护监督管理办法》等。

1.0.4 工程建设所采用的技术方法和措施是否符合本规范要求，由相关责任主体判定。其中，创新性的技术方法和措施，应进行论证并符合本规范中有关性能的要求。

【条文要点】

建筑与市政工程施工技术、安全防护措施、环境保护措施、卫生保障措施和劳动防护技术不断进步，为施工现场人身健康和生命财产安全、生态环境安全提供了保障。对于相关规范中没有规定的技术，必须由建设、勘察、设计、施工、监理等责任单位及有关专家依据研究成果，验证数据和国内外实践经验等，对所采用的技术措施进行论证评估，证明其安全可靠、节约环保，并对论证评估结果负责。论证评估结果实施前，建设单位应报工程所在地行业行政主管部门备案。经论证评估满足要求后，应允许实施。

本条规定了建筑与市政工程安全管理、环境管理、卫生管理和职业健康管理采用新技术、新工艺和新材料的许可原则。建筑与市政工程安全管理、环境管理、卫生管理和职业健康管理中应积极采用高效的新技术、新工艺、新材料和新设备，以保障建筑与市政工程施工技术、安全防护措施、环境保护措施、卫生保障措施和劳动防护技术不断进步。当采用无现行相关标准予以规范的新技术、新工艺、新材料和新设备时，应对采用的技术方法和措施开展专项技术论证，以确定其功能和性能是否满足设置目标、所需功能和性能的要求，是否符合本规范的有关规定。有关技术论证工作可以由相关责任主体负责，但相关技术论证结论的采用应符合国家现行有关工程建设的规定和程序。

【实施要点】

工程建设强制性规范是以工程建设活动结果为导向的技术规定，突出了建设工程的规模、布局、功能、性能和关键技术措施；但是，规范中关键技术措施不能涵盖工程规划建设管理采用的全部技术方法和措施，仅仅是保障工程性能的"关键点"，很多关键技术措施具有"指令性"特点，即要求工程技术人员去"做什么"，规范要求的结果是要保障建设工程的性能。因此，能否达到规范中性能的要求，以及工程技术人员所采用的技术方法和措施是否按照规范的要求去执行，需要进行全面的判定；其中，重点是能否保证工程性能符合规范的规定。进行这种判定的主体应为工程建设的相关责任主体，这是我国现行法律法规的要求。《中华人民共和国劳动法》《中华人民共和国建筑法》《中华人民共和国安全生产法》《建设工程安全生产管理条例》等相关的法律法规，突出强调了工程监管、建设、规划、勘察、设计、施工、监理、检测、造价、咨询等各方主体的法律责任，既规定了首要责任，也确定了主体责任。在工程建设过程中，执行强制性工程建设规范是各方主体落实责任的必要条件，是基本的、底线的要求；相关责任主体有义务对工程规划建设管理采用的技术方法和措施是否符合本规范规定进行判定。

同时，为了支持创新，鼓励创新成果在建设工程中应用，当拟采用的新技术在工程建设强制性规范或推荐性标准中没有相关规定时，应对拟采用的工程技术或措施进行论证，确保建设工程达到工程建设强制性规范规定的工程性能要求，确保建设工程质量和安全，并应满足国家对建设工程环境保护、卫生健康、经济社会管理、能源资源节约与合理利用等相关基本要求。

2 基 本 规 定

2.0.1 工程项目专项施工方案和应急预案应根据工程类型、环境地质条件和工程实践制定。

【条文要点】

本条规定了建筑与市政工程项目应编制专项施工防范和应急预案，及其编制的依据。本条要求的工程项目专项施工方案和应急预案是针对施工过程中涉及安全、卫生、环保、职业健康等方面的方案和预案。专项施工方案和应急预案必须根据工程类型、地质条件和工程实践制定，内容包括施工工艺安全操作技术规程、对周边环境的影响及应对措施等，确保施工作业在安全环境下进行。

【实施要点】

（1）工程项目应当根据工程类型、环境地质条件和工程实践制定相应的专项施工方案和应急预案，使专项施工方案和应急预案具有针对性和可操作性。

（2）危险性较大的分部分项工程安全专项施工方案编制应符合相关法律法规、部门规章和标准规范的要求。危险性较大的分部分项工程（以下简称"危大工程"），是指房屋建筑和市政基础设施工程在施工过程中，容易导致人员群死群伤或者造成重大经济损失的分部分项工程。为加强对房屋建筑和市政基础设施工程中危险性较大的分部分项工程安全管理，有效防范生产安全事故，住房和城乡建设部依据《中华人民共和国建筑法》《中华人民共和国安全生产法》《建设工程安全生产管理条例》等法律法规，制定了《危险性较大的分部分项工程安全管理规定》文件，文件对各责任主体对危险性较大的分部分项工程安全管理前期保障、专项施工方案的编制、现场安全管理、监督管理、法律责任等内容进行了详细规定。

2018年，住房和城乡建设部发布《住房城乡建设部办公厅关于实施〈危险性较大的分部分项工程安全管理规定〉有关问题的通知》（建办质〔2018〕31号）文件，明确了危大工程和超过一定规模的危大工程的范围，危大工程专项施工方案的主要内容，超过一定规模的危大工程专项施工方案专家论证会的参会人员和专家论证的主要内容，专项施工方案的修改，监测方案的内容，危大工程验收人员，专家条件和专家库管理等内容。为指导危大工程专项施工方案编制，住房和城乡建设部发布了《危险性较大的分部分项工程专项施工方案编制指南》，包括基坑工程、模板支撑体系工程、起重吊装及安装拆卸工程、脚手架工程、拆除工程、暗挖工程、建筑幕墙安装工程、人工挖孔桩工程和钢结构安装工程共9类危大工程；该指南一是明确细化了危大工程专项施工方案的主要内容，二是专项施工方案中可采取风险辨识与分级，三是明确了危大工程的验收内容，四是细化了应急处置措施。

（3）应急预案分为综合应急预案、专项应急预案和现场处置方案。综合应急预案，是指生产经营单位为应对各种生产安全事故而制定的综合性工作方案，是本单位应对生产安全事故的总体工作程序、措施和应急预案体系的总纲。专项应急预案，是指生产经营单位为应对某一种或者多种类型生产安全事故，或者针对重要生产设施、重大危险源、重大活动防止生产安全事故而制定的专项性工作方案。现场处置方案，是指生产经营单位根据不同生产安全事故类型，针对具体场所、装置或者设施所制定的应急处置措施。应急管理部《生产安全事故应急预案管理办法》规定了应急预案的编制、评审、公布、备案、实施及监督管理要求；应急预案的主要内容应包括：1）对紧急情况或事故灾害及其后果的预测、辨识和评估；2）规定应急救援各方组织的详细职责；3）应急救援行动的指挥与协调；4）应急救援中可用的人员、设备、设施、物资、经费保障和其他资源（包括社会和外部援助资源等）；5）在紧急情况或事故灾害发生时保护生命、财产和环境安全的措施；6）现场恢复；7）其他，如应急培训和演练、法律法规的要求等。应急预案的编制可参考国家标准《生产经营单位生产安全事故应急预案编制导则》GB/T 29639—2020的相关规定。

（4）工程类型可按工业建筑工程、民用建筑工程、构筑物工程、单独土石方工程、桩基础工程、装饰工程等进行分类，根据不同类型的工程进行专项施工方案和应急预案的编制。项目环境条件应考虑邻近建（构）筑物、道路及地下管线与基坑工程的位置关系，邻近建（构）筑物的工程重要性、层数、结构形式、基础形式、基础埋深、桩基础或复合地基增强体的平面布置、桩长等设计参数、建设及竣工时间、结构完好情况及使用状况，邻近道路的重要性、道路特征、使用情况，地下管线（包括给水、排水、燃气、热力、供电、通信、消防等）的重要性、规格、埋置深度、使用情况以及废弃的给、排水管线情况，临近河、湖、管渠、水坝等位置，相邻区域内正在施工或使用的基坑工程状况，邻近高压线铁塔、信号塔等构筑物及其对施工作业设备限高、限接距离等情况。项目地质条件应包括地形地貌、地层岩性、地质构造、地震、水文地质、天然建筑材料以及岩溶、滑坡、崩坍、砂土液化、地基变形等不良物理地质现象。工程实践主要指工程实施单位已经实施过的类似工程的实施经验。

2.0.2 工程项目应根据工程特点及环境条件进行安全分析、危险源辨识和风险评价，编制重大危险源清单并制定相应的预防和控制措施。

【条文要点】

本条规定了工程项目安全管理应考虑的因素以及应编制重大危险源清单，并针对危险源制定行之有效的预防和控制措施。工程项目应根据工程特点、施工工艺、施工环境和作业条件等，综合考虑各类风险发生的概率、损失幅度以及其他因素，对施工中可能造成重大人身伤害的危险因素、危险部位、危险作业进行分析。

【实施要点】

（1）安全分析是根据工程项目特点，分析项目施工过程中存在的安全风险。建筑与市政工程所处的环境复杂、规模较大，工期往往较长，这些特点决定了在工程施工过程中面临着较高的安全风险。为此，有必要对建筑与市政工程安全风险管理进行分析研究，最大限度防控安全风险的发生。按照国家标准《生产过程危险和有害因素分类与代码》GB/T 13861—2022 的相关规定，生产过程危险和有害因素共分为四大类，分别是人的因素、物的因素、环境因素和管理因素。人的因素主要包括在生产活动中，来自人员自身或人为性质的危险和有害因素；物的因素主要包括机械、设备、设施、材料等方面存在的危险和有害因素；环境因素主要包括生产作业环境中的危险和有害因素；管理因素主要包括管理和管理责任缺失所导致的危险和有害因素。

（2）危险源是指可能导致人员伤害或疾病、物质财产损失、工作环境破坏或这些情况组合的根源或状态因素。危险源包括不安全状态、不安全行为和安全管理的缺陷。不安全状态是使事件能发生的不安全的物体条件、物质条件和环境条件；不安全行为是违反安全规则或安全原则，使事件有可能或有机会发生的行为；安全管理的缺陷是管理人员在履行其安全生产管理职能方面的缺陷。

危险源由三个要素构成：潜在危险性、存在条件和触发因素。危险源的潜在危险性是指一旦触发事故，可能带来的危害程度或损失大小，或者说危险源可能释放的能量强度或危险物质量的大小。危险源的存在条件是指危险源所处的物理、化学状态和约束条件状态，例如，物质的压力、温度、化学稳定性，盛装压力容器的坚固性，周围环境障碍物等情况。触发因素虽然不属于危险源的固有属性，但它是危险源转化为事故的外因，而且每一类型的危险源都有相应的敏感触发因素，如易燃、易爆物质，热能是其敏感的触发因素，又如压力容器，压力升高是其敏感触发因素。因此，一定的危险源总是与相应的触发因素相关联，在触发因素的作用下，危险源转化为危险状态，继而转化为事故。

国内外已经开发出的危险源辨识方法有几十种之多，如安全检查表、预先危险性分析、危险和可操作性研究、故障类型和影响性分析、事件树分析、故障树分析、LEC法、储存量比对法等。

安全检查表法是将一系列项目列出检查表进行分析，以确定系统、场所的状态是否符合安全要求，通过检查发现系统中存在的安全隐患，提出改进措施的一种方法；检查项目可以包括场地、周边环境、设施、设备、操作、管理等各方面。

预先危险性分析法是在每项生产活动之前，特别是在设计开始阶段，对系统存在危险类别、出现条件、事故后果等进行概略分析，尽可能评价出潜在的危险性。

危险和可操作性研究法是基本过程以引导词为引导，找出过程中工艺状态的变化（即偏差），然后分析找出偏差的原因、后果即可采取的对策。

故障类型和影响性分析法是由可靠性工程发展起来的，主要分析系统、产品的可靠性和安全性。其基本内容是查出各子系统或元件可能发生的各种故障类型，并分析它们对系统或产品功能造成的影响，提出可能采取的预防改进措施，以提高系统或产品的可靠性和安全性。

事件树分析法是一种按事故发展的时间顺序由初始事件开始推论可能的后果，从而进行危险源辨识的方法。这种方法将系统可能发生的某种事故与导致事故发生的各种原因之间的逻辑关系用一种称为事件树的树形图表示，通过对事件树的定性与定量分析，找出事故发生的主要原因，为确定安全对策提供可靠依据，以达到猜测与预防事故发生的目的。

故障树分析法又称事故树分析法，事故树分析法从一个可能的事故开始，自上而下、一层层地寻找顶事件的直接原因和间接原因事件，直到基本原因事件，并用逻辑图把这些事件之间的逻辑关系表达出来。

LEC 法是对具有潜在危险性作业环境中的危险源进行半定量的安全评价方法，用于评价操作人员在具有潜在危险性环境中作业时的危险性、危害性；是用于系统风险有关的三种因素指标值的乘积来评价操作人员伤亡风险大小；这三种因素分别是：L（事故发生的可能性）、E（人员暴露于危险环境中的频繁程度）和 C（一旦发生事故可能造成的后果）。给三种因素的不同等级分别确定不同的分值，再以三个分值的乘积 D 来评价作业条件危险性的大小。

（3）工程项目应建立重大危险源台账并进行公示，针对每一项重大危险源制定详细的预防和控制措施。预防和控制措施主要包括工程技术措施、教育培训措施、制度管理措施、个体防护措施、应急措施等，并保证其适用有效。

2.0.3 施工现场规划、设计应根据场地情况、入住队伍和人员数量、功能需求、工程所在地气候特点和地方管理要求等各项条件，采取满足施工生产、安全防护、消防、卫生防疫、环境保护、防范自然灾害和规范化管理等要求的措施。

【条文要点】

本条依据《住房和城乡建设部等部门关于加快培育新时代建筑产业工人队伍的指导意见》（建市〔2020〕105 号）文件的相关要求制定，规定了施工现场规划和设计的依据及应满足的要求。施工现场包括生活区和施工区。

【实施要点】

（1）施工现场平面规划、设计应统筹规划，遵循永临结合的原则，减少施工临时用地，保证各项施工活动互不干扰，并充分考虑工程水、电、路的综合安排，满足安全、环保、消防、防爆等要求。

（2）施工现场应进行标准化管理，改善从业人员生产环境和居住条件，保障从业人员身体健康和生命安全，统筹安排，合理布局；按照标准化、舒适化、美观化的原则规划、建设和管理；

建立健全消防保卫、卫生防疫、卫生健康、生活设施使用等管理制度。

（3）生活区域建筑物、构筑物的外观、色调等应与周边环境协调一致。

（4）施工现场应合理设置安全生产宣传标语和标牌，标牌设置应牢固可靠，在主要部位、作业层面和危险区域以及主要通道口均应设置醒目的安全警示标识。施工现场应在安全位置设置临时休息点。施工区域禁止吸烟，应根据工程实际设置固定的敞开式吸烟处，吸烟处配备足够的消防器材。施工现场应按照工人数量比例设置热水器等设施，保证施工期间饮用开水供应。高层建筑施工现场超过8层后，每隔4层宜设置临时开水点。施工现场应设置水冲式或移动式厕所，高层建筑施工现场超过8层后，每隔4层宜设置临时厕所。深度超过2m的基坑、沟、槽周边应设置不低于1.2m的临边防护栏杆，并设置夜间警示灯。建筑物楼层邻边四周、阳台、未砌筑、安装围护结构时的安全防护均为不低于1.2m的固定防护栏杆并满挂密目安全网。楼梯踏步及休息平台处搭设两道牢固的1.2m高的防护栏杆并用密目安全网封闭。回转式楼梯间楼梯踏步应搭设两道牢固的1.2m高的防护栏杆，中间洞口处挂设安全平网防护。出料平台必须有专项设计方案并报批后方可使用，平台上的脚手板必须铺严绑牢，平台周围须设置不低于1.5m高的防护围栏，围栏里侧用密目安全网封严。卸料平台上的脚手板必须铺严绑牢，两侧设1.2m防护栏杆、180mm高的挡脚板，并用密目安全网封闭。基础施工时设专人观察边坡及护壁，如有裂缝及时发现，尽早处理，以免造成边坡坍塌。深坑作业时，严禁向坑内抛物体，上下操作时防止坠物伤人。电梯井口设高度不低于1.2m的金属防护门；电梯井内首层和首层以上每隔四层设一道水平安全网，安全网封闭严密。管道井采取有效防护措施，防止人员、物体坠落；墙面等处的竖向洞口设置固定式防护门或设置两道防护栏杆。1.5m×1.5m以下的预留孔洞，用坚实盖板盖住，有防止挪动、位移的措施；

1.5m×1.5m 以上的预留孔洞，四周设两道护身栏杆，中间支挂水平安全网；结构施工中伸缩缝和后浇带处加固定盖板防护。在施工期间，水平作业通道在出入口处必须搭设防护板棚，棚的长度为 5m，宽度大于出入口，材料用钢管搭设，侧面用密目安全网全封闭，顶面用架板满铺一层。支模、粉刷、砌墙等各工种进行上下立体交叉作业时，不得在同一垂直方向上操作，下层作业的位置，必须处于依上层高度确定的可能坠落范围半径之外；模板、脚手架等拆除时，下方不得有其他操作人员，并设警戒区；模板部件拆除后，临时堆放处离楼层边不小于 1m，堆放高度不超过 1m。冬期施工时，按规定做好防寒保暖工作，设置挡风防寒或临时取暖措施。在夏季施工时采取降温措施。高处施工立体交叉作业时，不得在同一垂直方向上下操作；上下同时工作时，应设专用的防护棚或隔离措施。遇有冰雪及大风、暴雨后，及时清除冰雪和加设防滑条等措施。在 2m 以上的高度从事支模、绑扎钢筋等施工作业时具有可靠的施工作业面，并设置安全稳固的爬梯。高处作业使用的铁凳、木凳应牢固，两凳间需搭设脚手板的，间距不大于 2m。脚手架应具有足够的强度、刚度和稳定性；具有良好的结构整体性和稳定性，不发生晃动、倾斜、变形；应设置防止操作者高空坠落和零散材料掉落的防护措施。塔式起重机驾驶员身心健康，持有特种作业操作证；及时检查塔式起重机地脚螺栓、标准节螺栓的紧固情况，检查塔式起重机附墙螺栓是否紧固；恶劣天气停止作业。施工电梯驾驶员应取得岗位合格证书，严格按施工电梯额定荷载和最大定员运载；非运行状态时，施工电梯停靠在一层，并将开关、门限位上锁，切断电源。

2.0.4 施工现场生活区应符合下列规定：

1 围挡应采用可循环、可拆卸、标准化的定型材料，且高度不得低于 1.8m。

2 应设置门卫室、宿舍、厕所等临建房屋，配备满足人员管理和生活需要的场所和设施；场地应进行硬化和绿化，并应设置有效的排水设施。

3 出入大门处应有专职门卫，并应实行封闭式管理。

4 应制定法定传染病、食物中毒、急性职业中毒等突发疾病应急预案。

【条文要点】

本条依据《住房和城乡建设部等部门关于加快培育新时代建筑产业工人队伍的指导意见》（建市〔2020〕105号）文件的相关要求，对施工现场生活区围挡、防卫、宿舍、卫生、场地、排水、传染病、食物中毒、急性职业中毒等的管理提出了具体要求。

【实施要点】

（1）应加强建设工程施工现场生活区域标准化管理，改善从业人员生活环境和居住条件，保障从业人员身体健康和生命安全；生活区域应统筹安排，合理布局，按照标准化、智能化、美观化的原则规划、建设和管理。生活区域场地应合理硬化、绿化，生活区域应实施封闭式管理，人员实行实名制管理。生活区设置和管理由施工总承包单位负责，分包单位应服从管理。施工总承包单位应设置专人对生活区进行管理，建立健全消防保卫、卫生防疫、智能化管理、爱国卫生、生活设施使用等管理制度。生活区域应明确抗风抗震、防汛、安全保卫、消防、卫生防疫等方案和应急预案，并组织相应的应急演练。生活区域设置还应符合《建筑设计防火规范》GB 50016、《建设工程施工现场消防安全技术规范》GB 50720等现行国家标准和行业标准的要求。

（2）围挡材料应考虑经济性和环保性，实现可周转。一般路段周围设置的围挡高度不低于1.8m；市区主要路段周围设置的围挡高度不低于2.5m；并结合属地扬尘管控要求，必要时可设置喷淋装置。

（3）应设置门卫室、宿舍、食堂、厕所等临建房屋和设施；配备满足人员管理和生活需要的盥洗、淋浴、开水房（炉）或饮用水保温桶、封闭式垃圾箱、手机充电柜等场所和设施；现场主要道路必须采用混凝土、碎石或其他硬质材料进行硬化处理，做到平整、坚实；施工现场应减少土地占用并应有环境保护措施，进行绿化布置；施工现场应有良好的排水设施，保证排水畅通、路面无积水。

（4）生活区应进行封闭管理，留有固定的出入口；出入口应设置大门及门禁系统，人车分流；出入门口的形式，各地区、各企业可按自己的特点进行设计。应配备专职门卫人员，建立门卫管理制度。

（5）严格执行国家、行业、地方政府有关卫生、防疫管理规定；制定法定传染病、食物中毒、急性职业中毒等突发疾病应急预案，履行审核审批手续。食堂必须具备卫生许可证、炊事人员身体健康证等，必须设置有效的防蝇、灭蝇、防鼠措施，地面应做硬化和防滑处理，保持墙面、地面清洁，配备必要的排风设施和消毒设施。

2.0.5 应根据各工种的作业条件和劳动环境等为作业人员配备安全有效的劳动防护用品，并应及时开展劳动防护用品使用培训。

【条文要点】

本条规定了应为作业人员配备安全有效的劳动防护用品，并应进行培训。不同工种作业环境不同，危害职业健康的因素也不尽相同，因此，应根据具体情况为施工作业人员提供劳动防护用品并进行防护用品使用方法培训。

【实施要点】

（1）施工企业要树立"安全第一、预防为主、综合治理"的思想，加强作业人员施工现场劳动保护，保障从业人员身体健康和生命安全，提升施工安全和劳动保护水平，减少和消除事故伤害和职业病危害。施工企业及劳务企业（专业作业企业）要为本企业作业人员配备统一的劳动着装和劳动技术装备。

（2）应根据各工种的作业条件和劳动环境，为作业人员提供符合国家标准或者行业标准的劳动防护用品，劳动防护用品应具备生产许可证、产品合格证、产品检验合格证等材料，经检验后合格；可结合入场教育、班前教育等开展劳动用品使用培训，日常检查过程中监督从业人员按照要求规范佩戴、使用。

（3）常规劳保用品主要有：头部防护用品，如安全帽；面部防护用品，如头戴式电焊面罩、防酸有机类面罩、防高温面罩；眼睛防护用品，如防尘眼镜、防飞溅眼镜、防紫外线眼镜；呼吸道防护用品，如防尘口罩、防毒口罩、防毒面具；听力防护用品，如防噪声耳塞、护耳罩；手部防护用品，如绝缘手套、耐酸碱手套、耐高温手套、防割手套等；脚部防护用品，如绝缘靴、耐酸碱鞋、安全皮鞋、防砸皮鞋；身躯防护用品，如反光背心、工作服、耐酸围裙、防尘围裙、雨衣；高空安全防护用品，如高空悬挂安全带、电工安全带、安全绳，在 2m 及以上的无可靠安全防护设施的高处、悬崖和陡坡作业时，必须系挂安全带；从事机械作业的女工及长发者防护用品，如应配备工作帽等个人防护用品；冬期施工期间或作业环境温度较低时应为作业人员配备防寒类防护用品；雨期施工期间应为室外作业人员配备雨衣、雨鞋等个人防护用品。

2.0.6 进场材料应具备质量证明文件，其品种、规格、性能等应满足使用及安全卫生要求。

【条文要点】

本条规定了工程材料应满足质量和安全卫生要求。工程材料质量不过关，重者可能会造成结构缺陷，轻者造成外观缺陷。为了保障工程质量和安全，我国大多现行技术规范中都有关于材料品种、属性的规定，例如钢材、混凝土、水泥等。

【实施要点】

（1）进场材料应具备完整的质量证明文件，如生产许可证、产品合格证、质量证明书、出厂检验单、性能检测报告等质量证明资料；进口的材料、构配件、设备应有商检的证明文件；新产品、新材料、新设备应有相应资质机构的鉴定合格文件。材料品种、规格、性能等均应满足使用及安全卫生要求，符合国家相关规范要求；并对进场材料应进行分类管理。

（2）钢筋进场时，应按国家现行相关标准的规定抽取试件作屈服强度、抗拉强度、伸长率、弯曲性能和重量偏差检验，检验结果应符合相应标准的规定。成型钢筋进场时，应抽取试件作屈服强度、拉强度、伸长率重量偏差检验，检验结果应符合国家现行有关标准的规定。钢筋应平直、无损伤，表面不得有裂纹、油污、颗粒状或片状老锈。预应力筋进场时，应按国家现行相关标准的规定抽取试件作抗拉强度、伸长率检验，其检验结果应符合相应标准的规定。无粘结预应力钢线进场时，应进行防腐润滑量和护套厚度的检验，检验结果应符合现行行业标准《无粘结预应力钢绞线》JG/T 161 等的规定。预应力筋进场时，应进行外观检查，其外观质量应符合：1）有粘结预应力筋的表面不应有裂纹、小刺、机械损伤、氧化铁皮油污等，展开后应平顺、不应有弯折；2）无粘结预应力钢线护套应光滑、无裂缝，无明显褶皱；3）轻微破损处应外包防水塑料胶带修补，严重破损者不得使用。

（3）水泥进场时，应对其品种、代号、强度等级、包装或散装编号、出厂日期等进行检查，并应对水泥的强度、安定性和凝结时进行检验，检验结果应符合现行国家标准《通用硅酸盐水泥》GB 175 等的相关规定。混凝土外加剂进场时，应对其品种、性能、出厂日期等进行检查，并应对外加剂的相关性能进行检验，检验结果应符合现行国家标准《混凝土外加剂》GB 8076 和《混凝土外加剂应用技术规范》GB 50119 等的规定。混凝土用矿物掺合料进场时，应对其品种、技术指标、出厂日期等进行检查，并应对矿物掺合料的相关技术指标进行检验，检验结果应符合国家现行有关标准的规定。

（4）混凝土原材料中的粗骨料、细骨料质量应符合现行行业标准《普通混凝土用砂、石质量及检验方法标准》JGJ 52 等的规定，使用经净化处理后的海砂应符合现行行业标准《海砂混凝土应用技术规范》JGJ 206 等的规定，再生混凝土料应符合现行国家标准《混凝土用再生粗骨料》GB/T 25177 和《混凝土和砂浆用再生细骨料》GB/T 25176 等的规定。混凝土拌制及养护用水应符合现行行业标准《混凝土用水标准》JGJ 63 等的规定。采用饮用水时，可不检验；采用中水、搅拌站清洗水、施工现场循水等其他水源时，应对其成分进行检验。

（5）预拌混凝土进场时，其质量应符合现行国家标准《预拌混凝土》GB/T 14902 等的规定。混凝土拌合物不应离析，混凝土中氯离子含量和碱总含量应符合现行国家标准《混凝土结构设计标准》GB/T 50010 等的规定和设计要求。

（6）预制构件的质量应符合本规范、国家现行有关标准的规定和设计的要求。预制构件的外观质量不应有严重缺陷，不应有影响结构性能和安装、使用功能的尺寸偏差。预制构件上的预埋件、预留插筋、预埋管线等的规格和数量以及预留孔、预留洞的数量应符合设计要求。预制构件的粗糙面的质量及键槽的数量应符合设计要求。

（7）进场钢板的品种、规格、性能应符合国家现行标准的规定并满足设计要求。钢板进场时，应按国家现行标准的规定抽取试件且应进行屈服强度、抗拉强度、伸长率和厚度偏差检验，检验结果应符合国家现行标准的规定；钢板的厚度及其允许偏差应满足其产品标准和设计文件的要求；钢板的平整度应满足其产品标准的要求。

（8）型材和管材的品种、规格、性能应符合国家现行标准的规定并满足设计要求。型材和管材进场时，应按国家现行标准的规定抽取试件且应进行屈服强度、抗拉强度、伸长率和厚度偏差检验，检验结果应符合国家现行标准的规定；型材、管材截面尺寸、厚度及允许偏差应满足其产品标准的要求；型材、管材外形尺寸允许偏差应满足其产品标准的要求。

（9）铸钢件的品种、规格、性能应符合国家现行标准的规定并满足设计要求。铸钢件进场时，应按国家现行标准的规定抽取试件且应进行屈服强度、抗拉强度、伸长率和端口尺寸偏差检验，检验结果应符合国家现行标准的规定。铸钢件及其与其他各构件连接端口的几何尺寸允许偏差应符合国家现行标准的规定并满足设计要求。铸钢件表面应清理干净，修正飞边、毛刺，去除补贴、粘砂、氧化铁皮、热处理锈斑，清除内腔残余物等，不应有裂纹、未熔合和超过允许标准的气孔、冷隔、缩松、缩孔、夹砂及明显凹坑等缺陷。铸钢件表面粗糙度、铸钢节点与其他构件焊接的端口表面粗糙度应符合现行产品标准的规定并满足设计要求；对有超声波探伤要求表面的粗糙度应达到探伤工艺的要求。

（10）拉索、拉杆、锚具的品种、规格、性能应符合国家现行标准的规定并满足设计要求。拉索、拉杆、锚具进场时，应按国家现行标准的规定抽取试件且应进行屈服强度、抗拉强度、伸长率和尺寸偏差检验，检验结果应符合国家现行标准的规定；拉索、拉杆、锚具及其连接件尺寸允许偏差应满足其产品标准和设计的要求。拉索、拉杆及其护套的表面应光滑，不应有裂纹和目视可见的折叠、分层、结疤和锈蚀等缺陷。

（11）焊接材料的品种、规格、性能应符合国家现行标准的规定并满足设计要求。焊接材料进场时，应按国家现行标准的规定抽取试件。焊钉及焊接瓷环的规格、尺寸及允许偏差应符合国家现行标准的规定；施工单位应按现行国家标准《紧固件 电弧螺柱焊用螺柱和瓷环》GB/T 10433 的规定，对焊钉的机械性能和焊接性能进行复验，复验结果应符合国家现行标准的规定并满足设计要求。焊条外观不应有药皮脱落、焊芯生锈等缺陷，焊剂不应受潮结块，且应进行化学成分和力学性能检验，检验结果应符合国家现行标准的规定。

（12）钢结构连接用高强度螺栓连接副的品种、规格、性能应符合国家现行标准的规定并满足设计要求。高强度大六角头螺栓连接副应随箱带有扭矩系数检验报告，扭剪型高强度螺栓连接副应随箱带有紧固轴力（预拉力）检验报告；高强度大六角头螺栓连接副和扭剪型高强度螺栓连接副进场时，应按国家现行标准的规定抽取试件且应分别进行扭矩系数和紧固轴力（预拉力）检验，检验结果应符合国家现行标准的规定。对建筑结构安全等级为一级或跨度 60m 及以上的螺栓球节点钢网架、网壳结构，其连接高强度螺栓应按现行国家标准《钢网架螺栓球节点用高强度螺栓》GB/T 16939 进行拉力荷载试验。高强度大六角头螺栓连接副、扭剪型高强螺栓连接副应按包装箱配套供货。包装箱上应标明批号、规格、数量及生产日期；螺栓、螺母、垫圈表面不应出现生锈和沾染脏物，螺纹不应损伤；普通螺栓、自攻螺钉、铆钉、拉铆钉、射钉、锚栓（机械型和化学试剂型）、地脚锚栓等紧固标准件及螺母、垫圈等，其品种、规格、性能等应符合国家现行产品标准的规定并满足设计要求。

2.0.7 各类设施、设备应具备制造许可证或其他质量证明文件。

【条文要点】

本条是为了保证各类设施、机械、设备等为正规厂家出产的合格产品而制定。施工现场发生机械事故一般分为两种，一种是人为操作不当，另一种则是设施、机械及设备本身存在质量缺陷；例如设计缺陷，采用的材料低劣、质量差，采用的零部件不合格，致使其结构本身不合规格，这样必然存在安全隐患，有可能导致重大事故，因此应严格控制其质量。

【实施要点】

（1）各类设施、设备按照规定应具备制造许可证或质量证明文件，如产品合格证、检验报告、型式试验报告、产品生产许可证等。检验报告由具有相应资质的检验单位提供，产品合格证应具有产品名称、产品规格型号、出厂日期、厂名、地址等，对于有特殊要求的设施、设备应定期进行检测和鉴定。

（2）机械设备必须按出厂使用说明书规定的技术性能、承载能力和使用条件，正确操作，合理使用，严禁超载、超速作业或任意扩大使用范围。机械设备上的各种安全防护和保险装置及各种安全信息装置必须齐全有效。

（3）建筑起重机械进入施工现场应具备特种设备制造许可证、产品合格证、特种设备制造监督检验证明、备案证明、安装使用说明书和自检合格证明。建筑起重机械有下列情形之一时，不得出租和使用：1）属国家明令淘汰或禁止使用的品种、型号；2）超过安全技术标准或制造厂规定的使用年限；3）经检验达不到安全技术标准规定；4）没有完整安全技术档案；5）没有齐全有效的安全保护装置。建筑起重机械的安全技术档案应包括下列内容：1）购销合同、特种设备制造许可证、产品合格证、特种设备制造监督检验证明、安装使用说明书、备案证明等原始资料；2）定期检验报告、定期自行检查记录、定期维护保养记录、维修和技术改造记录、运行故障和生产安全事故记录、累积运转记录等运行资料；3）历次安装验收资料。

（4）进入施工现场的井架、龙门架须具有下列安全装置：1）上料口防护棚；2）层楼安全门、吊篮安全门、首层防护门；3）断绳保护装置或防坠装置；4）安全停靠装置；5）起重量限制器；6）上、下限位器；7）紧急断电开关、短路保护、过电流保护、漏电保护；8）信号装置；9）缓冲器。

2.0.8 停缓建工程项目应做好停工期间的安全保障工作，复工前应进行检查，排除安全隐患。

【条文要点】

本条对停缓建项目的安全管理进行了规定。工程项目可能由于环境改变、节日放假、资金问题、规划变更、违法建设等因素会出现停建或缓建的现象，为保证工程项目的连续性和安全性，停工及复工两个关键节点的隐患排查和安全检查就变得尤为重要。

【实施要点】

（1）停缓建工程项目停工期间各类物资材料要分类整齐码放，工具设备入库管理，对施工现场和办公区、生活区临时用水、临时用电、消防设施开展全覆盖的安全检查；施工现场各类设施、架体、防护进行全面的隐患排查，消除各类不安全因素；重大风险区域做好安全警示，大型设备做好防大风等恶劣天气的安全措施。施工区域应切断所有电源开关（照明开关除外），并锁闭开关箱，值班人员应做好现场和生活区的巡检工作，做好防火防盗，不得擅自离岗。

（2）复工前应进行安全检查，全面检查大型设备设施的具体工况、安全装置，重点加强深基坑、脚手架、模板支撑体系、洞口、临边防护栏杆等安全设施的稳固情况的检查，对生活区、现场临时用电、消防进行检查，对各类临建设施的稳定性、牢固性进行逐一检查，消除各类安全隐患；并对所有进场作业人员进行安全教育和安全技术交底。

3 安全管理

3.1 一般规定

3.1.1 工程项目应根据工程特点制定各项安全生产管理制度，建立健全安全生产管理体系。

【条文要点】

本条规定了建筑与市政工程项目应制定相应的安全生产管理制度和建立安全生产管理体系及制定的依据。本条提及的安全生产管理制度是一系列为了保障安全生产而制定的条文，目的是控制风险，将危害降到最小，安全生产管理制度也可以依据风险制定。基于国家安全生产法律法规强制要求，与安全生产标准化的强制要求，每个企业都应该建立安全生产管理体系。本条提及的安全生产管理体系是与时俱进的安全管理方法的总称，在不同时期，对于同一个企业要有不同的管理体系，如果企业的技术、设备的先进性发生了改变，则管理体系也要随之发生改变。

【实施要点】

（1）项目部应执行企业的各项安全生产管理制度；工程项目可根据工程特点、企业的安全管理目标、生产经营规模、管理体制等实际情况对各项安全生产管理制度进行细化。

（2）工程项目必须建立健全安全生产管理体系，体系要素包括组织的结构、角色和职责、策划、运行、绩效评价和改进；体系一般包括安全生产管理制度体系、安全生产管理组织体系、文化体系、目标及责任体系、教育体系、监督保障体系、风险控制体系和应急管理体系等。

1）安全生产管理制度体系

企业在建立健全安全生产责任制时，要按照"横向到边，纵向到底"的总体要求，形成覆盖各部门、各岗位、各人员的安全生产责任网络体系。"横向到边"要求企业建立的安全生产责任制应包括党政、生产、技术、安全、财政、工会等班组各部门的责任；"纵向到底"要求责任制应包括主要负责人、部门负责人、安全管理人员、特种作业人员和一线员工等所有人员的责任。

2）安全生产管理组织体系

施工企业要建立健全以安全生产责任制为核心的安全生产管理制度。施工企业应建立安全生产教育培训、安全生产资金保障、安全生产技术管理、施工设施、设备及临时建（构）筑物安全管理、分包（供应）安全生产管理、施工现场安全管理、事故应急救援、安全生产事故管理、安全检查与改进、安全考核、奖惩等制度。

3）文化体系

建立"生命至上、安全至尊"的安全理念，确立"以员工的安全健康为工作重点，加强安全管理的基础工作，对安全工作高度负责，无论工作多么重要、多么紧迫，都不忽视安全防范措施"的安全观，明确"行业对未来安全发展的总结和认识，是企业安全生产的蓝图和企业安全管理的发展方向"的安全目标。

4）目标及责任体系

根据《建设工程安全生产管理条例》，综合公司内部安全职责分工，进行责任划分。在"安全生产、人人有责"的思想指导下，强化安全生产管理制度，合理分工，明确责任，增强各级员工的责任感，相互协调配合，确保安全生产，明确员工生命安全，保持施工安全零伤亡状态，制定切合公司的安全生产管理目标责任。

5）教育体系

新员工上岗前必须接受企业、项目部、班组三级安全培训教育。经过培训合格后，才能上岗。企业安全生产监督管理部门负责公司级安全教育培训工作，并按规定做好教育者和受教育者签字的安全培训记录和台账。

6）监督保障体系

安全工作是一项复杂的系统工程，是全员、全过程、全方位的工作。为达到确保安全生产的目的，应从实际出发，明确公司安全保证体系和安全监督体系的组织，使公司安全生产始终处于可控状态。

7）风险控制体系

安全生产风险管理体系是解决当前安全生产中存在问题的最佳途径，解决了安全生产中"管什么、怎么管、做什么、怎么做"的问题，从管理理念、内容和方法上保证安全生产风险得到控制。制度建设要统一思想，提高认识，加强领导，落实责任，扎实推进，将安全生产风险管理体系与实际工作紧密结合，逐步建立安全生产长效机制，从而充分发挥安全生产风险管理体系的作用。

8）应急管理体系

加强安全生产应急救援体系建设，加强资源整合和应急管理信息化建设，逐步实现互联互通和信息共享，逐步提高应急救援快速反应和科学决策能力。要进一步加强基地建设、队伍建设和应急救援能力建设，加大应急装备建设投入，配备各类应急救援队伍装备，确保在关键时刻拉好、用好；要加强应急培训教育；完善应急预案体系，搞好演练，不断提高事故预防和应对能力。

（3）工程项目应设置安全生产管理机构，建立健全并落实全员安全生产责任制，按要求配备专职安全管理人员，制定完备的安全生产规章制度和操作规程。全员安全生产责任制应当明确各岗位的责任人员、责任范围和考核标准等内容。安全生产管理制度应包括安全生产教育培训，安全费用管理，施工设施、设备及劳动防护用品的安全管理，安全生产技术管理，分包（供）方安全生产管理，施工现场安全管理，应急救援管理，生产安全事故管理，安全检查和改进，安全考核和奖惩等制度。安全生产管理制度应随有关法律法规以及企业生产经营、管理体制的变化，适时更新、修订与完善。

3.1.2 施工现场应合理设置安全生产宣传标语和标牌，标牌设置应牢固可靠。应在主要施工部位、作业层面、危险区域以及主要通道口设置安全警示标识。

【条文要点】

本条规定了建筑与市政工程施工现场应合理设置安全生产宣传标语和警示标识牌，并规定了标牌的设置要求和设置位置。安全生产宣传标语是为了提醒人们注意安全和警示潜在风险而设立的标语，是安全生产工作的重要组成部分；作用不仅仅是提醒人们注意安全，还可以增加人们对安全意识的认识，帮助人们提高安全意识，从而减少安全事故的发生。安全生产标牌是指用于指引和警示人们在工作、生产和生活中遵守安全规范的标志和牌匾；不仅可以提醒人们关注安全，还可以有效预防和避免各类事故的发生，实现安全生产的目标。

【实施要点】

（1）工程项目应当在有较大危险因素的生产经营场所和有关设施、设备上，设置明显的安全警示标识。

（2）标识的设置不得影响工程施工、通行安全和紧急疏散。

（3）标识不应与广告及其他图形和文字混合设置。

（4）标识在露天设置时，应防止日照、风、雨、雹等自然因素对标识的破坏和影响。

（5）施工现场涉及紧急电话、消防设备、疏散等标识应采用主动发光或照明式标识，其他标识宜采用主动发光或照明式标识。

（6）标识设置应便于回收和重复使用。

（7）工程施工现场作业条件及工作环境发生显著变化时应及时增减和调换标识。

（8）工程施工现场标识应保持清晰、醒目、准确和完好，施工现场标识设置应与实际情况相符，不得遮挡和随意挪动施工现场标识。

（9）标识的设置、维护与管理应明确责任人。

（10）工程施工现场的重点消防防火区域，应设置消防安全标识。消防安全标识的设置应符合现行国家标准《消防安全标志　第1部分：标志》GB 13495.1 和《消防安全标志设置要求》GB 15630 等的有关规定。

（11）标识颜色的选用应符合现行国家标准《安全色》GB 2893 的有关规定。

（12）安全标识应采用坚固耐用的材料制作，一般不宜使用遇水变形、变质或易燃的材料，有触电危险的作业场所应使用绝缘材料（PVC 板材）；井下警示标识应用反光材料制作。

（13）标识的载体可根据其种类选用，形式应符合下列规定：

1）用牌、板、带作为载体的，应将信息镶嵌、粘贴在平面上，可固定在多种场所；

2）用灯箱作为载体的，应在箱体内部安装照明灯具，通过内部光线的透射显示箱体表面的信息，宜用于安全标识和导向标识；

3）用电子显示器（屏）作为载体的，应利用电子设备，滚动标识发布信息，宜用于名称标识；

4）用涂料作为载体的，应将信息用涂料直接喷涂在地面或其他表面，宜用于标线。

（14）标识载体的尺寸规格应根据施工现场和标识的功能确定，尺寸规格不宜繁多。

（15）标识的版面布置应简洁美观、导向明确、无歧义。

（16）同类标识宜采用同一类型的标识版面，设置同一支撑结构上的同类标识应采用同一高度和边框尺寸。

（17）工程施工现场的下列部位和场所应设置安全标识：

1）通道口、楼梯口、电梯口和孔洞口；

2）基坑和基槽外围、管沟和水池边沿；

3）高差超过 1.5m 的临边部位；

4）爆破、起重、拆除和其他各种危险作业场所；

5）爆破物、易燃物、危险气体、危险液体和其他有毒有害危险品存放处；

6）临时用电设施；

7）施工现场其他可能导致人身伤害的危险部位或场所。

（18）安全标识应设在与安全有关的醒目位置，且应使进入现场的人员有足够的时间注视其所表示的内容。

（19）标识牌不宜设在门、窗、架等可移动的物体上，标识牌前不得放置妨碍认读的障碍物。

（20）安全标识设置的高度，宜与人眼的视线高度相一致；专用标识的设置高度应视现场情况确定，但不宜低于人眼的视线高度。采用悬挂式和柱式的标识的下缘距地面的高度不宜小于2m。

（21）标识的平面与视线夹角宜接近90°，当观察者位于最大观察距离时，最小夹角不宜小于75°。

（22）施工现场安全标识的类型、数量应根据危险部位的性质分别设置不同的安全标识。

（23）多个安全标识在一起设置时，应按先左后右、先上后下的顺序排列。内容按警告、禁止、指令、提示类型的顺序排列。施工现场安全标识形式、内容及使用尚应符合相关规定。

（24）标识宜采用下列方式固定：

1）悬挂（吸顶）：通过拉杆、吊杠等将标识上方与建筑物或其他结构物连接的设置方式；

2）落地：将标识固定在地面或建筑物上面的设置方式；

3）附着：采用钉挂、焊接、镶嵌、粘贴、喷涂等方法直接将标识的一面或几面固定在侧墙、物体、地面的设置方式；

4）摆放：将标识直接放置在使用处的设置方式。

（25）标识的固定应牢固可靠。

3.1.3 施工现场应根据安全事故类型采取防护措施。对存在的安全问题和隐患，应定人、定时间、定措施组织整改。

【条文要点】

本条规定了建筑与市政工程施工现场应根据安全事故类型采

取相应的防护措施，并针对存在的安全问题和隐患规定了整改模式。工程安全事故是工程建设活动中突然发生的、伤害人身安全和健康，或者损坏设备设施，或者造成经济损失、导致原工程建设活动暂时中止或永远终止的意外事件。工程安全事故亦是指建设单位、设计单位、施工单位、工程监理单位违反国家规定降低工程质量标准，造成安全事故的行为。

本规范根据建筑与市政工程施工现场常见、多发和容易造成人身伤害的安全事故，归纳总结了多种安全事故类型，并给出了相应的措施和管理规定。

【实施要点】

（1）工程项目应针对施工现场可能发生的生产安全事故的特点和危害，组织危险源辨识和评估，制定相应的防范措施及应急预案。

（2）根据辨识出的危险源及其风险评估结果，制定相应的安全技术措施，并将安全技术措施编入施工组织设计、技术方案等有关文件中。根据辨识出的危险性较大的分部分项工程（包括超危大工程），应制定专项施工方案、相应的防范措施及应急预案，对超危大工程还应组织专家论证。

（3）工程项目应根据施工现场安全问题和隐患，指定专人，确定整改完成日期，并制定完整的整改措施，确保安全问题和隐患整改到位。

（4）施工企业生产安全事故管理应包括报告、调查、处理、记录、统计、分析改进等工作内容。

（5）生产安全事故发生后，施工企业应按规定及时上报。采用施工总承包模式的，应由总承包企业负责上报。情况紧急时，可越级上报。

（6）生产安全事故报告应包括下列内容：

1）事故的时间、地点和相关单位名称；

2）事故的简要经过；

3）事故已经造成或者可能造成的伤亡人数（包括失踪、下落不明的人数）和初步估计的直接经济损失；

4）事故的初步原因；

5）事故发生后采取的措施及事故控制情况；

6）事故报告单位或报告人员。

（7）生产安全事故报告后出现新情况时，应及时补报。

（8）生产安全事故调查和处理应做到"四不放过"，即事故原因不查清楚不放过、事故责任者和从业人员未受到教育不放过、事故责任者未受到处理不放过、没有采取防范事故再发生的措施不放过。

（9）施工企业应建立生产安全事故档案，事故档案应包括下列资料：

1）依据生产安全事故报告要素形成的企业职工伤亡事故统计汇总表；

2）生产安全事故报告；

3）事故调查情况报告、对事故责任者的处理决定、伤残鉴定、政府的事故处理批复资料及相关影像资料；

4）其他有关的资料。

（10）施工企业安全检查和改进管理应包括安全检查的内容、形式、类型、标准、方法、频次、整改、复查，以及安全生产管理评价与持续改进等工作内容。

（11）施工企业安全检查应包括下列内容：

1）安全管理目标的实现程度；

2）安全生产职责的履行情况；

3）各项安全生产管理制度的执行情况；

4）施工现场管理行为和实物状况；

5）生产安全事故、未遂事故和其他违法违规事件的报告调查、处理情况；

6）安全生产法律法规、标准规范和其他要求的执行情况。

（12）施工企业安全检查的形式应包括各管理层的自查、互查以及对下级管理层的抽查等；安全检查的类型应包括日常巡查、专项检查、季节性检查、定期检查、不定期抽查等，并应符合下列要求：

1）工程项目部每天应结合施工动态，实行安全巡查；

2）总承包工程项目部应组织各分包单位每周进行安全检查；

3）施工企业每月应对工程项目施工现场安全生产情况至少进行一次检查，并应针对检查中发现的倾向性问题、安全生产状况较差的工程项目，组织专项检查；

4）施工企业应针对承建工程所在地区的气候与环境特点，组织季节性安全检查。

（13）施工企业安全检查应配备必要的检查、测试器具，对存在的问题和隐患，应定人、定时间、定措施组织整改，并应跟踪复查直至整改完毕。

（14）施工企业对安全检查中发现的问题，宜按隐患类别分类记录，定期统计，并应分析确定多发和重大隐患类别，制定实施治理措施。

（15）施工企业应定期对安全生产管理的适宜性、符合性和有效性进行评估，应确定改进措施，并对其有效性进行跟踪验证和评价。发生下列情况时，企业应及时进行安全生产管理评估：

1）适用法律法规发生变化；

2）企业组织机构和体制发生重大变化；

3）发生生产安全事故；

4）其他影响安全生产管理的重大变化。

（16）施工企业应建立并保存安全检查和改进活动的资料与记录。

3.1.4 不得在外电架空线路正下方施工、吊装、搭设作业棚、建造生活设施或堆放构件、架具、材料及其他杂物等。

【条文要点】

本条规定了建筑与市政工程施工现场在外电架空线路正下方的禁止事项。作业人员及施工机械（包括流动式起重机械）与外电架空线路之间的安全距离难以控制，损坏电力设施及触电风险较大，危险程度高，所以规定不得在外电架空线路正下方从事施工、吊装、搭设作业棚、建造生活设施或堆放构件、架具、材料及其他杂物等。

【实施要点】

（1）在建工程不得在外电架空线路保护区内搭设生产、生活等临时设施或堆放构件、架具材料及其他杂物等。

（2）在建工程（含脚手架）周边与外电架空线路边线之间最小安全操作距离应符合表 3-1 的规定。

表 3-1　在建工程（含脚手架）周边与外电架空线路边线之间最小安全操作距离

外电线路电压等级（kV）	< 1	1～10	35～110	220	330～500
最小安全操作距离（m）	4.0	6.0	8.0	10	15

注：上、下脚手架的斜道不宜设在有外电线路的一侧。

（3）施工现场机动车道与外电架空线路交叉时，架空线路最低点与路面的最小垂直距离应符合表 3-2 的规定。

表 3-2　施工现场机动车道与外电架空线路交叉时最小垂直距离

外电线路电压等级（kV）	1	1～10	35
最小垂直距离（m）	6.0	7.0	7.0

（4）起重机严禁越过无防护设施的外电架空线路作业。在外电架空线路附近吊装时，起重机的任何部位或被吊物边缘在最大偏斜时与架空线路边线的最小安全距离应符合表 3-3 的规定。

表 3-3　起重机与外电架空线路边线最小安全距离

外电线路电压等级（kV）		< 1	10	35	110	220	330	500
最小安全距离（m）	垂直方向	1.5	3.0	4.0	5.0	6.0	7.0	8.5
	水平方向	1.5	2.0	3.5	4.0	6.0	7.0	8.5

（5）施工现场开挖沟槽边缘与外电埋地电缆沟槽边缘之间的

距离不得小于 0.5m。

（6）当达不到规定要求时，须采取绝缘隔离防护措施，并应悬挂醒目的警告标识。

架设防护设施时，须经有关部门批准，采用线路暂时停电或其他可靠的安全技术措施，并应有电气工程技术人员和专职安全人员监护。

防护设施与外电线路之间的安全距离不应小于表 3-4 所列数值。

表 3-4　防护设施与外电线路间最小安全距离

外电线路电压等级（kV）	≤ 10	35	110	220	330	500
最小安全距离（m）	1.7	2.0	2.5	4.0	5.0	6.0

防护设施应坚固、稳定，且对外电线路的隔离防护应达到 IP30 级。

（7）当规定的防护措施无法实现时，必须与有关供电部门协商，采取停电、迁移外电线路等措施；未采取上述措施的，严禁施工。

（8）当在外电架空线路附近开挖沟槽时，必须会同有关部门采取加固措施，防止外电架空线路电杆倾斜、悬倒。

3.2　高处坠落

3.2.1　在坠落高度基准面上方 2m 及以上进行高空或高处作业时，应设置安全防护设施并采取防滑措施，高处作业人员应正确佩戴安全帽、安全带等劳动防护用品。

【条文要点】

本条规定了建筑与市政工程施工现场中在坠落高度基准面上方 2m 及以上进行高空或高处作业时的注意事项。

（1）为了便于操作过程中做好防范工作，有效防止人与物从高处坠落的事故，根据建筑与市政行业的特点，在工程施工中，对建筑物和构筑物结构范围以内的各种形式的洞口与临边性质的作业、悬空与攀登作业、操作平台与立体交叉作业以及在结构主体以外的场地上和通道旁的各类洞、坑、沟、槽等工程的施工作业，只要符合上述条件的，均作为高处作业对待，并加以防护。

（2）脚手架、井架、龙门架、施工用电梯和各种吊装机械设备在施工中使用时所形成的高处作业，其安全问题，都由各工程或设备的安全技术部门各自作出规定加以处理。

（3）对操作人员而言，当人员坠落时，地面可能高低不平。上述标准所称坠落高度基准面，是指通过最低的坠落着落点的水平面。而所谓最低的坠落着落点，则是指在该作业位置上坠落时，有可能坠落到的最低之处；可以看作是最大的坠落高度。因此，高处作业高度的衡量，以从各作业位置到相应的坠落基准面之间的垂直距离的最大值为准。

【实施要点】

（1）坠落高度基准面 2m 或 2m 以上有可能坠落的高处进行的作业、临空高度在 2m 及以上的临边部位，如楼面、屋面周边，阳台、雨篷、挑檐边，坑、沟、槽周边等，具有较大的高处坠落隐患。因此，通过设置防护栏杆、密目式安全立网及踢脚板或工具式栏板，并应按规定正确佩戴和使用相应的安全防护用品、用具，以保证高处作业的人员安全，以及防止高处坠落物体伤人等安全事故发生。当坡度较大时，人和物易滑落，故应采取防滑措施。

（2）劳动防护用品应具备生产许可证、产品合格证、检验报告、安全标志、产品标准和相关技术文件。安全带应高挂低用，规定坠落悬挂用安全带的安全绳有效长度不应大于 2m；有两根安全绳的安全带，单根绳的有效长度（安全绳有效长度包括未展开的缓冲器）不应大于 1.2m；区域限制安全绳长度大于 2m 时应加装长度调节装置或安全绳回收装置。安全帽的帽体内顶与头顶应保持一定距离，下颏带须扣在领下并系牢。

3.2.2 高处作业应制定合理的作业顺序。多工种垂直交叉作业存在安全风险时，应在上下层之间设置安全防护设施。严禁无防护措施进行多层垂直作业。

【条文要点】

本条规定了建筑与市政工程施工现场高处作业应制定合理的作业顺序及多工种垂直交叉作业的安全事项。

（1）垂直交叉作业：凡在竖直平面上，处于空间贯通状态下，于不同层次中上下同时进行的作业，称为垂直交叉作业；还包括本单位不同专业、工种之间以及与外单位之间在同一区域（平面）、同一时间进行的，可能造成对方人身伤害或机械设备损失的施工作业。

（2）垂直交叉作业的范围：施工过程中，在同一作业区域内进行施工活动，都可能危及对方生产安全和干扰施工；主要表现在设备维修、设备（结构）安装、起重吊装、高处作业、模板安装、脚手架搭设拆除、焊接（动火）作业、施工用电、材料运输、其他可能危及对方生产安全作业等。

（3）垂直交叉作业的分类：A类交叉作业，相同或相近轴线不同标高处的同时生产或检修作业；B类交叉作业，同一作业区域不同类型的专业队伍同进生产或检修作业；C类交叉作业，同一区域不同分包单位同时生产或检修作业；D类交叉作业，同一项目由不同分包单位同时生产或检修作业。

【实施要点】

（1）施工作业前应明确交叉作业顺序，尽量减少高处作业，尽量避免立体交叉作业；无法错开的垂直交叉作业，层间必须采取严密、牢固的防护隔离措施。

（2）交叉作业时，下层作业位置应处于上层作业的坠落半径之外，坠落半径内应设置安全防护棚或安全防护网等安全隔离措施。当尚未设置安全隔离措施时，应设置警戒隔离区，严禁人员进入隔离区。安全防护棚和警戒隔离区范围的设置应视上层作业高度确定，并应大于坠落半径（表3-5）。

表 3-5 坠落半径

序号	上层作业高度 h_b（m）	坠落半径（m）
1	$2 \leqslant h_b \leqslant 5$	3
2	$5 < h_b \leqslant 15$	4
3	$15 < h_b \leqslant 30$	5
4	$h_b > 30$	6

（3）处于起重机臂架回转范围之内的通道，应搭设安全防护棚；施工现场人员进出的通道口，应搭设安全防护棚。

（4）对不搭设脚手架和不设置安全防护棚时的交叉作业，应设置安全防护网；当在多层、高层建筑物外立面施工时，应在二层及每隔四层设一道固定的安全防护网，同时设一道随施工高度提升的安全防护网。

1）当安全防护棚为非机动车通行时，棚底至地面高度应不小于 3m；当安全防护棚为机动车通行时，棚底至地面高度应不小于 4m。

2）当建筑物高度大于 24m 并采用木质板搭设时，应搭设双层安全防护棚，两层防护的间距应不小于 700mm，安全防护棚高度应不小于 4m。

3）当安全防护棚的顶棚采用竹笆或木质板搭设时，应采用双层搭设，间距应不小于 700mm；当采用木质板或与其等强度的其他材料搭设时，可采用单层搭设，木板厚度应不小于 50mm。防护棚的长度应根据建筑物高度与可能坠落半径确定。

3.2.3 在建工程的预留洞口、通道口、楼梯口、电梯井口等孔洞以及无围护设施或围护设施高度低于 1.2m 的楼层周边、楼梯侧边、平台或阳台边、屋面周边和沟、坑、槽等边沿应采取安全防护措施，并严禁随意拆除。

【条文要点】

本条规定了建筑与市政工程施工现场应采取防护措施的位

置。预留洞是指为了将下层或者底层的坐标点引到上一层，使得该层的控制点与下层相同，便于内部墙体、门窗等结构布局的统一性。楼梯洞口是指连接不同楼层楼梯的上下口；按照楼梯的位置和形式，楼梯洞口可以分为室内楼梯洞口和室外楼梯洞口、直梯洞口和扶梯洞口、单向楼梯洞口和双向楼梯洞口等。电梯井口是指建筑物施工时，在电梯安装前，电梯井没有防护时（没有电梯门）形成的楼内一个贯穿底层和顶层的空腔。

【实施要点】

（1）在洞口作业时，应采取防坠落措施，包括设置牢固的盖板、警示设施及夜间红灯示警装置等，并应符合下列规定：

1）当竖向洞口短边边长小于 500mm 时，应采取封堵措施；当垂直洞口短边边长大于或等于 500mm 时，应在临空一侧设置高度不小于 1.2m 的防护栏杆，并应采用密目式安全立网或工具式栏板封闭，设置挡脚板；

2）当非竖向洞口短边尺寸为 25mm~500mm 时，应采用承载力满足使用要求的盖板覆盖，盖板四周搁置应均衡，且应防止盖板移位；

3）当非竖向洞口短边边长为 500mm~1500mm 时，应采用盖板覆盖或防护栏杆等措施，并应固定牢固；

4）当非竖向洞口短边长大于或等于 1500mm 时，应在洞口作业侧设置高度不小于 1.2m 的防护栏杆，洞口应采用安全平网封闭。

（2）在孔与洞口边的高处作业必须设置防护设施，包括因施工工艺形成的深度在 2m 及以上的桩孔边、沟槽边和因安装设备、管道预留的洞口边等。

（3）电梯井口应设置防护门，其高度不应小于 1.5m，防护门底端距地面高度不应大于 50mm，并应设置挡脚板。

（4）在进入电梯安装施工工序之前，井道内应每隔 10m 且不大于 2 层加设一道水平安全网；电梯井内的施工层上部，应设置隔离防护设施。

（5）施工现场通道附近的洞口、坑、沟、槽、高处临边等危险作业处，应悬挂安全警示标识，夜间应设灯光警示。

（6）边长不大于 500mm 洞口所加盖板，应能承受不小于 1.1kN/m² 的荷载。

（7）墙面等处落地的竖向洞口、窗台高度低于 1200mm 的竖向洞口及框架结构在浇筑完混凝土没有砌筑墙体时的洞口，应按临边防护要求设置防护栏杆。

3.2.4 严禁在未固定、无防护设施的构件及管道上进行作业或通行。

【条文要点】

未固定、无防护设施的构件不具备承载能力，在其上进行作业或通行，易发生安全事故。安装中的管道，特别是横向管道，并不具有承受操作人员重量的能力，存在安全隐患，易造成安全事故，操作时严禁在其上面站立和行走。

【实施要点】

（1）悬空作业应设有牢固的立足点，并应配置登高和防坠落的设施。

（2）构件吊装和管道安装时悬空作业应符合下列规定：

1）钢结构吊装，构件宜在地面组装，安全设施应一并设置；吊装时，应在作业层下方设置一道水平安全网；

2）吊装钢筋混凝土屋架、梁、柱等大型构件前，应在构件上预先设置登高通道、操作立足点等安全设施；

3）高空安装大模板、吊装第一块预制构件或单独的大中型预制构件时，应站在作业平台上操作；

4）当吊装作业利用吊车梁等构件作为水平通道时，临空面的一侧应设置连续的栏杆等防护措施；当采用钢索做安全绳时，钢索的一端应采用花篮螺栓收紧；当采用钢丝绳做安全绳时，绳的自然下垂度不应大于绳长的 1/20，并应控制在 100mm 以内；

5）钢结构安装施工在施工层搭设水平通道，水平通道两侧应设置防护栏杆；当利用钢梁作为水平通道时，应在钢梁一侧设置连续的安全绳，安全绳宜采用钢丝绳；

6）钢结构、管道等安装施工的安全防护设施宜采用标准化、定型化产品。

3.2.5 各类操作平台、载人装置应安全可靠，周边应设置临边防护，并应具有足够的强度、刚度和稳定性，施工作业荷载严禁超过其设计荷载。

【条文要点】

本条规定了施工现场应保证人员施工安全、应搭建稳定可靠的防护设施。

高空作业操作平台是各行业使用的设备安装、检修等高空作业产品。常见的操作平台有移动式操作平台和悬挑式钢平台两种；操作平台上应显著地标明允许荷载值。操作平台上人员和物料的总重量，严禁超过设计的允许荷载。建筑施工中常用的特种设备有：

1）施工升降机

施工电梯通常称为施工升降机，但施工升降机包括的定义更宽广，施工平台也属于施工升降机系列。单纯的施工电梯是由轿厢、驱动机构、标准节、附墙、底盘、围栏、电气系统等几部分组成，是建筑中经常使用的载人载货施工机械。由于其独特的箱体结构使其乘坐起来既舒适又安全，施工电梯在工地上通常是配合塔式起重机使用，一般载重量在0.3t～3.6t，运行速度为1m/min～96m/min不等。

2）门座式起重机

门座式起重机是桥架通过两侧支腿支承在地面轨道或地基上的臂架型起重机。沿地面轨道运行，下方可通过铁路车辆或其他地面车辆。可转动的起重装置装在门形座架上，门形座架的4条腿构成4个"门洞"，可供铁路车辆和其他车辆通过。门座式起重机大多沿地面或建筑物上的起重机轨道运行，进行起重装卸作业。半门座式起重机运行轨道的一侧设在地面上，另一侧设在高于地面的建筑物上。

3）流动式起重机

流动式起重机主要有履带式起重机、汽车起重机、轮胎起重机、全地面起重机、随车起重机。其特点主要包括：使用范围广，机动性好，可以方便地转移场地；但其对道路、场地要求高，台班费较高。适用于单件重量大的大、中型设备、构件的吊装，作业周期短。

4）桥式起重机

桥式起重机是横架于车间、仓库和料场上空进行物料吊运的起重设备。由于其两端坐落在高大的水泥柱或者金属支架上，形状似桥，故名桥式起重机。桥式起重机的桥架沿铺设在两侧高架上的轨道纵向运行，可以充分利用桥架下面的空间吊运物料，不受地面设备的阻碍，是使用范围最广、数量最多的一种起重机械。

5）升降机

升降机是一种多功能升降机械设备，可分为固定式、移动式、导轨式、曲臂式，剪叉式、链条式和装卸平台等。升降机通常用于救援和装修。

【实施要点】

（1）操作平台应通过设计计算，并应编制专项方案，架体构造与材质应满足国家现行相关标准的规定。

（2）操作平台的架体应采用钢管、型钢等组装，并应符合相关标准规定。平台面铺设的钢、木或竹胶合板等材质的脚手板，应符合强度要求，并应平整满铺及可靠固定。

（3）操作平台的临边应设置防护栏杆，单独设置的操作平台应设置供人上下、踏步间距不大于400mm的扶梯。

（4）操作平台和载人装置投入使用时，应在平台的内侧设置标明允许负载值的限载牌，物料应及时转运，不得超重与超高堆放。

（5）操作平台使用中应每月不少于1次定期检查，并应由专人进行日常维护工作，及时消除安全隐患。

（6）移动式操作平台应符合下列要求：

1）移动式操作平台面积不宜大于 $10m^2$，高度不宜大于 5m，高宽比不应大于 2：1，施工荷载不应大于 $15kN/m^2$；

2）移动式操作平台的轮子与平台架体连接应牢固，立柱底端离地面不得大于 80mm，行走轮和导向轮应配有制动器或刹车闸等制动措施；

3）移动式行走轮承载力不应小于 5kN，制动力矩不应小于 2.5N·m，移动式操作平台架体应保持垂直，不得弯曲变形，制动器除在移动情况外，均应保持制动状态；

4）移动式操作平台移动时，操作平台上不得站人。

（7）移动式升降工作平台应符合现行国家标准《移动式升降工作平台 设计、计算、安全要求和试验方法》GB/T 25849 和《移动式升降工作平台 安全规则、检查、维护和操作》GB/T 27548 等的要求。

（8）落地式操作平台架体构造应符合下列规定：

1）操作平台高度不应大于 15m，高宽比不应大于 3：1；

2）施工平台的施工荷载不应大于 $20kN/m^2$；当接料平台的施工荷载大于 $20kN/m^2$ 时，应进行专项设计；

3）操作平台应与建筑物进行刚性连接或加设防倾措施，不得与脚手架连接。

（9）用脚手架搭设操作平台时，其立杆间距和步距等结构要求应符合国家现行相关脚手架规范的规定；应在立杆下部设置底座或垫板、纵向与横向扫地杆，在外立面设置剪刀撑或斜撑；并应符合下列规定：

1）扣件钢管脚手架安装与拆除人员须是经考核合格的专业架子工，架子工应持证上岗；

2）搭拆脚手架人员必须戴安全帽、系安全带、穿防滑鞋；

3）脚手架的构配件质量与搭设质量，应确认合格后使用；

4）钢管上严禁打孔；

5）作业层上的施工荷载应符合设计要求，不得超载；不得将模板支架、缆风绳、泵送混凝土和砂浆的输送管等固定在架体上；严禁悬挂起重设备，严禁拆除或移动架体上的安全防护设施；

6）满堂支撑架在使用过程中，应设有专人监护施工，当出现异常情况时，应停止施工，并应迅速撤离作业面上人员；应在采取确保安全的措施后，查明原因、做出判断和处理；

7）满堂支撑架顶部的实际荷载不得超过设计规定；

8）当有6级强风及以上风、浓雾、雨或雪天气时应停止脚手架搭设与拆除作业；雨、雪后上架作业应有防滑措施，并应扫除积雪；

9）夜间不宜进行脚手架搭设与拆除作业；

10）脚手架应定期进行安全检查与维护；

11）脚手板应铺设牢靠、严实，并应用安全网双层兜底；施工层以下每隔10m应用安全网封闭；

12）单、双排脚手架、悬挑式脚手架沿墙体外围应用密目式安全网全封闭，密目式安全网宜设置在脚手架外立杆的内侧，并应与架体结扎牢固。

（10）操作平台应从底层第一步水平杆起逐层设置连墙件，且连墙件间隔不应大于4m，并应设置水平剪刀撑；连墙件应为可承受拉力和压力的构件，并应与建筑结构可靠连接。

（11）落地式操作平台搭设材料及搭设技术要求、允许偏差应符合国家现行相关脚手架标准的规定。

（12）落地式操作平台应按国家现行相关脚手架标准的规定计算受弯构件强度、连接扣件抗滑承载力、立杆稳定性、连墙杆件强度与稳定性及连接强度、立杆地基承载力等。

（13）落地式操作平台一次搭设高度不应超过相邻连墙件以上两步。

（14）落地式操作平台拆除应由上而下逐层进行，严禁上下同时作业，连墙件应随施工进度逐层拆除。

（15）落地式操作平台检查验收应符合下列规定：

1）操作平台的钢管和扣件应有产品合格证；

2）搭设前应对基础进行检查验收，搭设中应随施工进度按结构层对操作平台进行检查验收；

3）遇 5 级以上大风、雷雨、大雪等恶劣天气及停用超过 1 个月，恢复使用前，应进行检查。

（16）悬挑式操作平台设置应符合下列规定：

1）操作平台的搁置点、拉结点、支撑点应设置在稳定的主体结构上，且应可靠连接；

2）严禁将操作平台设置在临时设施上；

3）操作平台的结构应稳定可靠，承载力应符合设计要求。

（17）悬挑式操作平台的悬挑长度不宜大于 5m，均布荷载不应大于 55kN/m²，集中荷载不应大于 15kN，悬挑梁应锚固固定。

（18）采用斜拉方式的悬挑式操作平台，平台两侧的连接吊环应与前后两道斜拉钢丝绳连接，每道钢丝绳应能承载该侧所有荷载。

（19）采用支承方式的悬挑式操作平台，应在钢平台下方设置不少于两道斜撑，斜撑的一端应支承在钢平台主结构钢梁下，另一端应支承在建筑物主体结构。

（20）悬臂梁式操作平台，应采用型钢制作悬挑梁或悬挑桁架，不得使用钢管，其节点应采用螺栓或焊接的刚性节点；当平台板上的主梁采用与主体结构预埋件焊接时，预埋件、焊缝均应经设计计算，建筑主体结构应同时满足强度要求。

3.2.6 遇雷雨、大雪、浓雾或作业场所 5 级以上大风等恶劣天气时，应停止高处作业。

【条文要点】

本条规定了建筑与市政工程施工现场停止高处作业的场景。凡高空作业一定要按施工组织设计执行，发现有缺陷和隐患时，必须及时解决，危及人身安全的必须停止作业。建筑施工领域高处作业较多。高处作业活动面小、四周临空，且垂直交叉作业多，是一项复杂危险的工作，稍有疏忽，就可能造成高处坠落或物体打击事故。大风天气，高处坠落风险增加。5 级（含 5 级）

以上风力的大风和大雨、大雪、浓雾和雷雨等恶劣天气时，不得进行升降作业、不得进行拆除作业。吊篮施工遇有雨雪、大雾、风沙及 5 级以上大风等恶劣天气时，应停止作业，并应将吊篮平台停放在地面，应对钢丝绳、电缆进行绑扎固定。

【实施要点】

（1）雷雨天气下易导致雷击，危及人身安全；大雪天气能见度低及易滑，容易引起坠落；浓雾环境下降低可视度，易造成工作失误导致高坠事故；阵风风力 5 级（风速 8.0m/s）以上易引起坠落。因此，在恶劣天气时，应停止高处作业。

（2）高处作业应采取下列安全措施：

1）高处作业安全设施应符合施工组织设计，并应在现场检查及验收合格；

2）作业现场应设置安全警示标识，并应设专人监护；

3）作业顺序应合理，不得在同一方向多层垂直作业；

4）作业人员应穿戴防滑鞋、安全帽、安全带，安全带应高挂低用；

5）遇雷雨和 5 级以上大风，应停止作业。

（3）在雨、霜、雾、雪等天气进行高处作业时，应采取防滑、防冻和防雷措施，并应及时清除作业面上的水、冰、雪、霜。

（4）当遇有 5 级及以上强风、浓雾、沙尘暴等恶劣气候，不得进行露天攀登与悬空高处作业。

（5）雨雪天气后，应对高处作业安全设施进行检查；当发现有松动、变形、损坏或脱落等现象时，应立即修理完善，维修合格后方可使用。

3.3 物 体 打 击

3.3.1 在高处安装构件、部件、设施时，应采取可靠的临时固定措施或防坠措施。

【条文要点】

高处安装构件、部件、设施时，有可能因为结构体系不完善，存在倾倒或坠落的潜在安全风险；本条规定了应采取临时固定措施或防坠措施。本条的目的是为提高项目部处置安全生产事故的能力，防止重大生产安全事故发生；完善应急管理机制，迅速有效地控制和处置可能发生的事故；并在发生安全生产事故和突发性事故时，能做到响应迅速，忙而不乱，有效地保护员工人身安全和项目部以及公司财产安全，最大限度地预防和减少安全生产事故的发生及造成的损害，保障员工、公众安全，维护项目部的安全和公司的稳定。

【实施要点】

（1）高空作业人员必须正确佩戴安全帽，必须系好安全带，并挂在牢固处（高挂低用）。

（2）高处作业使用的脚手架、吊架、平台、脚手板、梯子、护栏、索具（钢丝绳、麻绳、化学纤维绳）等料具和安全带、安全网等安全防护用品的质量都必须符合国家规范的要求。

（3）高处作业前，应进行针对性的书面安全交底，要被交底人签字；同时必须落实所有的安全技术措施和个人防护用品，未经落实不得进行施工作业。

（4）高处作业的安全技术设施，使用中发生损坏时，必须及时解决；危及人身安全的，必须立即停止作业，排除险情或隐患后，方准作业。

（5）施工作业场所有坠落可能的物体，应一律先行撤除或加以固定。高处作业中所用的物料，均应堆放平稳，不妨碍通行，并不得超重，在脚手架上荷载不得大于270kg/m²。工具用毕应随手放入工具袋内；作业中的走道、通道板和登高用具，应随时清扫干净；拆卸下的物件及余料和废料均应及时清理运走，不能任意乱扔或向下丢弃；传递物件禁止抛掷，小型工具、配件用工具包盛装或使用吊篮吊装。

（6）高处作业无法搭设严密的防护设施时，必须使用安全带；安全带必须系挂在施工作业上方牢固的物体上，并高挂低用，禁止低挂高用。

3.3.2 在高处拆除或拆卸作业时，严禁上下同时进行。拆卸的施工材料、机具、构件、配件等，应运至地面，严禁抛掷。

【条文要点】

本条规定了在建筑与市政工程施工现场，严禁抛掷施工材料、机具、构件、配件等，减少因抛掷产生的物体打击伤害的风险。高处作业中所用的物料均应堆放平稳不妨碍通行和装卸。工具应随手放入工具袋，作业中的走道、通道板和登高用具，应随时清扫干净；拆卸下的物件及余料和废料均应及时清理运走，不得任意乱置或向下丢弃，传递物件禁止抛掷。高空抛物一般是指从高处丢弃或者抛掷杂物到楼下的行为，是一种很危险的行为，往往会造成人员受伤或财产受损，因此高空抛物人员，需要承担相应的法律责任。

【实施要点】

（1）脚手架拆除应按拆除方案组织施工，拆除前应对作业人员作书面的安全技术交底。

（2）拆除脚手架前，应做好下列准备工作：

1）应对即将拆除的脚手架全面检查；

2）应由单位工程技术负责人进行拆除安全技术交底；

3）应清除脚手架上杂物及地面障碍物。

（3）拆除或拆卸作业应符合如下要求：

1）拆除或拆卸作业下方不得有其他人员；

2）不得上下同时拆除；

3）物件拆除后，临时堆放处离堆放结构边沿不应小于1m，通道口、脚手架边缘等处，堆放高度不得超过1m，楼层临边不得堆放任何拆下的物件；

4）拆除或拆卸作业应设置警戒区域，并应由专人负责监护警戒；

5）拆除过程中，拆卸下的物件及余料和废料均应及时清理运走；构配件应向下传递或用绳递下，不得任意乱置或向下丢弃，散碎材料应采用溜槽顺槽溜下。

（4）对施工作业现场所有可能坠落的物料，应及时拆除或采取固定措施；高处作业所用的物料应堆放平稳，不得妨碍通行和装卸；工具应随手放入工具袋，作业中的走道、通道板和登高用具，应随时清理干净。

3.3.3 施工作业平台物料堆放重量不应超过平台的容许承载力，物料堆放高度应满足稳定性要求。

【条文要点】

本条规定了施工平台物料堆放要严格控制重量和稳定性。作业平台作为施工现场临时堆积物料的平台，区别于常规的存放场所，其强度和稳定性有一定的限度；且因为施工环境较为复杂，人为因素、设备因素等多种因素的交织作用，极易发生平台物料坠落，造成安全事故。

【实施要点】

（1）施工平台上堆放的物料重量不宜过重，应严格控制在承重能力范围内；如果物料重量过大，可能会导致施工平台失稳或变形，从而引发安全事故。在施工平台上堆放物料时，应确保施工平台的承重能力，避免超载；同时，还要避免单位面积上堆放物料过多，以免压力不均匀，导致局部强度不足。在施工平台上堆放物料时，还要注意与工人的安全距离；如果堆放物料过于靠近作业人员或活动空间，可能会增加作业人员被物体打击的风险，从而导致安全事故的发生。因此，在施工平台上堆放物料时，应根据物料的重量和数量，确定安全距离，避免对作业人员造成伤害；同时也要遵守防护措施，如设置围挡、安装警示标识等，提醒作业人员注意安全。总之，施工平台上的物料堆放不仅要控制重量，还要保持安全距离，以确保施工安全。施工平台的使用应按照相关规定进行，同时还要进行日常维护和检查，及时发现并排除隐患，保障施工安全。

（2）根据国家法规和标准相关规定，物料堆放的高度一般根据以下几个方面来确定：

1）堆放物料的稳定性：堆放物料的高度应能够保证堆放的

稳定，避免物料倒塌或坍塌的风险；

2）人身安全和防火安全：堆放物料的高度一般要考虑到人员的安全，确保堆放物料不会对人员造成伤害；此外，防火安全也是一个考虑因素，堆放物料的高度要符合防火要求，以减少火灾蔓延的风险；

3）物料的性质和特点：不同种类的物料，由于其性质和特点不同，堆放的高度也会有所不同，一些特殊的物料可能需要更为严格的限制和要求。

（3）平台的制作、安装应编制专项施工方案，并应进行承载力计算，堆放物料的重量不应超过平台承载能力。平台下部支撑系统或上部拉结点，应设置在建筑结构上，两侧须安装固定的防护栏杆，并应在平台明显处设置荷载限定标牌；平台台面、平台与建筑结构间铺板应严密、牢固。

（4）应在操作平台明显位置设置标明允许负载值的限载牌及限定允许的作业人数；物料应及时转运，不得超重、超高堆放。

3.3.4 安全通道上方应搭设防护设施，防护设施应具备抗高处坠物穿透的性能。

【条文要点】

本条规定了施工现场的安全通道上方防护设施的搭设。安全通道，通常是指在建筑物出入口位置用脚手架、安全网及硬质木板搭设的"护头棚"，目的是避免上部掉落物品伤人。

（1）坠落防护用品包括：安全带、安全绳、缓冲器、缓降装置、连接器、水平生命线装置、速查自控器、自锁器、安全网、挂点装置等。

（2）进入施工现场必须戴安全帽，登高作业必须系安全带。安全帽、安全带、安全网被视为救命"三宝"；目前，这三种防护用品都有产品标准，在使用时，应选择符合要求的产品。

1）安全帽

当前安全帽的产品种类很多，制作安全帽的材料有塑料、玻璃钢、竹、藤等。无论选择哪个种类的安全帽，必须满足下列要求：

① 最大冲击力不应超过 500kg（5000N 或 5kN），因为人体的颈椎只能承受 500kg 冲击力，超过时就易受伤害；

② 自安全帽上方 1m 的高处，自由落下的钢锥穿透安全帽，但不能碰到头皮；这就要求选择的安全帽，在戴帽的情况下，帽衬顶端与帽壳内面的每一侧面的水平距离保持在 5mm～20mm；

③ 耐低温性能良好，当在 −10℃ 以下的气温中，帽的耐冲击和耐穿透性能不改变；

④ 侧向刚性能达到规范要求。

2）安全带

建筑施工中的攀登作业、独立悬空作业，如搭设脚手架、吊装混凝土构件、钢构件及设备等，都属于高空作业，操作人员都应系安全带。安全带的选用应符合标准，注意检查安全带的使用年限，安全带使用年限为 5 年。高处作业人员，在无可靠安全防护措施时，必须系好安全带，先挂牢再作业，应当高挂低用。不准将绳打结使用，也不准将挂钩直接挂在安全绳上使用，应挂在连接环上使用。

建筑施工高空作业情况多，使用安全带进行高空作业可以说是操作者命悬"一线（安全带）"间。

3）安全网

在建筑工地中，安全网主要用于外架及电梯井内的安全防护。材料要求其相对密度小强度高，耐磨性好，延伸度大和耐久性强，此外还应有一定的耐气候性能，受潮受湿后其强度下降不太大。同一张安全网所有网绳都要采用一种材料，禁止使用材料为丙纶的安全网。每张安全网的重量一般不宜超过 15kg，并要能承受 800N 的冲击力。

4）在使用过程中，常见的问题是张挂安全网时系挂不牢，平网上的建筑垃圾未及时清理和两层间的防护间距过大等。

5）使用安全网要做到：关键要素是系牢，固定高处设一道，还有一道围楼跑。

【实施要点】

（1）施工现场的安全通道，通常是指在建筑物出入口位置用脚手架、安全网及硬质木板搭设的"防护棚"。防护棚的顶棚使用竹笆或胶合板搭设时，应采用双层搭设，间距不应小于700mm；当用木板时，可采用单层搭设，木板厚度不应小于50mm，或可采用与木板等强度的其他材料搭设。安全防护棚的长度应根据建筑物高度与可能坠落半径确定；当建筑物高度大于24m、并采用木板搭设时，应搭设双层防护棚，两层防护棚的间距不应小于700mm。

（2）当采用脚手架搭设安全防护棚架构时，应符合国家现行相关脚手架标准的规定。

（3）对不搭设脚手架和设置安全防护棚时的交叉作业，应设置安全防护网；当在多层、高层建筑外立面施工时，应在二层及每隔四层设一道固定的安全防护网，同时设一道随施工高度提升的安全防护网。

（4）安全防护棚搭设应符合下列规定：

1）当安全防护棚为非机动车辆通行时，棚底至地面高度不应小于3m；当安全防护棚为机动车辆通行时，棚底至地面高度不应小于4m；

2）当建筑物高度大于24m并采用木质板搭设时，应搭设双层安全防护棚；两层防护的间距不应小于700mm，安全防护棚的高度不应小于4m；

3）当安全防护棚的顶棚采用竹笆或木质板搭设时，应采用双层搭设，间距不应小于700mm；当采用木质板或与其等强度的其他材料搭设时，可采用单层搭设，木板厚度不应小于50mm；安全防护棚的长度应根据建筑物高度与可能坠落半径确定。

（5）安全防护网搭设应符合下列规定：

1）安全防护网搭设时，应每隔3m设一根支撑杆，支撑杆水平夹角不宜小于45°；

2）当在楼层设支撑杆时，应预埋钢筋环或在结构内外侧各设一道横杆；

3）安全防护网应外高里低，网与网之间应拼接严密。

（6）建筑施工安全网的选用应符合下列规定：

1）安全网材质、规格、物理性能、耐火性、阻燃性应满足现行国家标准《安全网》GB 5725 的规定；

2）密目式安全立网的网目密度应为 10cm×10cm 面积上大于或等于 2000 目。

（7）采用平网防护时，严禁使用密目式安全立网代替平网使用。

（8）密目式安全立网使用前，应检查产品分类标记、产品合格证、网目数及网体重量，确认合格方可使用。

（9）安全网搭设应符合下列规定：

1）安全网搭设应绑扎牢固、网间严密。安全网的支撑架应具有足够的强度和稳定性；

2）密目式安全立网搭设时，每个开眼环扣应穿入系绳，系绳应绑扎在支撑架上，间距不得大于 450mm，相邻密目网间应紧密结合或重叠；

3）当立网用于龙门架、物料提升架及井架的封闭防护时，四周边绳应与支撑架贴紧，边绳的断裂张力不得小于 3kN，系绳应绑在支撑架上，间距不得大于 750mm；

4）用于电梯井、钢结构和框架结构及构筑物封闭防护的平网，平网每个系结点上的边绳应与支撑架靠紧，边绳的断裂张力不得小于 7kN，系绳沿网边应均匀分布，间距不得大于 750mm；电梯井内平网网体与井壁的空隙不得大于 25mm，安全网拉结应牢固。

3.3.5 预应力结构张拉、拆除时，预应力端头应采取防护措施，且轴线方向不应有施工作业人员。无粘结预应力结构拆除时，应先解除预应力，再拆除相应结构。

【条文要点】

本条规定了预应力结构张拉、拆除时必须采取防护措施及具体要求。解除预应力可能对结构稳定和安全带来较大影响；在预应力孔道灌浆不实等情况下，切割、破碎结构混凝土，可能会出现预应力筋飞出、反弹等危险，多发于端头和轴线方向，应在端头设置防护装置，并避免轴线方向有人。无粘结预应力筋可通过种植锚栓、安装防蹦钢箍等方式进行防护。

预应力结构的张拉、拆除，要对张拉设备采取防护措施；设备的拆除要按照正确的拆除顺序进行作业，保证施工安全。预应力是为了改善结构服役表现，在施工期间给结构预先施加的压应力，结构服役期间预加压应力可全部或部分抵消荷载导致的拉应力，避免结构破坏；常用于混凝土结构。预应力混凝土结构，是在结构承受荷载之前，预先对其施加压力，使其在外荷载作用时的受拉区混凝土内力产生压应力，用以抵消或减小外荷载产生的拉应力，使结构在正常使用的情况下不产生裂缝或者裂缝产生较晚、较小。无粘结预应力是指在预应力构件中的预应力筋与混凝土没有粘结力，预应力筋张拉力完全靠构件两端的锚具传递给构件。具体做法是预应力筋表面刷涂料并包塑料布（管）后，将其铺设在支好的构件模板内，并浇筑混凝土，待混凝土达到规定强度后进行张拉锚固；属于后张法施工。无粘结预应力的优点是不需要预留孔道、穿筋、灌浆等复杂工序，施工程序简单，施工速度快；同时，摩擦力小且易弯成多跨曲线型；特别适用于大跨度的单、双向连续多跨曲线配筋梁板结构和屋盖。

【实施要点】

（1）预应力筋或拉索安装时，应防止预应力筋或拉索甩出或滑脱伤人。

（2）预应力施工作业处的竖向上、下位置严禁其他人员同时作业；必要时应设置安全护栏和安全警示标识。

（3）预应力筋张拉时，其两端正前方严禁站人或穿越，操作人员应位于千斤顶侧面。

（4）在油泵和灌浆泵等工作过程中，操作人员不得离开岗位。

（5）在预应力孔道灌浆不实等情况下，切割、破碎结构混凝土，可能会出现预应力筋飞出、反弹等危险；这种危险多发于端头和轴线方向，故应在端头设置防护装置，并避免轴线方向有人。

（6）解除梁桥的预应力体系必须保证结构安全。预应力混凝土结构切割、破碎过程中，应采取预应力端头防护措施，轴线方向不得有人。无粘结预应力筋应在相应结构拆除前先行解除预应力；无粘结预应力楼板拆除前，应先了解预应力筋的分布状况，制定具体的拆除和相关构件的支撑方案，并应有可靠的安全防护措施；拆除前宜先将应切断的预应力筋放松或采取措施降低其应力，严禁直接切断预应力筋。

（7）对可能危及建（构）筑物、公共设施或人员安全而无有效防护措施的，以及可能会造成河床严重阻塞、堤坝漏水、泉水变迁等危害的，不应采用爆破方法拆除。

（8）当采用爆破法拆除时，应对爆区周围的自然条件和环境状况进行调查，了解影响安全的不利环境因素，采取必要的安全防范措施。爆破作业应按现行国家标准《爆破安全规程》GB 6722 的有关规定执行。

3.4 起 重 伤 害

3.4.1 吊装作业前应设置安全保护区域及警示标识，吊装作业时应安排专人监护，防止无关人员进入，严禁任何人在吊物或起重臂下停留或通过。

【条文要点】

本条规定了建筑与市政工程施工现场吊装作业前应做的安全准备工作以及吊装作业过程中应注意的事项。吊装作业是指使用起重机械或吊装设备将重物或物品升起、移动或降落的过程，通常涉及多个工种、多种设备和系统的协同作业。吊装作业很容易发生高处坠落等安全事故，因此需要在吊装作业前和过程中采取有效措施，减少安全隐患，避免安全事故。吊装作业前需设置安全保护区域和警示标识，可有效防止和警示无关人员进入作业区域，降低伤亡事故发生。作业过程中还应严格控制作业区域人员通过，除操作人员外，其他作业人员应保持安全距离；为防止吊物或起重臂发生意外而坠落，应严格禁止任何人在吊物或起重臂下停留或通过。

【实施要点】

（1）吊装作业前，须编制吊装作业安全专项施工方案，并应充分考虑施工现场的环境、道路、架空电线等情况。作业前应进行技术交底；作业中，未经技术负责人批准，不得随意更改。

（2）参加起重吊装的人员应经过严格培训，取得培训合格证后，方可上岗。

（3）吊装作业时应严格遵守操作规程，有序进行各个作业环节，严格控制速度和方向。

（4）吊装作业前一定要仔细检查吊装设备、起重机械的性能是否正常，必要时进行维护保养和检修。

（5）吊装作业区四周应设置明显标识，严禁非操作人员入内；夜间施工必须有足够的照明。

（6）吊装作业现场应设置专人进行安全监控和疏导，确保周围人员的安全。

（7）当吊装过程中有焊接作业时，火花下落，特别是切割时铁水下落很容易伤人，周围有易燃物时也容易引起火灾。因此，在作业部位下面周围10m范围内不得有人，并要有严格的防火措施。

（8）吊装物品要绑紧安全，遵守吊装标准的要求，防止发生掉落或滑脱等安全事故。

（9）吊装作业完成后，及时清理工作现场和检查吊装设备的状态，以便下次使用。

3.4.2 使用吊具和索具应符合下列规定：

1 吊具和索具的性能、规格应满足吊运要求，并与环境条件相适应；

2 作业前应对吊具与索具进行检查，确认完好后方可投入使用；

3 承载时不得超过额定荷载。

【条文要点】

本条规定了吊具和索具的性能和安全要求。操作者应根据起吊的重量或重物的外形等合理选择吊索具；使用前，应对吊索具及其配件进行检查，确认完好，方可使用；吊挂前，应正确选择索点，提升前应确认捆绑是否牢固。吊具及配件不能超过其额定起重量，吊索不得超过其相应吊挂状态下的最大工作荷载。

（1）吊索具使用安全要求

1）吊索具应有若干个点位集中上架存放，有专人管理和维护保养，存放点有选用规格与对应荷载的标签（标牌），主要使用人员应熟悉并正确选用，报废或不合格的吊索具不许在现场堆放和使用。

2）使用者应熟知各类吊索具及其端部配件的本身性能、使用注意事项、报废标准。

3）所选用的吊索具应与被吊工件的外形特点及具体要求相适应，在不具备使用条件的情况下，禁止使用。

4）作业前，应对吊索具及其配件进行检查，确认完好，方可使用。

5）吊挂前，应正确选择索点；提升前，应确认捆绑是否牢固。

6）吊具及配件不能超过其额定起重量，吊索不得超过其相应吊挂状态下的最大工作荷载。

7）作业中应防止损坏吊索具及配件，必要时在棱角处加护角防护。

8）使用完毕的吊索具须及时放回存放点，不得随意放置或直接置于起重设备的吊钩上。

（2）吊索具选用要点

1）钢丝绳可编接或卡接。选用钢丝绳时，编接的长度应大于 15 倍的绳径且大于等于 300mm，连接强度大于等于抗拉强度的 75%；卡接绳卡间距应大于等于 6 倍的绳径，压板应在主绳侧，绳径 7mm～18mm 的绳卡为 3 个，绳径 19mm～27mm 的绳卡为 4 个，绳径 28mm～37mm 的绳卡为 5 个。

2）普通麻绳与白棕绳。常用于重量较轻的物件捆绑和吊运；使用时不能超载，有断股、割伤或磨损严重时应报废。

3）尼龙绳。有柔软质轻、耐腐蚀且强度高等优点；吊运时应远离火源，防止暴晒，棱角物体应垫好。尼龙绳收缩性大，应防止断裂后回抽伤人。

4）链条。链条有下列情况之一应报废：裂纹、塑性变形、伸长达原长度的 5%、链环直径磨损达原直径的 10%。

5）其他吊索具。吊具可参照吊钩和链条的报废标准，重点检查有无裂纹、塑性变形和磨损超标；索具重点检查磨损或腐蚀、严重变形、断股或断丝超标等。

【实施要点】

（1）进行钢结构吊装的机械设备，必须在其额定起重量范围内吊装作业，以确保吊装安全；若超出额定起重量进行吊装作业，易导致生产安全事故。

（2）抬吊适用的特殊情况是指：施工现场无法使用绞大的起重设备；需要吊装的构件数量较少，采用较大起重设备经济投入明显不合理。当采用双机抬吊作业时，每台起重设备所分配的吊装重量不得超过其额定起重量的 80%，并应编制专项作业指导书；在条件许可时，可事先用较轻构件模拟双机抬吊工况进行试吊。

（3）吊装用钢丝绳、吊装带、卸扣、吊钩等吊具，在使用过程中可能存在局部的磨耗、破坏等缺陷，使用时间越长存在缺陷的可能性越大，因此本条规定应对吊具进行全数检查，以保证质量合格要求，防止安全事故发生。并在额定许用荷载的范围内进行作业，以保证吊装安全。

（4）起重机使用的钢丝绳的规格、型号应符合使用说明书要求，并应与滑轮和卷筒相匹配，穿绕正确。

（5）钢丝绳端部固接应达到使用说明书规定的强度，并符合下列规定：

1）当采用楔与楔套固接时，固接强度应不小于钢丝绳破断拉力的 75%；楔套不应有裂纹，楔块不应有松动；

2）当采用锥形套浇铸固接时，固接强度应达到钢丝绳的破断拉力；

3）当采用铝合金压制固接时，固接强度应达到钢丝绳的破断拉力，接头不应有裂纹；

4）当采用编插固接时，其编插长度应不小于钢丝绳直径的 20 倍～25 倍，且最短编插长度不应小于 300mm；编插部分应捆扎细钢丝，细钢丝的捆扎长度应大于钢丝绳直径的 20 倍；

5）当采用压板固定时，固接强度应达到钢丝绳的破断拉力；

6）当采用绳卡固接时，固接强度应达到钢丝绳破断拉力的 85%；绳卡与钢丝绳的直径应匹配，规格、数量应符合相关规定；最后一个绳卡距绳头的长度应不小于 140mm，卡滑鞍（夹板）应在钢丝绳承载时受力的一侧；U 形栓应在钢丝绳的尾端，不应正反交错。

（6）起重机使用的钢丝绳，应有钢丝绳制造厂签发的产品技术性能和质量证明文件。

（7）钢丝绳不得有扭结、压扁、弯折、断股、断丝、断芯、笼状畸变等变形。

（8）钢丝绳、卸扣等吊索具使用时，不得超过额定荷载值。

3.4.3 吊装重量不应超过起重设备的额定起重量。吊装作业严禁超载、斜拉或起吊不明重量的物体。

【条文要点】

本条规定了起重吊装机械安全的额定起重量以及禁止超载、斜拉或起吊不明重量的物体，以免造成事故。

（1）在吊装作业中，不可避免地会遇到一些需要超过规定起重性能进行吊装的特殊情况；在长期实践中很多操作人员已经积累了一些在超载使用的情况下能保证安全的措施，但这不能作为吊装起重时的依据，也容易产生安全事故。因此，操作人员应按规定的起重性能作业，不应超载。

（2）起重机的额定起重量是以吊钩与重物在垂直情况下核定的。斜吊、斜拉工况下，作用力在起重机的一侧，破坏了起重机的稳定性，会造成超载及钢丝绳出槽，还会使起重臂因侧向力而扭弯，甚至造成倾翻事故。对于地下埋设或凝固在地面上的重物，除本身重量外还有不可估计的附着力（埋设深度和凝固强度决定附着力的大小），可能会造成严重超载而酿成事故。因此严禁使用起重机进行斜拉、斜吊和起吊地下埋设或凝固在地面上的重物及其他不明重量的物体。现场浇筑的混凝土构件或模板，必须全部松动后方可起吊。

（3）起吊重物应绑扎平稳、牢固，不得在重物上再堆放或悬挂零星物件；易散落物件应使用吊笼栅栏固定后方可起吊。标有绑扎位置的物件，应按标记绑扎后起吊。吊索与物件夹角之间应加垫块，吊索与物件的夹角宜采用45°～60°，且不得小于30°。吊索与物体的夹角越小，吊索受拉力就越大，同时吊索对物体的水平压力也越大；当吊索与物体的夹角小到30°时，吊索所受拉力增加1倍；因此，吊索与物件的夹角不得小于30°。

（4）起重机荷载越大，安全系数越小，越要认真对待。起吊荷载达到起重机额定起重量的90%及以上时，应先将重物吊离地面200mm～500mm后，检查起重机的稳定性制动器的可靠性，重物的平稳性绑扎的固性，确认无误后方可继续起吊。对易晃动的重物应拴拉绳。

【实施要点】

（1）起重机械设备的吊装重量应符合其说明书中规定的额定起重量，并应符合起重特性表中的相关规定，以确保吊装安全。

（2）超载吊装不仅会加速机械零件的磨损，缩短机械使用年限，而且也容易造成起重机发生恶性事故。因此，不应超载吊装，严禁斜拉或斜吊。这是因为将捆绑重物的吊索挂上吊钩后，吊钩滑车组不与地面垂直，就会造成超负荷及钢丝绳出槽，甚至造成拉断绳索和翻车事故；同时斜吊会使构件离开地面后发生快速摆动，可能会砸伤人或碰坏其他物体，被吊构件也可能会损坏。禁止起吊地下埋设件或粘结在地面上等重量及拉力不明的构件，也是因为会产生超载或造成翻车事故。

（3）起重设备应根据起重设备性能、结构特点、现场环境、作业效率等因素综合确定。

（4）起重设备需要附着或支承在结构上时，应征得设计单位的同意，并应进行结构安全验算。

（5）钢结构吊装作业须在起重设备的额定起重量范围内进行。用于吊装的钢丝绳、吊装带、卸扣、吊钩等吊具应经检验合格，并应在其额定许用荷载范围内使用。

（6）钢结构吊装不宜采用抬吊。当构件重量超过单台起重设备的额定起重量范围时，构件可采用抬吊的方式吊装；采用抬吊方式时，应符合下列规定：

1）起重设备应进行合理的荷载分配，构件重量不得超过两台起重设备额定起重量总和的75%，单台起重设备的负荷量不得超过额定起重量的80%；

2）吊装作业应进行安全验算并采取相应的安全措施，应有经批准的抬吊作业专项方案；

3）吊装操作时应保持两台起重设备升降和移动同步，两台起重设备的吊钩、滑车组均应基本保持垂直状态。

（7）吊车严禁超载、斜拉或起吊不明重量的工件。

（8）作业中严禁扳动支腿操作阀。调整支腿必须在无荷载时进行，并将臂杆转至正前方或正后方；作业中发现支腿下沉、吊车倾斜等不正常现象时，必须放下重物，停止吊装作业。

（9）应严格执行"十不吊"，即：1）指挥信号不明不准吊；2）斜牵斜拉不准吊；3）被吊物重量不明或超负荷不准吊；4）散物捆扎不牢或物料装放过满不准吊；5）吊物上有人不准吊；6）埋在地下物不准吊；7）机械安全装置失灵不准吊；8）现场光线暗看不清吊物起落点不准吊；9）棱刃物与钢丝绳直接接触无保护措施不准吊；10）6级及以上强风不准吊。

3.4.4 物料提升机严禁使用摩擦式卷扬机。

【条文要点】

本条规定了严禁使用的物料提升机——摩擦式卷扬机。摩擦式卷扬机无反转功能，存在安全隐患，所以物料提升机严禁使用摩擦式卷扬机。

物料提升机是一种固定装置的机械输送设备，主要适用于粉状、颗粒状及小块物料的连续垂直提升；设置了断绳保护安全装置、停靠安全装置、缓冲装置、上下高度及极限限位器、防松绳装置等安全保护装置。摩擦式卷扬机是一种通过摩擦力将绳索或链条卷起来提升重物的机械设备；按照不同的结构和使用方式，摩擦式卷扬机可以分为多种类型，如固定式摩擦卷扬机、手动摩擦式卷扬机、电动摩擦式卷扬机等。摩擦式卷扬机结构简单、易于维护；能够提供稳定的升降速度；没有传统卷扬机的限制，可以卷起更长的绳索或链条。但是卷取速度不能太快，否则会引发设备磨损或卷绳卡住的问题；并且无法在重物下降的时候提供额外的支持，需要使用其他的装置来降低和支撑重物。

【实施要点】

（1）摩擦式卷扬机无反转功能，吊笼下降时无动力控制，下降速度易失控，同时对导轨架产生的冲击力较大，存在安全隐患。可以使用卷绕式卷扬机或齿轮齿条式卷扬机，同时必须加设行程限位开关。

（2）卷扬机应设置防止钢丝绳脱出卷筒的保护装置；该装置与卷筒外缘的间隙不应大于 3mm，并应有足够的强度。

3.4.5 施工升降设备的行程限位开关严禁作为停止运行的控制开关。

【条文要点】

本条规定了施工升降设备的行程限位开关禁止另作他用的情

况。施工升降机是一种用于工程施工的机械设备，它在运行时需要按照指定的行程范围进行操作，如果未经过行程限制或超过限度，就会出现安全事故和机器损坏的风险。为了避免这种情况的发生，施工升降机要设置行程限位装置。行程限位开关的主要作用是在非正常操作或施工升降机本身发生故障造成意外时能有效制动施工升降设备，频繁使用限位开关会影响使用寿命及限位功能，对施工升降设备的安全性能造成严重影响。

行程限位可以控制施工升降机的行驶范围，限制其上升和下降的高度，从而避免超出限定范围。同时，行程限位还可以监测施工升降机的运行状态，及时发现故障并进行维修保养。施工升降机行程限位的作用主要包括：

（1）保证升降机的安全

安全是施工升降机运行的基本要求。通过设定合适的行程限位，可以防止施工升降机因高度超限、碰撞等原因导致的安全事故。

（2）提高施工效率

行程限位还可以确保施工升降机在规定的高度范围内运行，提高施工效率。

（3）减少维修保养次数

行程限位可以有效监测施工升降机的运行状态和故障信息，及时进行维修保养，避免因行驶超限等原因导致的机器损坏和额外的维修成本。

（4）延长机器使用寿命

行程限位可以避免施工升降机在运行中出现不规范操作或超过允许高度等情况，延长机器使用寿命。

在实际工作中，每次使用施工升降机前必须进行前期检查和行程范围设定，并严格遵守行程限位的规定，以保证施工升降机的安全和正常运行。

【实施要点】

（1）严禁用行程限位开关作为停止运行的控制开关。

（2）不得使用有故障的施工升降机。

（3）严禁施工升降机使用超过有效标定期的防坠安全器。

（4）施工升降机额定载重量、额定乘员数标牌应置于吊笼醒目位置；严禁在超过额定载重量或额定乘员数的情况下使用施工升降机。

（5）当电源电压值与施工升降机额定电压值的偏差超过±5%，或供电总功率小于施工升降机的规定值时，不得使用施工升降机。

（6）应在施工升降机作业范围内设置明显的安全警示标识，应在集中作业区做好安全防护。

（7）当建筑物超过2层时，施工升降机地面通道上方应搭设防护棚；当建筑物高度超过24m时，应设置双层防护棚。

（8）使用单位应根据不同的施工阶段、周围环境、季节和气候等，对施工升降机采取相应的安全防护措施。

（9）使用单位应在现场设置相应的设备管理机构或配备专职的设备管理人员，并指定专职设备管理人员、专职安全生产管理人员进行监督检查。

（10）当遇大雨、大雪、大雾、施工升降机顶部风速大于20m/s或导轨架、电缆表面结有冰层时，不得使用施工升降机。

（11）使用期间，使用单位应按使用说明书的要求对施工升降机定期进行保养。

3.4.6 吊装作业时，对未形成稳定体系的部分，应采取临时固定措施。对临时固定的构件，应在安装固定完成并经检查确认无误后，方可解除临时固定措施。

【条文要点】

本条规定了建筑与市政工程施工现场对未形成稳定体系的部分进行吊装作业时应注意的事项和采取的措施。随着工程项目的大型化、复杂化，很多吊装作业的工期都相对比较长，不是当天或当班就能完成；或者因天气、停电、下班等原因造成作业暂停时，吊装作业未全部完成，安装的建筑结构尚未形成空间稳定体系；如不采取临时固定措施保证空间体系的稳定，很容易发生坍塌等严重的安全事故。只有在安装的结构、构件能够保证自身稳定或整体稳定时，才能解除临时固定措施；否则容易造成构件失稳倾覆或空间体系的坍塌，导致严重的安全事故。

【实施要点】

（1）当因天气、停电、下班等原因，作业出现暂停时，吊装作业未全部完成，安装的结构尚未形成空间稳定体系，应采取临时固定措施保证空间体系的稳定，避免坍塌等安全事故发生。

（2）吊装作业中，有些构件在安装就位后，自身并不能保证在空间的稳定，需要依靠临时固定措施来保证其稳定。安装固定完成后，应在安装的构件或屋面系统能够保证自身稳定或整体稳定时，才能解除临时固定措施，避免因构件失稳倾覆或空间体系的坍塌造成安全事故的发生。

（3）吊装中的焊接作业应选择合理的焊接工艺，避免发生过大的变形；冬季焊接应有焊前预热（包括焊条预热）措施，焊接时应有防风防水措施，焊后应有保温措施。

（4）永久固定的连接，应经过严格检查并确保无误后，方可拆除临时固定工具。

3.4.7 大型起重机械严禁在雨、雪、雾、霾、沙尘等低能见度天气时进行安装拆卸作业；起重机械最高处的风速超出 9.0m/s 时，应停止起重机安装拆卸作业。

【条文要点】

本条规定了极端天气下应停止大型起重机械安拆作业，避免事故发生。大型起重机械可分为塔式起重机、斗式提升机、履带式起重机、汽车式起重机和运输机等种类；其中，履带式起重机和汽车式起重机吊臂是施工现场使用最为广泛的起重机械。大型起重机械的主要组成部分包括钢制支架、变幅机构、起重机械臂、操作室等。

大型起重机械的应用领域多种多样，在建筑领域被广泛用于钢筋混凝土结构的建造、大型建筑物的拆除和重建，以及天桥、地铁等交通工程的建设中。

【实施要点】

在雨雪、雾、霾、沙尘等低能见度天气进行安装拆卸作业时，起重机械的安装拆卸作业容易发生坍塌、坠落、触电等安全事故；起重机械最高处的风速超出9.0m/s时进行安装、拆卸作业，易引起倒塌、坠落事故。停止作业应保障已安装、拆卸的部位达到稳定状态，并已锁固牢靠。

3.5 坍 塌

3.5.1 土方开挖的顺序、方法应与设计工况相一致，严禁超挖。

【条文要点】

本条规定了建筑与市政工程施工现场土方开挖的顺序和方法。土方开挖是工程初期以至施工过程中的关键工序，是将土和岩石进行松动、破碎、挖掘并运出的工程。按岩土性质，土石方开挖分土方开挖和石方开挖；土方开挖按施工环境是露天、地下或水下，分为明挖、暗挖和水下开挖等。

土方开挖过程中土体变形与施工工艺、时间等有较大关系；因此，施工过程应尽量缩短工期，特别要减少在支撑体系未形成情况下的基坑暴露时间；不得出现乱挖、超挖等现象，应重视基坑变形的时空效应。

【实施要点】

（1）基坑开挖必须遵循先设计后施工的原则；应按设计和施工方案要求，分层、分段、均衡开挖。土方开挖前，应查明基坑周边影响范围内建（构）筑物、上下水、电缆、燃气、排水及热力等地下管线情况，并采取措施保护其使用安全。

（2）基坑支护结构在混凝土达到设计要求的强度，并在杆（索）、钢支撑按设计要求施加预应力后，方可开挖下层土方，严禁提前开挖和超挖。

（3）基坑开挖和回填施工，应符合下列规定：

1）基坑土方开挖的顺序应与设计工况相一致，严禁超挖；

2）基坑开挖应分层进行、内支撑结构基坑开挖尚应均衡进行；

3）基坑开挖不得损坏支护结构、降水设施和工程桩等；

4）基坑周边施工材料、设施或车辆荷载严禁超过设计要求的地面荷载限值。

3.5.2 边坡坡顶、基坑顶部及底部应采取截水或排水措施。

【条文要点】

本条规定了建筑与市政工程施工现场边坡坡顶、基坑顶部及底部在需要的情况下应采取截水或排水措施。边坡和基坑可能会发生积水、浸水、灌水等现象，降水方案直接影响施工过程中的基坑工程安全、人身安全以及周边建（构）筑物的安全。边坡指的是明挖基坑为保证基坑稳定而在坑内形成的具有一定坡度的坡面，或为保证路基稳定而在其两侧做成的具有一定坡度的坡面。对路基工程，边坡坡顶指的是路基边坡的最高点，挖方路基为边坡与原地面相接处，填方路基为路肩外缘。基坑开挖前应根据地质水文资料，结合现场附近建筑物情况，决定开挖方案，并做好防水排水工作。开挖不深者可用放坡的办法，使土坡稳定，其坡度大小按有关施工规定确定；开挖较深及邻近有建筑物者，可用基坑壁支护方法、喷射混凝土护壁方法，大型基坑甚至采用地下连续墙和柱列式钻孔灌注桩连锁等方法，防护外侧土层坍入；对附近建筑无影响者，可用井点法降低地下水位，采用放坡明挖；在寒冷地区可采用天然冷气冻结法开挖等。如果边坡坡顶、基坑顶部有水，可能造成沿边坡的渗流或回灌坑内，从而会导致边坡的不稳定乃至滑坡，影响工程施工效率、质量和安全；因此边坡坡顶、基坑顶部需采取截水、排水措施，保证边坡的土体稳定性，避免安全事故的产生。

【实施要点】

（1）基坑工程专项施工方案的内容中应明确降排水措施，合理布置降水井、集水井和排水沟，并及时有效地降水。深基坑施工可采用多级分层降水，随时观测水位的变化。

（2）基坑边沿周围应按专项施工方案设排水沟，且应防止雨水、渗漏水回灌坑内。放坡开挖的基坑应对坡顶、坡面、坡脚采取降排水措施，保证坡顶、坡面和坡脚的土体稳定。

（3）基坑的上、下部和四周必须设置排水系统，流水坡向应明显，不得积水。基坑上部排水沟与基坑边缘的距离应大于2m，沟底和两侧必须做防渗处理；基坑底部四周应设置排水沟和集水坑。

3.5.3 边坡及基坑周边堆放材料、停放设备设施或使用机械设备等荷载严禁超过设计要求的地面荷载限值。

【条文要点】

本条规定了建筑与市政工程施工现场边坡及基坑周边堆放荷载的限值要求。边坡及基坑周边施工材料、设备设施或车辆荷载超过设计荷载限值，使支护结构受力超越设计状态，存在安全隐患；甚至可能导致基坑坍塌，造成安全事故。

【实施要点】

（1）基坑支护结构在设计计算中应充分考虑基坑边缘合理的施工荷载，包括基坑边沿堆置土、料具等；并在施工过程中严格控制，防止因荷载过大造成基坑坍塌。

（2）施工机械作业及行走区域与基坑边沿的安全距离应符合设计计算的要求，且不宜小于1.5m。任何施工机械不得在支护结构上行走及作业，必要时应单独设计供机械作业的栈桥或平台。

（3）基坑周边施工材料、设备设施或车辆荷载严禁超过设计要求的地面荷载限值。

（4）基槽边坡顶部严禁堆载。

3.5.4 边坡及基坑开挖作业过程中，应根据设计和施工方案进行监测。

【条文要点】

本条规定了建筑与市政工程边坡及基坑开挖作业中的监测要求。基坑支护结构以及周边环境的变形和稳定与基坑的开挖深度有关，相同条件下基坑开挖深度越深，支护结构变形以及对周边环境的影响越大；基坑工程的安全性还与场地的岩土工程条件以及周边环境的复杂性密切相关。对深基坑及周边环境复杂的基坑工程实施监测，是确保基坑及周边环境安全的重要措施。

支护结构水平位移和基坑周边建筑物沉降能直观、快速反映支护结构的受力、变形状态及对环境的影响程度；安全等级为一级、二级的支护结构均应对其进行监测，且监测应覆盖基坑开挖与支护结构使用期的全过程。

【实施要点】

（1）基坑开挖前应编制监测方案，监测方案应包括监测目的、监测项目、监测预警值、监测点布置、监测周期等内容。基坑开挖过程中应按监测方案实施监测；当变形、受力超过预警值时，应采取连续不间断的监测，必要时应启动应急处置预案。

（2）基坑开挖过程中应特别注意监测支护体系变形及位移、基坑渗漏水、地面沉降或隆起变形、邻近建筑物、交通设施及管道线路的情况。

（3）下列基坑应实施基坑工程监测：

1）基坑设计安全等级为一、二级的基坑。

2）开挖深度大于或等于 5m 的下列基坑：

①土质基坑；

②极软岩基坑、破碎的软岩基坑、极破碎的岩体基坑；

③上部为土体，下部为极软岩、破碎的软岩、极破碎的岩体构成的土岩组合基坑。

3）开挖深度小于 5m 但现场地质情况和周围环境较复杂的基坑。

3.5.5 当基坑出现下列现象时，应及时采取处理措施，处理后方可继续施工。

1 支护结构或周边建筑物变形值超过设计变形控制值；

2 基坑侧壁出现大量漏水、流土，或基坑底部出现管涌；

3 桩间土流失孔洞深度超过桩径。

【条文要点】

本条规定了建筑与市政工程基坑应及时采取处理措施的情况。当出现支护结构或周边建筑物变形值超过设计变形控制值，基坑侧壁出现大量漏水、流土，或基坑底部出现管涌，以及桩间土流失空洞深度超过桩径时，基坑已出现安全隐患，应及时停止施工、查明原因，并采取处理措施后，方可继续施工。

支护结构是基坑工程中采用的围护墙、支撑（或土层锚杆）、围檩、防渗帷幕、降排水等结构体系的总称。

桩间土流失是指桩基之间的土体流失，导致桩基失稳，从而影响施工安全。桩间土流失孔洞深度是指桩基之间土体流失形成的孔洞的深度；孔洞深度越深，桩基的稳定性就越差。因此，桩间土流失孔洞深度是判断桩基稳定性的重要指标之一。

在道路建设中，桩间土流失孔洞深度的判定标准是非常重要的。一般来说，孔洞深度超过桩基直径的1/3就属于安全重大隐患。如果孔洞深度超过桩基直径的1/2，那么桩基的稳定性就已经受到了严重的影响，极易发生安全事故，需要及时采取措施进行处理。

【实施要点】

（1）当出现下列情况之一时，必须立即进行危险报警，并应通知有关各方对基坑支护结构和周边环境、保护对象采取应急措施：

1）基坑支护结构的位移值突然明显增大或基坑出现流砂、管涌、隆起、陷落等；

2）基坑支护结构的支撑或锚杆体系出现过大变形、压屈、断裂、松弛或拔出的迹象；

3）基坑周边建筑的结构部分出现危害结构的变形裂缝；

4）基坑周边地面出现较严重的突发裂缝或地下空洞、地面下陷；

5）基坑周边管线变形突然明显增长或出现裂缝、泄漏等；

6）冻土基坑经受冻融循环时，基坑周边土体温度显著上升，发生明显的冻融变形；

7）出现基坑工程设计方提出的其他危险报警情况，或根据当地工程经验判断，出现其他必须进行危险报警的情况。

（2）支护结构或基坑周边环境出现报警情况或其他险情时，应立即停止开挖，并应根据危险产生的原因和可能进一步发展的破坏形式，采取控制或加固措施；危险消除后，方可继续开挖。必要时，应对危险部位采取基坑回填、地面卸土、临时支撑等应急措施；当危险由地下水管道渗漏、坑体渗水造成时，尚应及时采取截断渗漏水水源、疏排渗水等措施。

（3）基坑变形超过报警值时可调整分层、分段土方开挖施工方案，加大预留土墩，坑内堆砂袋、回填土、增设锚杆、支撑等。

（4）围护结构刚度不足，变形过大时，可采取增加临时支撑（斜撑、角撑）、支撑加设预应力、调整支撑的竖向间距、基坑周边卸载或坑内压载等处理措施。

（5）围护结构、支撑、周围地表、坑底土体隆起变形速率急剧加大，基坑有失稳趋势时，应进行局部或全部回填，待结构稳定后进行地基或支撑加固处理。

（6）坑底隆起变形过大时，应在基坑外加设沉降监测点，并应采取以下方法处置：

1）采取坑内加载反压或坑内沿周边插入板桩，防止坑外土向坑内挤压，坑底被动区采取注浆加固；

2）采取分区、分步开挖，并及时浇筑快硬混凝土垫层；

3）采取中心岛法开挖施工。

3.5.6 当桩基成孔施工中发现斜孔、弯孔、缩孔、塌孔或沿护筒周围冒浆及地面沉陷等现象时，应及时采取处理措施。

【条文要点】

本条规定了建筑与市政工程施工现场桩基成孔过程中需及时采取处理措施的安全隐患情形。桩基成孔是指预先打孔（多种方式），然后通过填充、振冲或夯实或者浇灌等方式形成桩基础。

桩基的成孔方式是指在施工过程中将钢筋混凝土桩基所需要的孔洞开挖出来的方法，主要分为砂浆灌注孔洞成孔法、空心钻孔成孔法和钻孔挖掘法三种桩基成孔方式。当桩基成孔施工中出现斜孔、弯孔、缩孔、塌孔或沿护筒周围冒浆及地面沉陷等现象时，说明已经存在安全隐患，故应及时采取措施进行处理，避免安全事故的发生。

【实施要点】

（1）泥浆护壁成孔时，发生斜孔、塌孔或沿护筒周围冒浆以及地面沉陷等情况应停止钻进，采取措施处理后方可继续施工。

（2）当钻孔倾斜时，可反复扫孔修正，如纠正无效，应在孔内回填黏土或风化岩块至偏孔处上部 0.5m，再重新钻进。

（3）钻进中如遇塌孔，应立即停止钻进，并回填黏土，待孔壁稳定后再钻。

（4）护筒周围冒浆，可用稻草拌黄泥堵塞漏洞，并压上一层泥、砂包。

（5）钻机施工应符合下列规定：

1）作业前应对钻机进行检查，各部件验收合格后方能使用；

2）钻头和钻杆连接螺纹应良好，钻头焊接应牢固，不得有裂纹；

3）钻机钻架基础应夯实、整平，地基承载力应满足要求，作业范围内应无地下管线及其他地下障碍物，作业现场与架空输电线路的安全距离应符合规定；

4）钻进中，应随时观察钻机的运转情况；当发生异响、吊索具破损、漏气、漏渣以及其他不正常情况时，应立即停机检查，排除故障后，方可继续施工；

5）当桩孔净间距过小或采用多台钻机同时施工时，相邻桩应间隔施工；当无特别措施时，完成浇筑混凝土的桩与邻桩间距不应小于 4 倍桩径，或间隔施工时间宜大于 36h；

6）泥浆护壁成孔时发生斜孔、塌孔或沿护筒周围冒浆以及地面沉陷等情况应停止钻进，采取措施处理后方可继续施工；

7）当采用空气吸泥时，其喷浆口应采取遮挡措施，并应固定管端。

（6）冲击成孔施工前以及施工过程中应检查钢丝绳、卡扣及转向装置，冲击施工时应控制钢丝绳放松量。

（7）当非均匀配筋的钢筋笼吊放安装时，应有方向辨别措施，以确保钢筋笼的安放方向与设计方向一致。

（8）混凝土浇筑完毕后，应及时在桩孔位置回填土方或加盖盖板。

（9）遇有湿陷性土层、地下水位较低、既有建筑物距离基坑较近时，不宜采用泥浆护壁工艺进行灌注桩施工；当需采用泥浆护壁工艺时，应采用优质低失水量泥浆、控制孔内水位等措施，减少和避免对相邻建（构）筑物产生影响。

（10）基坑土方开挖过程中，宜采用喷射混凝土等方法对灌注排桩的桩间土体进行加固，防止土体掉落对人员、机具造成损害。

3.5.7 基坑回填应在具有挡土功能的结构强度达到设计要求后进行。

【条文要点】

本条规定了建筑与市政工程施工现场基坑回填的基本条件。具有挡土功能的混凝土结构或砌体结构，其砂浆的强度未达到设计要求而进行回填时，很容易发生坍塌和群死群伤事故；故应在具有挡土功能的结构强度达到设计要求、能够起到设计要求的挡土功能时，才能进行基坑回填。基坑回填主要分两种方式，第一种形式为下部回填，由于钢管支撑还未拆除，回填用汽车将土运到基坑边缘，倒入基坑，人工摊铺，小型夯实机分层夯实；第二种形式为在拆除最上面一道支撑后，用推土机推土，人工配合机械分层对称夯实。

【实施要点】

具有挡土功能的混凝土结构或砌体结构的强度未达到设计要求而进行回填时，很容易发生坍塌和群死群伤事故。因此，具有挡土功能的结构应达到设计（方案）要求后方可进行下一道工序。

3.5.8 回填土应控制土料含水率及分层压实厚度等参数，严禁使用淤泥、沼泽土、泥炭土、冻土、有机土或含生活垃圾的土。

【条文要点】

本条规定了建筑与市政工程施工现场回填土的具体要求。含水率和分层厚度是控制回填土压实程度的重要参数，需要进行重点关注和控制。淤泥、沼泽土、泥炭土、冻土、有机土或含生活垃圾的土等不易压实，容易造成塌陷下沉等隐患。

土料的含水率是试样在 105℃～110℃ 温度下烘至恒量时所失去的水质量和恒量后干土质量的比值，以百分率表示。分层厚度指的是压实后的厚度；虚铺厚度也就是常说的松铺厚度，是填方料在压实前的摊铺厚度；压实前的厚度与压实后的厚度比值为松铺系数，根据不同的压实工具，选取不同的虚铺厚度值。

【实施要点】

（1）严禁使用淤泥、沼泽土、泥炭土、冻土、有机土或含生活垃圾的土进行回填。

（2）填土前应将基坑（槽）底的垃圾杂物等清理干净。

（3）检验回填土的含水率是否在控制范围内，如含水率偏高，可采用翻松、晾晒或均匀掺入干土等措施；如回填土的含水量偏低，可采用预先洒水润湿等措施。

（4）回填土应分层铺摊，每层铺土厚度应根据土质、密实度要求和机具性能等确定。

3.5.9 模板及支架应根据施工工况进行设计，并应满足承载力、刚度和稳定性要求。

【条文要点】

本条规定了建筑与市政工程施工现场模板及支架的要求。模板及支架受力情况复杂，在施工过程中可能遇到多种不同的荷载及其组合，其设计既要符合建筑结构设计的基本要求，考虑结构形式、荷载大小等，又要结合施工过程的安装、使用和拆除等各种主要工况进行设计，具有足够的承载力、刚度和稳定性。

【实施要点】

（1）模板及支架虽然是施工过程中的临时结构，但由于其在施工过程中可能遇到各种不同的荷载及其组合，某些荷载还具有不确定性，故其设计既要符合建筑结构设计的基本要求，要考虑结构形式、荷载大小等，又要结合施工过程的安装、使用和拆除等各种主要工况进行设计，以保证其安全可靠，在任何一种可能遇到的工况下仍具有足够的承载力、刚度和稳固性。

（2）模板及支架设计时应考虑模板及支架自重、新浇筑混凝土自重、钢筋自重、施工人员及施工设备荷载、新浇筑混凝土对模板侧面的压力、混凝土下料产生的水平荷载、泵送混凝土或不均匀堆载等因素产生的附加荷载、风荷载等。

（3）各种工况为各种可能遇到的荷载及其组合产生的效应。

（4）脚手架设计计算应根据工程实际施工工况进行，结果应满足对脚手架强度、刚度、稳定性的要求。

（5）模板及支架应根据安装、使用和拆除工况进行设计，并应满足承载力、刚度和整体稳固性要求。

3.5.10 *混凝土强度应达到规定要求后，方可拆除模板和支架。*

【条文要点】

本条规定了建筑与市政工程施工现场模板和支架的拆除条件。混凝土的实际强度与支架和模板的承载能力密切相关，只有确认混凝土的实际强度并能承载自身重量时才能确定支架和模板的安全拆除时机，避免因提前拆除导致意外事故和损失。在拆模过程中，如发现实际混凝土强度并未达到要求，应暂停拆模，妥善处理；实际强度达到要求后，方可继续拆除。已拆除模板及其支架的混凝土结构，应在混凝土强度达到设计的标准值后，才允许承受全部设计的使用荷载。当承受施工荷载的效应比使用荷载更为不利时，必须经过核算，加设临时支撑。

【实施要点】

（1）拆除模板时，混凝土强度应符合拆除强度要求，并严禁向下抛掷。

（2）模板拆除时的混凝土强度应符合下列规定：

1）不承重结构侧模板拆除时，混凝土强度不应小于2.5MPa；

2）跨度小于3m的板、梁不低于设计强度的50%。跨度大于3m的板、梁不低于设计强度的70%。

（3）不同的构件需要达到的设计混凝土立方体抗压强度标准值的百分率见表3-6。

表3-6　底模及支架拆除时混凝土强度要求

构件类型	构件跨度（m）	达到的设计混凝土立方体抗压强度标准值的百分率（%）
板	≤2	≥50
	＞2，≤8	≥75
	＞8	≥100
梁、拱、壳	≤8	≥75
	＞8	≥100
悬臂构件	—	≥100

（4）模板支架拆除时，混凝土强度未达到设计或规范要求为重大事故隐患。

3.5.11 施工现场物料、物品等应整齐堆放，并应根据具体情况采取相应的固定措施。

【条文要点】

本条规定了建筑与市政工程施工现场物料、物品的准放要求。材料物品堆放整齐是文明施工的要求，同时预制构件、钢材、石料等大型构件或材料，如果堆砌过高或乱堆乱放，易造成坍塌等事故，也会造成构件的损坏。

【实施要点】

（1）建筑材料、构件、料具应按总平面布局进行码放。

（2）材料应码放整齐，并应标明名称、规格等。

（3）施工现场材料码放应采取防火、防锈蚀、防雨等措施。

（4）建筑物内施工垃圾的清运，应采用器具或管道运输，严禁随意抛掷。

（5）易燃易爆物品应分类储藏在专用库房内，并应采取防火措施。

（6）对于容易松动、滑落或倾倒的物料、物品等，还应根据具体情况采取适宜、有效的固定措施。

（7）文明施工检查评定保证项目应包括：现场围挡、封闭管理、施工场地、材料管理、现场办公与住宿、现场防火。一般项目应包括：综合治理、公示标牌、生活设施、社区服务。

3.5.12　临时支撑结构安装、使用时应符合下列规定：

1　严禁与起重机械设备、施工脚手架等连接；

2　临时支撑结构作业层上的施工荷载不得超过设计允许荷载；

3　使用过程中，严禁拆除构配件。

【条文要点】

本条规定了建筑与市政工程施工现场临时支撑结构在安装、使用时的具体要求。支撑结构与其他设施相连接，其受力状态会发生变化，存在安全隐患，甚至导致安全事故发生。使用过程中随意拆除构配件会影响支撑结构的承载能力，存在安全隐患，甚至可能导致倾覆及倒塌事故。临时支撑结构作业层上的施工荷载超过设计允许的荷载时，亦会导致临时支撑结构的变形，从而无法满足施工要求，甚至会产生坍塌事故。

临时支撑结构体系通常包括多种类型，例如钢支撑、木支撑、钢筋混凝土支撑等。这些支撑体系在施工过程中起着至关重要的作用，在各工程领域（如建筑、道路、桥梁等）都扮演着重要的角色；它提供了一种临时性的支撑，帮助维持结构的稳定性，直到主要结构或支撑系统的建成；防止在建设过程中发生意外事故。例如，在高层建筑的地基建设中，通常需要使用临时支撑结构体系支撑沉箱的重量，以确保地基的稳定性。在桥梁建造过程中，临时支撑结构体系可以用来支撑起桥墩，以确保桥面的平整度和稳定性。在建筑工地上，如果未使用临时支撑结构体系，就有可能导致建筑结构的倾斜或坍塌，造成严重的人员伤亡和财产损失。

在使用临时支撑结构体系时，需要注意一些事项。第一，要确保支撑材料的强度和稳定性，避免在使用过程中发生断裂或变形；第二，要严格按照施工要求进行操作，避免在安装、拆卸过程中发生事故；第三，要注意施工荷载及其分布，避免产生变形或坍塌等事故；第四，需要注意临时支撑结构体系的维护和保养，以确保其长期使用效果。

【实施要点】

（1）支撑结构与其他设施相连接，其受力状态会发生变化，存在安全隐患，甚至导致安全事故发生。因此，支撑结构严禁与起重机械设备、施工脚手架等连接。

（2）支撑结构超载时，容易产生变形，不满足事故要求，甚至可能产生坍塌等安全事故。因此，支撑结构作业层上的施工荷载不得超过设计允许荷载。

（3）使用过程中随意拆除构配件会影响支撑结构的承载能力，存在安全隐患，甚至可能导致倾覆及倒塌事故。因此，支撑结构使用过程中，严禁拆除构配件。

3.5.13 建筑施工临时结构应进行安全技术分析，并应保证在设计使用工况下保持整体稳定性。

【条文要点】

本条规定了建筑施工临时结构应进行安全技术分析。临时结构在建筑工程施工中占有重要的地位，模板工程、脚手架工程和基坑支护工程等均属临时结构，是完成各项建筑施工任务的重要手段。安全技术分析是工程施工临时结构的技术基础，是保证临时结构稳定性的关键。对于建筑施工临时结构，许多施工单位经常不作安全技术分析，凭经验进行施工和使用，或者在施工和使用中随意违反设计规定，导致生产安全事故的发生。

【实施要点】

（1）对建筑施工临时结构应作安全技术分析，并应保证在设计规定的使用工况下保持整体稳定性。

（2）设计人员应当在设计文件中明确保持临时结构整体稳定性的使用工况和使用条件。

（3）在临时结构施工前，应检查是否具有设计文件，是否对建筑施工临时结构进行了安全技术分析。

（4）施工中应严格按设计要求进行施工，临时结构的使用过程中应检查是否符合设计规定的使用工况。

3.5.14　拆除作业应符合下列规定：

1　拆除作业应从上至下逐层拆除，并应分段进行，不得垂直交叉作业。

2　人工拆除作业时，作业人员应在稳定的结构或专用设备上操作，水平构件上严禁人员聚集或物料集中堆放；拆除建筑墙体时，严禁采用底部掏掘或推倒的方法。

3　拆除建筑时应先拆除非承重结构，再拆除承重结构。

4　上部结构拆除过程中应保证剩余结构的稳定。

【条文要点】

本条规定了拆除作业的基本原则和要求。拆除作业是指将已建成的建筑物或其他设施进行拆除的作业。这种作业通常需要经过严格的规划和准备，以确保安全和高效性。垂直交叉作业是指凡在竖直平面上，处于空间贯通状态下，于不同层次中，上下同时进行的高处作业；还包括本单位不同专业、工种之间以及与外单位之间在同一区域（平面）、同一时间进行的、可能造成对方人身伤害或机械设备损失的施工作业。拆除作业应保证拆除过程中结构及作业面的稳定，严禁盲目拆除，避免引起坍塌等安全事故。

非承重结构指的是建筑物中起装饰和隔断作用、不用来承受房屋重量的结构；它不承担楼板、墙体和顶板等结构的重量，其主要作用是起隔断和装饰作用，使建筑物更加美观实用。承重结构是直接将本身自重与各种外加的作用力系统地传递给基础地基的主要结构构件与其连接接点；承重结构主要包括柱、承重墙体、屋顶立杆、支墩、楼板、框架柱、梁、屋架、悬索等。

【实施要点】

（1）人工拆除施工应从上至下逐层拆除，并应分段进行，不得垂直交叉作业。当框架结构采用人工拆除施工时，应按楼板、次梁、主梁、结构柱的顺序依次进行。

（2）当进行人工拆除作业时，水平构件上严禁人员聚集或集中堆放物料，作业人员应在稳定的结构或脚手架上操作。

（3）当人工拆除建筑墙体时，严禁采用底部掏掘或推倒的方法。

（4）当采用机械拆除建筑时，应从上至下逐层拆除，并应分段进行；应先拆除非承重结构，再拆除承重结构。

（5）支撑结构拆除方式、拆除顺序应与安装顺序相反，并应符合专项施工方案的要求。拆除前首先应确认支撑结构处于安全状态，且具备拆除条件。

（6）人工拆除作业时，应按规定设置安全防护设施，拆除作业应遵循先上后下，逐层分段的原则。拆除悬挑等不稳定结构时，应采用临时支顶的安全措施。

（7）机械拆除作业时，当支撑结构的承载力大于机械施工总荷载时，机械可在支撑结构上作业，否则严禁机械在支撑结构上进行拆除作业。

（8）上部结构拆除过程中应保证剩余结构的稳定。

（9）拆除工程方面，拆除施工作业顺序不符合规范和施工方案要求的，应判定为重大事故隐患。

3.6　机械伤害

3.6.1　机械操作人员应按机械使用说明书规定的技术性能、承载能力和使用条件正确操作、合理使用机械，严禁超载、超速作业或扩大使用范围。

【条文要点】

本条规定了建筑与市政工程施工现场机械操作的具体要求。

（1）机械的作业能力和场景是有一定范围的，超过限度可能会造成事故，因此机械使用应按照出厂说明书正确使用。

（2）机械设备主要工作性能应达到使用说明书中各项技术参数指标。

（3）机械设备外观应清洁，润滑应良好，不应漏水、漏电、漏油、漏气。

（4）露天固定使用的中小型机械应设置作业棚，作业棚应具有防雨、防晒、防物体打击功能。

（5）严禁用塔式起重机载运人员。

【实施要点】

（1）操作人员应体检合格，无妨碍作业的疾病和生理缺陷，并应经过专业培训、考核合格，取得有关主管部门颁发的操作证或公安部门颁发的机动车驾驶证后，并应经过安全技术交底后持证上岗；学员应在专人指导下进行工作。

（2）机械进入作业地点后、施工作业前，施工技术人员应向操作人员进行施工任务和安全技术措施交底。

（3）操作人员应认真阅读使用说明书和安全技术规范，严格遵守机械设备的使用规程；熟悉作业环境和施工条件，听从指挥，遵守现场安全规则。

（4）凡违反相关规定的作业命令，操作人员应先说明理由后可拒绝执行。

（5）操作人员应坚守岗位，严禁擅离职守。在远离工作岗位时应将机械设备停机。

（6）操作人员在作业过程中，应集中精力、沉着冷静、正确操作，注意掌握设备的位置和动态情况，严禁违章操作。

（7）操作人员应时刻注意机械工况，不得擅自离开工作岗位，尤其机械在工作状态时，操作人员更不得离开机械。严禁将机械交给其他无证人员操作，严禁无关人员进入作业区或操作室内。

（8）操作人员必须严格遵守机械设备的有关保养规定，认真及时做好机械保养维修工作，及时排除存在的问题和隐患，保持机械正常运行，并应做好维修保养记录和汇总。

（9）在工作中机械操作人员和配合作业人员必须按规定穿戴劳动保护用品，不得穿拖鞋及高跟鞋，女工应戴工作帽，长发应束紧不得外露，高处作业时应系好安全带。

（10）实行多班作业的机械，应严格执行交接班制度，认真填写交接班记录；接班人员上岗前应认真检查，经检查确认无误后，方可进行工作。

（11）现场施工应具备为机械作业提供道路、水电、作业棚或停机场地等必备的作业条件，并消除对机械作业有妨碍或不安全的因素；夜间作业应设置充足的照明，必要时安排专人进行指挥。

（12）机械设备的地基基础承载力应满足安全使用要求，机械安装、试机、拆卸应按使用说明书的要求进行，使用前应经专业技术人员验收合格。

（13）机械设备的使用必须符合设备的设计用途、使用性能和安全技术规范，做到必要的检测、保养和维护。

（14）机械设备的使用场所必须符合安全要求，确保机械设备运行过程中周围人员的安全，严禁在危险区域或限制区域使用机械设备。

（15）机械集中停放的场所，应有专人看管，并应设置消防器材及工具；大型内燃机械应配备灭火器，机房、操作室及机械四周不得堆放易燃、易爆物品。

（16）发电站、变电站、配电室、乙炔站、氧气站、空压机房、发电机房、锅炉房等易于发生危险的场所，应在危险区域界限处，设置围栏和警告标识，非工作人员未经批准不得入内。

（17）挖掘机、起重机、打桩机、铺轨机、架桥机等重要作业区域，应设立警告标识及采取现场安全措施。

（18）在机械产生对人体有害的气体、液体、尘埃、渣滓、放射性射线、振动、噪声等的场所、生产线或设备，应配置相应的安全保护设施、监测设备（仪器）、废品处理装置；在隧道、沉井、管道等狭小空间施工时，应采取措施，使有害物控制在规定的限度内。

（19）机械设备的操作必须在视线良好、光线充足的情况下进行，严禁在违章的地点和环境下使用机械设备。

（20）机械必须按照出厂使用说明书规定的技术性能、承载能力和使用条件，正确操作，合理使用，严禁超载、超速作业或随意扩大使用范围。应在设备操作场所悬挂设备的操作规程。

（21）机械上的各种安全防护装置及监测、指示、仪表、报警等自动报警、信号装置应完好齐全，有缺陷时应及时修复；安全防护装置不完整或已失效的机械不得使用。

（22）机械设备使用的润滑油（脂），应符合说明书中所规定的种类和牌号，并应按时、按质更换。

（23）所有电器设备都应按有关规定要求，做好良好的接地或接零，或加装漏电保安器。

（24）精密机械设备应安装防尘、防潮、防震、保温等防护设施。

（25）暴露于机体外部的运动机构、部件或高温、高压、带电等有可能伤人的部分，应安装设防护罩等安全设施。

（26）机械使用前，应对机械进行检查、试运转。

（27）机械不得带病运转；运转中发现不正常时，应先停机检查，排除故障后方可使用。

（28）清洁、保养、维修机械或电气装置前，必须先切断电源，等机械停稳后再进行操作，严禁带电或采用预约停送电时间的方式进行检修；检修前，应悬挂"禁止合闸，有人工作"的警示牌。

（29）新机、调入、经过大修或技术改造、自制的机械和电气设备，使用前必须进行技术鉴定。

（30）机械在寒冷季节使用，应符合机械防寒规定。

（31）停用一个月以上或长期封存的机械，应认真做好停用或封存前的保养工作，并应采取预防风沙、雨淋、水泡、锈蚀等措施。

（32）使用机械与安全生产发生矛盾时，必须首先服从安全要求。

（33）在使用机械设备过程中，如果出现突发情况，需要立即停止机械运动、切断电源，并向上级汇报，必要时采取紧急措施。

（34）对机械设备的故障、事故要进行及时报告，对严重故障和事故要进行调查和分析。

（35）当发生机械事故时，应立即组织抢救，并应保护事故现场，应按国家有关事故报告和调查处理规定执行。

3.6.2 机械操作装置应灵敏，各种仪表应功能完好，指示装置应醒目、直观、清晰。

【条文要点】

本条规定了建筑与市政工程施工现场机械操作装置的基本要求。装置反应灵敏、仪表功能完好时机械操作的前提和基础，是实现机械功能和安全操作的保障。醒目、直观、清晰、易于辨认的指示装置可以有效指示操作者正确、及时地操作机械，提高安全性。

【实施要点】

（1）机械操纵机构要灵敏，便于操作，各种仪表要功能完好，指示装置要醒目、直观、清晰，易于辨认。

（2）液压系统应符合下列规定：

1）液压系统中应设置过滤和防止污染的装置，液压泵内外不应有泄漏，元件应完好，不得有振动及异响；

2）液压仪表应齐全，工作应可靠，指示数据应准确；

3）液压油箱应清洁，应定期更换滤芯，更换时间应按使用说明书要求执行。

（3）电气系统应符合下列规定：

1）电气管线排列应整齐，卡固应牢靠，不应有损伤和老化；

2）电控装置反应应灵敏；熔断器配置应合理、正确；各电器仪表指示数据应准确，绝缘应良好；

3）启动装置反应应灵敏，与发动机飞轮啮合应良好；

4）电瓶应清洁，固定应牢靠；液面应高于电极板 10mm～15mm；免维护电瓶标志应符合现行国家标准的有关规定；

5）照明装置应齐全，亮度应符合使用要求；

6）线路应整齐，不应损伤和老化，包扎和卡固应可靠；绝缘应良好，电缆电线不应有老化、裸露；

7）电器元件性能应良好，动作应灵敏可靠，集电环集电性能应良好；

8）仪表指示数据应正确；

9）电机运行不应有异响；温升应正常。

3.6.3 机械上的各种安全防护装置、保险装置、报警装置应齐全有效，不得随意更换、调整或拆除。

【条文要点】

本条规定了机械上各种安全防护装置、保险装置、报警装置的要求。安全防护装置、保险装置、报警装置是机械正确、安全操作的重要辅助装置；齐全、有效的安全防护、保险和报警等装置，可以保障机械的安全操作，提高机械操作过程中的安全性。因此，要保证机械上各种安全防护装置、保险装置、报警装置齐全有效。如需更换、调整和拆除，则须按照有关的规定和要求进行，不得随意更换、调整或拆除。

【实施要点】

（1）机械上的各种安全防护装置及监测、指示、仪表、报警等装置应完好齐全，有缺损时应及时修复。安全防护装置不完整或已失效的机械不得使用。

（2）塔式起重机的力矩限制器、重量限制器、变幅限位器、行走限位器、高度限位器等安全保护装置不得随意调整和拆除，并应按程序进行调试合格。严禁用限位装置代替操纵机构。

（3）严禁施工升降机使用超过有效标定期的防坠安全器。

（4）施工升降机额定载重量、额定乘员数标牌应置于吊笼醒目位置。严禁在超过额定载重量或额定乘员数的情况下使用施工升降机。

3.6.4 机械作业应设置安全区域，严禁非作业人员在作业区停留、通过、维修或保养机械。当进行清洁、保养、维修机械时，应设置警示标识，待切断电源、机械停稳后，方可进行操作。

【条文要点】

本条规定了建筑与市政工程施工现场机械作业应设置安全区域以及清洁、保养、维修机械时的要求。

（1）施工机械作业时，除操作人员外，其他人员应与施工机械保持安全距离，以防止机械作业时发生伤人事故。

（2）应为设备的使用和安装、检修创造必要的环境条件。如设备所处的空间不能过于狭小，现场要整洁，有良好的照明等，以便于设备的安装和维修工作顺利进行，减少操作失误而造成伤害的可能性。

（3）在塔式起重机的安装、使用及拆卸阶段，进入现场的作业人员必须佩戴安全帽、防滑鞋、安全带等防护用品，无关人员严禁进入作业区域内。在安装、拆卸作业期间应设警戒区。

【实施要点】

（1）在机器运行过程中，操作人员必须在安全区域内作业；进入现场的操作人员必须佩戴安全帽、防滑鞋、安全带等防护用品。

（2）机械回转作业时，配合人员必须在机械回转半径以外工作。当需在回转半径以内工作时，必须将机械停止回转并制动。

（3）雨期施工时，机械应停放在地势较高的坚实位置。

（4）机械作业不得破坏基坑支护系统。

（5）行驶或作业中的机械，除驾驶室外的任何地方不得有乘员。

（6）清洁、保养、维修机械或电气装置前，必须先切断电源，等机械停稳后再进行操作。严禁带电或采用预约停送电时间的方式进行检修。

3.6.5 工程结构上搭设脚手架、施工作业平台，以及安装塔式起重机、施工升降机等机具设备时，应进行工程结构承载力、变形等验算，并在工程结构性能达到要求后进行搭设、安装。

【条文要点】

本条规定了建筑与市政工程施工现场搭设脚手架、施工作业平台、安装塔式起重机和施工升降机等机具设备的具体要求。

结构承载力验算是建筑工程中非常重要的环节，其目的是要确保建筑结构在使用过程中不发生失稳、倾覆等安全事故。常见的方法有强度、刚度、稳定性和可靠度验算四种。

强度验算是指在荷载作用下，结构材料所承受的应力是否超过了其极限强度，是否会导致结构破坏。强度验算具体可分为正常状态和极限状态两种情况。在正常状态下，结构所承受的荷载应该小于其材料的屈服极限，而在极限状态下，则需要考虑不同部位材料的破坏情况，保证整体结构的稳定性和安全性。

刚度验算是指在受力状态下，结构的变形情况是否满足使用要求。通常需要对结构进行挠度、变形和位移等方面的验算，确保整体结构在受载后不会出现变形过大、崩塌等问题，保证整体结构的使用功能。

稳定性验算是指在承受外力作用下，结构的整体稳定性是否满足使用要求。稳定性验算需要考虑不同工况下不同结构部位的稳定情况，避免在暴风雨等极端情况下发生倾覆等安全事故。

可靠度验算是指在结构设计中，考虑到材料强度、工程质量等因素的不确定性，并基于可靠度理论对结构的安全性进行分析。可靠度验算是充分考虑了不确定性因素后的结构安全分析手段，是当前比较流行的一种结构验算方法。

结构承载力验算对于工程安全至关重要，需要严格按照国家建筑设计规范和相应验算标准进行。只有通过全面的验算和检测，才能确保建筑结构在使用过程中更加稳定和安全。

【实施要点】

（1）工程结构在施工过程中需在其上搭设脚手架、施工作业平台，以及安装塔式起重机、施工升降机等机具设备时，工程结构的承载力、变形等必须进行验算，经验算合格后方可进行下一步工序，以保障工程施工安全。

（2）塔式起重机的基础及其地基承载力应符合使用说明书和设计图纸的要求、安装前应对基础进行验收，合格后方可安装；基础周围应有排水设施。

（3）施工升降机地基、基础应满足使用说明书的要求。对基础设置在地下室顶板、楼面或其他下部悬空结构上的施工升降机，应对基础支撑结构进行承载力验算。

3.6.6 塔式起重机安全监控系统应具有数据存储功能，其监视内容应包含起重量、起重力矩、起升高度、幅度、回转角度、运行行程等信息。塔式起重机有运行危险趋势时，控制回路电源应能自动切断。

【条文要点】

本条规定了塔式起重机安全监控系统的基本功能要求。起重量、起重力矩、起升高度、幅度、回转角度和运行行程（对有大车运行功能的塔式起重机）是塔式起重机的核心工作参数；在超出塔式起重机额定能力范围时，应能切断继续往危险方向运行的控制回路电源，限制驾驶员危险操作；各工作参数的存储为塔式起重机的维护保养提供数据支撑或在发生事故后进行回溯。

【实施要点】

（1）塔式起重机安全监控系统对塔式起重机进行实时监控，及时直观显示塔式起重机各项工作状态，为塔式起重机驾驶员提供全面的安全信息；真正做到以预防为主，避免事故发生。塔式起重机作业应全程记录，方便诊断塔式起重机状态；智能生成各种数据统计分析报表，便于监督和管理。远程异地监控预警，及时排查事故隐患。

（2）在超出塔式起重机额定能力范围时，安全监控系统应能自动切断控制回路电源，限制驾驶员危险操作，防止塔式起重机继续往危险方向运行，避免安全事故发生。

（3）塔式起重机安全监控系统应具有数据存储功能，为塔式起重机的维护保养提供数据支撑或在发生事故后进行回溯；监视内容应包含起重量、起重力矩、起升高度、幅度、回转角度、运行行程等信息，存储内容和期限应满足工程生产和相关规范的要求。

（4）在既有塔式起重机升级加装安全监控系统时，不得对塔式起重机结构进行焊接或切割作业，以防止可能改变塔式起重机结构力的传递或内力的分配而影响结构承载安全；在将安全控制信号接入塔式起重机电气控制系统后，不得拆除原有的各安全保护装置并应保证其有效，同时不得改变或调整原调速和操作、控制方式，以防止可能给塔式起重机带来附加的安全隐患。

3.7　冒　顶　片　帮

3.7.1　暗挖施工应合理规划开挖顺序，严禁超挖，并应根据围岩情况、施工方法及时采取有效支护，当发现支护变形超限或损坏时，应立即整修和加固。

【条文要点】

本条规定了暗挖施工及其支护的具体要求。暗挖施工前应根据工程地质、覆盖层厚度、结构断面、地面环境等因素，确定开挖方法与程序、支护方法与程序，编制监控量测方案、局部不良地质情况的处理预案和相应的安全技术措施等。开挖过程中应及时收集地质资料、验证勘探结果，根据围岩地质和环境工况变化情况，结合监控量测反馈信息，及时调整支护参数，并选择相匹配的开挖方法和顺序。必要时应采用实施物探、钻探等措施探明地质情况，并应制定相应措施。暗挖施工应编制专项监控量测方案，明确监测项目、监测点布置、监测方法、监测频率和监测预警值，并应按方案实施监控量测；出现异常时，应立即停止作业，查明原因，采取处置措施并确保监测数据正常后，方可进行后续施工，严禁盲目冒进。

【实施要点】

（1）暗挖施工前的准备工作

1）准备工作

在进行暗挖施工前，首要任务是进行详尽的工程地质分析与评估，包括收集和研究地质地形图、钻探数据、地下水位等信息，以全面了解工程地质情况。

2）覆盖层厚度和结构断面分析

针对工程的具体情况，详细分析覆盖层的厚度以及地下结构断面，以确定合适的开挖方法和程序。

3）地面环境调查

了解周围地面环境，包括建筑物、道路、管线等的位置和条件，这有助于规划施工过程中的交通和环境保护措施。

4）开挖方法和程序规划

基于地质和结构特征，制定合适的开挖方法和程序，亦可能包括不同工程阶段的施工顺序和步骤，如初次开挖、支护和二次开挖等。

5）支护方法和程序确定

根据地质情况和结构断面，选择适当的支护方法和程序，亦可能涉及岩锚、钢架、混凝土衬砌等支护措施。

6）监控量测方案制定

制定详细的监控量测方案，明确监测项目、监测点布置、监测方法、监测频率和监测预警值；监控项目可能包括地下水位、围岩变形、支护结构状态等。

7）局部不良地质情况处理预案

针对可能遇到的局部不良地质情况，应制定应急处理预案，包括应对地下水突发泄漏、地层不稳定等情况的具体措施。

① 应对地下水突发泄漏的具体措施

地下水突发泄漏可能导致施工现场水位急剧上升，严重威胁工程的安全性。处理地下水泄漏的具体步骤包括：

立即停工：一旦发现地下水泄漏，立即停工，确保施工人员的安全。

通知相关部门：立即通知相关监管部门和紧急救援机构，报告相关情况，并按其建议开展工作和行动。

封堵泄漏点：尽快确定泄漏点的位置，并采取措施封堵泄漏点，以控制地下水流入施工现场的速度。

抽水排水：启动抽水设备，将泄漏的地下水抽出，并排放到安全的地方，以减轻水位上升的压力。

修复支护结构：检查和修复受到地下水泄漏影响的支护结构，确保其完整性和稳定性。

持续监测：持续监测地下水位和支护结构状态，确保情况稳定，方能重新开始施工。

② 应对地层不稳定的具体措施

地层不稳定可能导致坍塌和滑坡等问题，对施工安全产生威胁。处理地层不稳定情况的具体步骤包括以下内容。

立即停工：一旦发现地层不稳定的迹象，立即停工，确保施工人员的安全。

通知相关部门：立即通知相关监管部门和紧急救援机构，报告相关情况，并按其建议开展工作和行动。

安全撤离：将所有施工人员安全撤离危险区域，远离潜在的滑坡或坍塌区域。

区域隔离：隔离不稳定地层的危险区域，确保没有人员和设备进入。

稳定地层：根据地层不稳定的具体情况，采取相应的稳定措施，如喷浆、地锚、爆破等，以确保地层恢复稳定。

持续监测：持续监测地层的稳定性，确保情况稳定，方能重新开始施工。

在制定应急处理预案时，应考虑地质情况的不确定性，并根据工程施工的具体要求和环境特点采取详细的应对措施。应急处理预案的目标是最大程度地减小潜在风险，并保障施工人员和工程的安全。培训施工人员，使其了解应急预案并知道如何在危险情况下采取正确的行动也是非常重要的。

8）安全技术措施

制定全面的安全技术措施，包括工程施工的安全流程、人员防护、应急救援计划等，确保工程施工的安全性。

（2）施工前的地质资料收集和验证

1）地质数据采集

在施工前，应进行地质数据采集，如物探、钻探等，以获取更准确的地质信息，有助于验证之前的工程地质分析和评估。

2）数据验证与分析

对收集到的地质数据进行验证和深入分析，确保对地下情况的了解准确、全面。

（3）施工过程中的地质监测和调整

1）支护参数调整

根据围岩地质和环境工况的变化情况，及时调整支护参数，亦可能包括增加岩锚的密度、调整支护结构的类型等。

2）开挖方法和步序选择

结合监控量测反馈信息，选择相匹配的开挖方法和步序；必要时，根据地质情况的变化，灵活调整施工计划。

3）物探和钻探措施

如有必要，根据地质情况的不确定性，采取物探和钻探等措施，深入探明地质情况，并制定相应的应对措施。

（4）专项监控量测方案的实施

1）监控项目实施

根据专项监控量测方案，实施各项监控项目，如地下水位、围岩变形、支护结构状态等的监测。

2）监测频率和预警值

严格按照监控方案的规定，执行监测频率和预警值的设定，确保监测的准确性和及时性。

（5）异常情况的处理

1）停止作业：如果监控数据出现异常，立即停止施工作业，确保施工人员的安全。

2）查明原因：在停工期间，进行详细的异常情况分析，查明导致异常的原因，包括地质问题、支护结构状况等。

3）处置措施：基于异常情况的原因，制定相应的处置措施，包括修复支护结构、改变施工方案等。

4）监测数据正常后续施工：在确保监测数据恢复正常后，才能重新开始施工；严禁盲目冒进，必须保证施工安全。

3.7.2 盾构作业时，掘进速度应与地表控制的隆陷值、进出土量及同步注浆等相协调。

【条文要点】

本条规定了盾构作业时掘进速度的具体要求。盾构掘进速度主要受盾构设备进出土速度的限制，进出土速度协调不好，极易使正面土体失稳、地表出现隆沉现象。盾构掘进应尽量连续作业，以保证隧道质量和减少对地层的扰动，减少地表隆沉现象。为此，要均衡组织施工，确需停机时，应采取措施防止正面和盾尾土体进入，防止地面沉降和盾构变位、受损。施工时必须控制地层变形，使其变形量控制在允许范围内，并力求尽量小，所以必须与掘进同步进行压浆，填充管片外周与地层之间的建筑空隙。并按优化的施工参数掌握盾构推进速度、出土量、压浆数量、压浆压力（浆液出口处压力）、压浆时间、压浆位置，并做好详细记录以便总结分析指导施工。

【实施要点】

（1）盾构掘进速度的主要限制因素

盾构掘进速度受到多种因素的制约，其中最重要的是盾构设备的进出土速度。进出土速度协调不良可能导致一系列问题，包括正面土体失稳和地表隆沉现象。为确保施工质量和最小地质扰动，需要注意以下要点：

1）协调进出土速度

为避免地层变形和地表隆沉，必须确保盾构设备的进出土速度协调一致。进土速度应与出土速度相匹配，以维持平衡状态；进土速度通常由盾构机的推进能力决定，而出土速度则受到排土装置和输送带等的性能限制。

2）连续作业

尽量使盾构掘进保持连续作业，减少停机时间。连续作业有助于减少地层的累积变形和地表隆沉现象。

3）停机措施

当确实需要停机时，必须采取适当的措施，以防止正面和盾尾土体进入，防止地面沉降和盾构设备的变位或受损，这包括使用临时支撑结构和封堵材料来稳定隧道面和盾尾。以下是一些常见的措施，用于在停机期间维护隧道和盾构设备的安全和稳定。

① 临时支撑结构

临时支撑架：在停机时，可以使用临时支撑架支撑隧道正面，防止土体坍塌；支撑架可以根据需要安装在盾构机的前部，以提供额外的支撑和稳定。

临时地层支撑：在盾构尾部，可以设置临时地层支撑结构，以稳定盾构尾部的土体，并防止其进入隧道。

② 封堵材料

土体封堵：如果存在地下水渗漏或土体不稳定的风险，可以使用封堵材料（如混凝土浆液或注浆材料）来封堵可能的漏水点或地层缺陷，以防止土体进入隧道。

盾尾封堵：在盾构尾部，可以使用封堵材料封住盾构机与地层之间的空隙，以确保土体不会进入盾构机。

③ 监测和检查

实时监测：在停机期间，应继续监测隧道面、盾构尾部以及周围地层的状态；这可以通过倾斜仪、位移监测仪和其他地质监测设备来完成，以便及时发现异常情况。

定期检查：定期检查临时支撑结构和封堵材料的状态，确保其有效；如有必要，进行维护和修复，以保持隧道和盾构设备的稳定性。

④ 安全撤离

人员撤离：在停机期间，所有工程人员必须迅速撤离隧道，以确保安全；不得在可能有危险的情况下停留在工程现场。

⑤ 紧急应对计划

紧急情况预案：事先制定紧急情况应对计划，以应对可能发生的地质灾害或盾构设备故障等紧急情况，确保工程人员了解紧急情况应对计划并能够迅速采取行动。

以上这些措施有助于在盾构施工停机期间维护隧道和盾构设备的安全和稳定。在停机期间，应根据具体情况采取适当的措施，以减小潜在风险，并确保在重新开始施工前进行彻底的检查和维护工作。

（2）地层变形控制和压浆

地层变形是盾构掘进过程中需要密切关注的问题之一。以下是实施地层变形控制和压浆的要点。

1）控制地层变形

盾构掘进过程中必须密切监测地层的变形情况，确保地层的变形量控制在允许范围内，涉及使用各种地质监测仪器（如倾斜仪、测距仪、地震仪等）来实时监测地层变形情况。

① 地层变形监测仪器

倾斜仪：倾斜仪用于测量地层的倾斜角度；它可以检测地层的变形情况，尤其是对于水平或垂直的位移；数据应定期记录和分析。

测距仪：测距仪用于测量地层的伸缩或收缩变形；它可以监测地层的变形幅度，并提供关于地层变形速度的信息。

地震仪：地震仪用于监测地震活动和地下振动；地震活动可能导致地层变形，因此及时监测是必要的。

应变仪：应变仪用于测量地层内部的应力和应变情况，有助于了解地层的变形状态。

② 监测点布置

监测点的布置应该根据地质情况和工程需要来设计。通常在盾构隧道的上下游位置、侧向位置和隧道横截面的关键点都需要设置监测点。

监测点的密度应根据地层稳定性的风险来确定。在潜在地层不稳定的区域，监测点的密度可能需要增加。

③ 监测频率

监测频率应根据地质情况和工程要求来设定。在工程初期，可能需要更频繁地监测，以确保地层的稳定性。随着工程的进行，监测频率可以逐渐减少，但仍然需要定期检查，特别是在关键施工阶段。

④ 数据分析和报告

监测数据应及时传输到数据分析中心，并进行详细的数据分析。分析结果应该以图形和报告的形式记录下来，以便监测地层变形的趋势和模式。

如果监测数据显示地层变形超出了允许范围，必须采取适当的措施，如停机、调整盾构机的推进速度、加强地层支撑等。

⑤ 紧急应对措施

在监测数据发现异常情况时，必须具备紧急应对计划；这可以包括停机、撤离工作人员、紧急支护、地层加固等措施，以减小潜在风险。在应对紧急情况时，必须确保工程人员的安全，并遵循安全操作规程。

2）压浆操作

压浆是一种重要的地层变形控制方法。在掘进过程中，需要与掘进同步进行压浆，填充盾构机尾部和管片外周与地层之间的建筑空隙，以稳定地层、减少变形。

3）压浆参数

必须根据地质情况和盾构机的性能，设置优化的压浆参数，包括压浆数量、压浆压力（浆液出口处压力）、压浆时间和压浆位置；参数的调整应根据实时地质监测数据进行。

（3）数据记录和总结分析

1）详细记录

在整个盾构掘进过程中，必须进行详细的数据记录，包括盾构推进速度、出土量、压浆数量、压浆压力、压浆时间、压浆位置等各种施工参数的记录，这些数据提供了有关施工进展和地质情况的重要信息。

2）分析和总结

根据记录的数据，进行详细的分析和总结，涉及评估施工进展是否符合预期，地层变形是否在可控范围内，是否需要调整施工参数等。分析结果将指导后续施工步骤。

盾构掘进是一项复杂的地下工程施工过程，需要密切关注多个关键操作步骤，包括掘进速度的协调、地层变形的控制和压浆等。严格遵循上述要点，是确保施工质量、减少对地层的扰动、降低地表隆沉风险的关键措施，是实现安全高效的盾构掘进工程的重要保障。

3.7.3 盾构掘进中遇有下列情况之一时，应停止掘进，分析原因并采取措施：

1 盾构前方地层发生坍塌或遇有障碍；

2 盾构自转角度超出允许范围；

3 盾构位置偏离超出允许范围；

4 盾构推力增大超出预计范围；

5 管片防水、运输及注浆等过程发生故障。

【条文要点】

本条规定了盾构掘进中应停止掘进的情形。发生条文中应停止掘进的情况时，如不暂停施工并进行处理，可能发生盾构偏差超限、纠偏困难和危及盾构与隧道施工的安全事故。盾构自转角度过大指自转角度大于10mm/m，盾构位置偏离过大指大于50mm；注浆发生故障，不能进行壁后注浆，必须排除故障后，确认能继续注浆工序时，方可继续掘进。

【实施要点】

（1）盾构前方地层发生坍塌或遇有障碍

1）立即停机

当发现地层坍塌或障碍时，盾构机应立即停机，停止推进和刀盘旋转，以避免进一步加剧问题。

2）确保人员安全

首要任务是确保工程人员的安全；所有人员应立即撤离危险区域，前往安全地点，避免潜在的伤害。

3）分析原因

对地层坍塌或障碍的原因进行分析，这可能涉及地质情况的评估，包括地层稳定性、地下水位和地质构造等因素，同时，需要了解障碍物的性质和位置。

4）清除障碍物

如果遇到障碍物，如岩石或大块土壤，需要采取机械或手动方法来清除障碍物，以恢复盾构机的正常推进。

5）地层支护

如果地层坍塌导致地层不稳定，需要采取支护措施，以防止进一步坍塌，包括采取注浆、钢架或其他地层支护方法。

6）调整推进策略

根据分析结果，可能需要重新考虑盾构机的推进策略，包括调整推进速度、刀盘的旋转速度和压浆参数，以适应地质条件的变化。

7）维护和检查

在问题解决后，需要对盾构机和其他设备进行彻底的检查和维护，以确保盾构机和其他设备工作状态良好。

8）更新施工计划

根据出现的问题和采取的措施，更新施工计划，包括时间表和进度安排。

9）监测和跟踪

在问题解决后，需要继续监测地质情况和隧道掘进的进展，确保没有进一步的问题发生。

10）报告和记录

记录所有的紧急事件、采取的措施和分析结果，这些记录对于工程质量控制和未来决策非常重要。

（2）盾构自转角度超出允许范围

盾构自转角度超出允许范围，可能会影响盾构机的稳定性和导向系统。当监测系统或操作员意识到自转角度异常时，应切断自转系统的电源，立即停机，以防止盾构机进一步地自转。

1）确保人员安全

首要任务是确保工程人员的安全，所有人员应立即撤离危险区域，前往安全地点，避免潜在的伤害。

2）调查自转系统故障

对自转系统进行彻底的检查，以确定是否有机械故障、电子故障或传感器故障等；检查传感器的准确性和连接是否正常。以下是可能导致盾构机自转角度异常的一些常见原因以及解决方法。

① 传感器故障

原因分析：需要检查自转系统中的传感器，包括角度传感器和位置传感器，这些传感器可能受到损坏、污染、松动连接或电缆故障的影响。

解决方法：检查传感器的物理状态和连接，如果发现故障或松动的传感器，应修复或更换。

② 电子控制系统故障

原因分析：盾构机的电子控制系统可能会受到电源问题、电缆连接问题或控制器故障的影响。

解决方法：检查电源供应是否稳定，检查电缆连接是否良好，并检查控制器的状态，必要时修复或更换故障组件。

③ 机械部件故障

原因分析：自转系统中的机械部件，如轴承、齿轮和传动装置，可能会由于磨损、损坏或润滑不足而导致异常。

解决方法：检查自转系统的机械部件，确保它们处于良好的工作状态，必要时进行维修或更换。

④ 外部干扰

原因分析：外部干扰，如振动、冲击或其他机械设备的运行，可能会影响自转系统的稳定性。

解决方法：检查周围环境，确保没有外部干扰因素影响自转系统，必要时采取隔离措施。

⑤ 系统校准错误

原因分析：自转系统的校准可能不正确，导致角度测量误差。

解决方法：重新校准自转系统，确保角度测量的准确性，遵循制造商的校准指南。

⑥ 软件问题

原因分析：盾构机的控制软件可能存在错误或异常情况，导致自转角度问题。

解决方法：检查控制软件的版本，查找任何已知的问题和修复，必要时更新软件或联系制造商获取支持。

⑦ 电源供应问题

原因分析：电源供应问题，如电压波动或电源中断，可能会导致自转系统异常。

解决方法：确保稳定的电源供应，可以使用电压稳定器或备用电源，以防电源中断。

⑧ 操作错误

原因分析：操作员可能误操作或设置错误，导致自转角度异常。

解决方法：培训操作员，确保其了解正确的操作程序和参数设置。

在分析自转角度异常问题时，需要仔细检查并排除这些潜在原因，以确定问题的真正根本原因。如果不确定原因或无法解决问题，应及时联系专业技术人员或制造商的支持团队以获取帮助，确保问题得到妥善解决，以恢复盾构机的正常运行。

3）修复和维护

根据分析结果，修复或更换故障部件，亦可能需要调用专业技术人员来执行维修工作。

4）重新校准自转系统

在修复故障后，需要根据制造商的指南和规程重新校准自转系统，确保自转角度的准确度。

5）安全检查

在自转系统修复和重新校准后，进行安全检查和测试，以确保盾构机可以再次安全运行。

6）监测和跟踪

在问题解决后，需要继续监测自转系统的性能，以确保没有进一步的问题发生。

（3）盾构位置偏离超出允许范围

1）停机检查

先确保人员安全，停机并切断盾构机的电源，以防止进一步位置偏离。

2）检查导向系统和轨道

彻底检查导向系统和轨道，确定受损或松动的部分。

3）修复受损部分

根据检查结果，修复或更换受损的导向系统组件或轨道部分。

4）重新校准导向系统

在修复后，重新校准导向系统，确保位置测量的准确性。

5）安全检查

进行安全检查和测试，确保盾构机可以再次安全运行。

6）监测和跟踪

继续监测盾构机的位置和轨道状态，以确保没有进一步的问题。

（4）盾构推力增大超出预计范围

盾构推力增大超出预计范围，可能是由多种原因引起的，这些原因需要仔细分析并采取适当的解决措施。以下是可能导致盾构推力增大的一些常见原因以及相应的解决措施。

1）地质条件突变或地层不稳定

原因分析：地下地质条件可能会突然变化，例如遇到较硬的岩层、岩石裂缝、软土或泥浆层，这种情况可能导致盾构推力增大。

解决措施：进行更频繁的地质勘察，以提前发现地层变化；根据地质情况调整推进策略，增加支护措施或采用不同的开挖方法，加强岩层的支护和加固。

2）管片阻力异常

原因分析：管片在安装时可能会引发异常阻力，如管片卡住、摩擦力增大或管片之间的间隙问题。

解决措施：检查管片安装，确保管片安装正确且没有异常；通过润滑或调整管片的位置来减小阻力。如果问题无法解决，可能需要重新考虑管片的制造和安装质量。

3）地下水问题

原因分析：地下水位的变化或突发泄漏可能导致土壤饱和度增加，从而增大了推力。

解决措施：实施有效的地下水管理措施，以控制地下水位；使用排水系统来处理地下水问题，确保工作区域保持干燥。

4）盾构机故障或损坏

原因分析：盾构机的部件可能出现故障或损坏，例如推进系统、刀盘、液压系统等。

解决措施：停机检查盾构机各部件的状态，找出故障或损坏的部件，进行维修或更换受损部件，并确保盾构机恢复正常状态。

5）操作错误或参数设置错误

原因分析：操作员可能错误地操作盾构机，或者参数设置不当，导致推力增大。

解决措施：对操作员进行培训，确保其了解正确的操作程序和参数设置；定期审查和调整盾构机的参数，以确保其运行符合设计要求。

6）监测系统故障

原因分析：盾构机的监测系统可能出现故障，导致不准确的数据或警报。

解决措施：检查监测系统的状态，确保传感器和仪器正常运行，修复或更换故障的监测系统组件。

处理盾构推力增大超出预计范围的问题，需要及时识别并解决根本原因，以确保工程的安全和正常进行。在采取解决措施时，安全始终是首要考虑因素，同时需要根据具体情况进行地质勘察、管片安装检查和盾构机维修等操作；详细记录和报告问题及解决方案，对于工程质量控制和未来改进非常重要。

（5）管片防水、运输及注浆等过程发生故障

管片防水、运输以及注浆等过程发生故障可能对隧道工程的质量和安全造成不利影响。以下是可能导致这些问题的一些常见原因以及相应的解决措施。

1）管片防水发生故障的原因和解决措施

① 密封材料损坏或老化

原因分析：密封材料在使用过程中可能受到损坏或老化，导致防水性能下降。

解决措施：定期检查和更换密封材料，确保其完好无损。

② 施工不当

原因分析：不正确的安装或施工过程可能导致密封不完善。

解决措施：培训工作人员以确保正确的安装方法，监督施工过程以防止错误。

③ 材料选择不当

原因分析：选择不合适的密封材料可能无法满足特定的地质和地下水条件。

解决措施：在选择密封材料时，考虑地质条件，并咨询专业工程师的建议。

④ 设备故障

原因分析：使用的管片防水设备可能会出现故障，例如泵或注浆设备。

解决措施：定期检查和维护设备，确保其正常运行，必要时及时维修或更换设备。

2）管片运输发生故障的原因和解决措施

① 管片损坏

原因分析：管片在运输过程中可能受到损坏，例如碰撞或挤压。

解决措施：采用合适的保护措施，如使用缓冲材料或支撑结构，以防止管片损坏。

② 运输车辆问题

原因分析：运输车辆可能存在故障或不合适，无法稳定地运输管片。

解决措施：选择合适的运输车辆，检查和维护运输车辆，确保其适用于管片运输。

③ 运输路线问题

原因分析：选择不合适的运输路线可能导致管片运输困难，如急弯或坡道。

解决措施：规划合适的运输路线，确保管片能够安全顺利地运输。

3）管片注浆发生故障的原因和解决措施

① 注浆材料问题

原因分析：使用的注浆材料可能出现问题，如凝固或变质。

解决措施：定期检查和储存注浆材料，确保其质量和有效性。

② 注浆设备故障

原因分析：注浆设备可能存在故障，如泵或管道堵塞。

解决措施：定期检查和维护注浆设备，确保其正常运行，必要时及时维修或更换设备。

③注浆过程监测不足

原因分析：缺乏足够的监测和控制，可能导致注浆不均匀或不充分。

解决措施：实施严格的注浆过程监测，确保注浆均匀且充分。

④操作员技能不足

原因分析：操作员可能不熟悉注浆过程或操作不当。

解决措施：培训操作员，确保其了解正确的注浆方法和程序。

在处理管片防水、运输和注浆等过程中的故障时，关键是预防和检查，确保合适的材料和设备，并培训操作员。此外，定期的维护和监测也是保持这些过程顺利运行的重要措施。如果发生故障，应迅速采取纠正措施，以减少对工程的不利影响。

3.7.4 顶进作业前，应对施工范围内的既有线路进行加固。顶进施工时应对既有线路、顶力体系和后背实时进行观测、记录、分析和控制，发现变形和位移超限时，应立即进行调整。

【条文要点】

本条规定了顶进作业施工的具体要求。顶进作业对周围的土体和结构物影响较大，需要事先对施工影响范围内的既有线路进行加固。在顶进的过程中，还需要对既有线路、顶力体系和后背进行实时观测，并对观测数据进行记录，及时分析测量数据，随时准确掌握顶进结构的状态，预测其发展趋势。结合分析结果进行合理调整控制；当发现变形和位移超限时，应立即进行调整。

（1）顶进施工前应进行现场调查，制定专项施工技术方案。调查主要内容包括：工程地质、水文地质和各种管路、线路等障碍物，以及既有道路和构筑物的安全要求、交通和环境保护等要求。

（2）顶进作业宜在地下水位降至基底以下 0.5m～1.0m 时进行，且宜避开雨期施工；必须在雨期施工时应做好防洪及防雨排水工作。应根据地质条件和上部建筑的结构安全要求，采取必要的顶进围护结构和地基加固措施，保证顶进施工自身以及上部、周边构筑物的安全。

（3）穿越铁路顶进施工时，应监测线路加固受力构件的变形、线路横移量、轨道沉降等；穿越公路顶进施工时，应监测路面的沉降、路面横移量、路面隆起等；穿越重要构筑物顶进施工时，应根据其结构安全要求，确定监测的内容和方法，采取控制措施。

（4）顶进过程中应实时进行监测与控制，及时分析测量数据，随时准确掌握顶进结构的状态，预测其发展趋势。发生左右偏差时，可采用挖土校正法和千斤顶校正法调整；发生上下偏差时，可采用调整刃角挖土量，铺筑石料、基底注浆法，插入小桩等方法调整。

（5）顶进作业宜连续进行，不宜长期停顿，应防止地下水渗出，工作坑可能被水浸泡而使土基承载力降低，造成坍塌。发生事故时应立即停止顶进并进行处理。

【实施要点】

（1）加固施工范围内的既有线路，主要包括以下几个方面：

1）工程评估

在顶进施工前，进行全面的工程评估，以确定既有线路的结构和强度，并识别可能需要加固的区域。

2）加固设计

根据工程评估结果，制定既有线路的加固设计方案，包括确定加固材料、支撑结构和加固方式等。

3）施工实施

按照加固设计方案进行施工工作，确保加固结构的质量和可靠性。可能的加固方法包括增加支撑、加固混凝土、钢筋加固等。

4）质量控制

严格控制加固工程的质量，包括材料的选用和加工，以及施工工艺的执行；进行质量检查和测试，确保加固结构符合设计要求。

（2）实时观测、记录、分析和控制变形和位移，主要包括以下几个方面：

1）监测设备安装

在合理的施工区域内安装合适的监测设备，如位移传感器、应变计、倾角计等，以实时监测既有线路、顶力体系和后背的变形和位移。

2）数据记录

确保监测设备记录的数据准确可靠，并进行定期记录，数据包括变形、位移、应力等参数。

3）数据分析

定期分析监测数据，以识别变形和位移的趋势和异常；比较监测数据与预定的警戒值，以便及时发现问题。

4）紧急控制措施

如果监测数据显示变形或位移超过警戒值，应立即采取紧急控制措施，以减小潜在风险，包括停工、重新调整施工参数、增加支撑等。

5）记录和报告

对实时观测和采取的控制措施进行详细记录，并及时向相关方报告；这些记录和报告对于工程的追踪和分析非常重要。

6）定期审查

定期审查监测数据，确保施工过程中既有线路、顶力体系和后背的稳定性；根据需要，调整施工策略和参数。

通过加固既有线路并进行实时观测和控制，可以最大程度地减少施工期间潜在的风险，确保施工安全和质量。这些操作需要与工程的整体管理计划相结合，以确保顶进施工顺利实施。

3.8 车辆伤害

3.8.1 施工车辆运输危险物品时应悬挂警示牌。

【条文要点】

危险物品，是指具有毒害、腐蚀、爆炸、燃烧、助燃等性质，对人体、设施、环境具有危害的剧毒化学品和其他化学品。

悬挂警示牌是确保危险物品运输安全的重要步骤之一。它有助于提醒其他道路用户注意并采取必要的预防措施，以降低潜在的风险。因此，严格遵守悬挂警示牌的规定和要求是非常重要的。

危险物品运输车辆，警示灯安装于驾驶室顶部外表面中前部（从车辆侧面看）中间（从车辆正面看）位置，以磁吸或顶檐支撑、金属托架方式安装固定。警示牌一般悬挂于车辆后厢板或罐体后面的几何中心部位附近；对于低栏板车辆可视具体情况选择适当悬挂位置。运输爆炸、剧毒危险货物的车辆，应在车辆两侧面厢板几何中心部位附近的适当位置各增加一块悬挂警示牌。

【实施要点】

（1）警示牌选择

根据运输的危险物品类型选择正确的警示牌，以确保警示信息准确、明确。警示牌上应包括危险品的名称、类别、危险标志、危险编号等信息。以下是一些常见的危险物品类型和相应的警示信息内容：

1）化学危险品

警示牌应包括危险品的名称（如氧化剂、腐蚀性物质、易燃液体等），危险标志（如酸、碱、易燃标志等）应清晰可见，危险编号（如 UN 编号、UN 码）是标识特定危险品的唯一标识符。

2）气体危险品

警示牌应标明危险气体的类型（如氧气、氮气、氯气等）。危险标志，如气瓶标志或危险气体标志，应可辨认。

3）易燃液体和固体

警示牌应包括易燃物质的名称，危险标志（如易燃标志）应清晰可见。

4）腐蚀性物质

警示牌应标明腐蚀性物质的名称，危险标志（如腐蚀性标志）应清晰可见。

5）放射性物质

警示牌应包括放射性物质的名称和辐射危险等级，放射性标志应可辨认。

6）爆炸物质

警示牌应标明爆炸物质的名称和爆炸性质，爆炸标志和危险分类应清晰可见。

7）生物危险品

警示牌应标明生物危险品的名称和生物安全等级，生物危险标志应清晰可见。

8）危险废物

警示牌应包括废物类型和危险特性（如毒性、腐蚀性等），废物标志应清晰可见。

9）其他危险物品

针对其他危险物品类型，应根据其特性选择适当的警示信息内容。

在选择正确的警示牌时，必须依据运输的具体危险物品类型，并遵循国家和地区的法规和标准。确保道路上的其他驾驶员和应急救援人员能够明确了解危险物品的性质，采取适当的安全措施，降低潜在风险。同时，正确的警示信息还可以提高应急情况下的响应效率。

（2）牌面规格和标准

警示牌的制作应符合国家和地区的规格和标准，确保其可见性和合规性。牌面应具备足够的尺寸和清晰度，以便其他道路用户能够迅速识别警示信息。

（3）悬挂位置和方式

将警示牌悬挂在运输车辆的前部、后部或侧面，以便其他道路用户能够清晰看到。悬挂位置应符合法规要求，确保警示牌不会被遮挡或损坏。以下是有关警示牌的悬挂位置和方式的一些指导原则：

1）前部悬挂警示牌

在运输车辆的前部（前保险杠或车头）悬挂警示牌，以确保前方的车辆和行人能够看到。警示牌应与车身保持水平，以保持清晰可见，通常以固定支架或挂钩方式安装。

2）后部悬挂警示牌

在运输车辆的后部（后挡泥板或车尾）悬挂警示牌，以提醒后方的车辆和行人。同样，警示牌应与车身保持水平，确保清晰可见。

3）侧面悬挂警示牌

在车辆的侧面，特别是在卡车或大型运输车辆的侧面，可以悬挂额外的侧面警示牌。这有助于在侧面视图中提醒其他车辆和行人。

4）双面悬挂

有些警示牌设计为双面，允许在前部和后部同时悬挂，这样可以确保无论车辆从哪个方向接近，都能看到警示信息。

5）固定和安全

使用适当的固定装置（如支架、挂钩或夹子），确保警示牌稳固地悬挂在车辆上，不会在行驶中脱落或摇晃。须遵循制造商或法规要求的具体悬挂方式。

6）警示牌的高度

警示牌的悬挂高度应符合国家或地区的法规。通常，警示牌应位于距离地面一定的高度，以确保其可见性。

7）清晰度和可读性

警示牌应保持清晰、干净，以确保文字和图案的可读性。定期检查和清洁警示牌。

8）可见性

确保悬挂位置不会被其他车辆、货物或装置遮挡，以确保警示牌在道路上的可见性。

9）及时移除

一旦危险物品运输任务完成，及时移除悬挂的警示牌，以避免不必要的混淆。

（4）定期检查和维护

定期检查悬挂的警示牌，确保其完好无损、清晰可见。如有损坏或模糊不清的情况，应及时更换或维修警示牌。

（5）遵守速度限制

严格遵守道路的限速要求，确保在安全速度范围内行驶。特别注意在弯道、陡坡、路况复杂或能见度较差的区域应减速行驶。

（6）车辆和驾驶员资质

确保运输危险物品的车辆和驾驶员具备相应的资质和许可。驾驶员应接受专业培训，了解危险物品运输的安全要求和紧急处理程序。

（7）应急准备

车辆应携带必要的应急装备和物资，以便在发生意外情况时采取适当的应对措施。驾驶员应熟悉应急处理程序，明晰如何应对危险物品泄漏或事故情况。以下是一些常见的应急装备和物资：

1）危险品应急装备

携带适用于所运输危险物品的应急装备，如泄漏堵漏剂、吸收材料、密封材料、保护服等。

2）急救设备

携带适当的急救设备，包括急救箱、眼睛冲洗器、应急淋浴等，以处理可能的伤害情况。

3）火灾应急设备

携带灭火器和其他适用于处理火灾的设备，如灭火器、灭火器盖、灭火器支架等。

4）通信设备

携带可靠的通信设备，如无线电、手机等，以便与应急服务和救援机构联系。

3.8.2 施工现场车辆行驶道路应平整坚实，在特殊路段应设置反光柱、爆闪灯、转角灯等设施，车辆行驶应遵守施工现场限速要求。

【条文要点】

施工现场主要道路必须采用混凝土、碎石或其他硬质材料进行硬化处理，做到平整、坚实。施工现场设置明显的交通标志、安全标牌、护栏、警戒灯等，保证行人、施工机械和施工人员通行安全。

【实施要点】

（1）道路硬化处理

1）道路选择

根据施工需要和道路使用情况，选择适当的硬化材料，如混凝土、碎石或其他硬质材料。

2）平整坚实

硬化处理后的道路表面必须保持平整、坚实，确保能够承受施工机械和车辆的负载。

3）排水设计

需要考虑排水系统，以确保雨水能够顺畅排走，防止道路积水。

（2）交通标志和安全标牌

1）明显标志

在主要道路上设置明显的交通标志，包括速度限制、道路方向、注意标志、施工区域警告等，以引导驾驶员。

2）安全标牌

安装安全标牌，提醒施工现场的危险性质和特殊要求。

（3）护栏和隔离设施

1）护栏

在需要时设置护栏，将施工区域与交通区域分隔开，以防止车辆偏离道路。

2）隔离设施

在需要时设置隔离设施，将行人和施工人员与车辆隔离开来，确保通行安全。

（4）警戒灯和交通锥

1）警戒灯

在施工区域的入口和出口设置明显的警戒灯，特别是在夜间或能见度差的情况下，以提醒驾驶员。

2）交通锥

使用交通锥标明施工区域的边界和道路的指导，以确保车辆保持在指定的通行区域内。

（5）行人通道和安全措施

1）行人通道

设立安全通道，使行人能够安全地穿越施工区域。

2）安全措施

为施工人员提供必要的安全装备和培训，确保其在工作时的安全。

（6）定期检查和维护

1）定期检查

定期检查道路、标志、安全设施和硬化处理情况，以确保其在良好的工作状态。

2）维护

及时进行维护和修复，解决损坏或破损问题，以保证施工现场的通行安全。

这些实施要点有助于确保施工现场道路的安全和通行顺畅，同时提供明确的标志和警示，以减少事故风险，保障施工人员和过往车辆的安全。安全性和通行性是施工现场道路管理的重要方面。

3.8.3 车辆行驶过程中，严禁人员上下。

【条文要点】

行驶中的车辆对人身安全存在潜在危险，为保证车辆上人员及施工现场人员的人身安全，行驶中的车辆严禁上下人员。

【实施要点】

（1）坚决执行严禁上下车的规定

所有驾驶员和作业人员都必须明确了解并严格遵守禁止在车辆行驶过程中上下车的规定。

（2）停车安全区域

上下车时，车辆必须停在指定的停车区域或停车位上，确保停车位置安全并不会干扰现场施工安全。

（3）静止车辆

车辆必须完全停稳，刹车已经生效，并且车辆不再移动，才能上下车。

（4）使用车辆的乘降设施

如果车辆配备了专门的乘降设施（如车门、台阶、扶手等），人员应当使用这些设施进行上下车，以保障安全。

（5）驾驶员的责任

驾驶员有责任确保上下车过程中车辆保持安全和稳定，应确保所有乘客遵守上下车的规定。

（6）严禁在行驶中开放车门

严禁在车辆行驶过程中开放车门，因为这可能导致危险，特别是对附近的车辆和行人。

（7）严禁站立在车辆附近

除非车辆配备了专门的站立区域和设备，否则严禁人员站立在车辆附近，以免发生危险。

3.8.4 夜间施工时，施工现场应保障充足的照明，施工车辆应降低行驶速度。

【条文要点】

车辆在夜间行驶，由于光线不足，容易发生车辆安全事故。为保证行车安全，施工现场不仅需要有充足的照明，而且车辆应降低车速，缓慢行驶。

【实施要点】

（1）充足的照明

1）灯具布置

在施工现场合理布置照明设施，确保施工区域内的所有关键区域都得到良好的照明覆盖。

2）照明高度和角度

确保照明设施的安装高度和角度能够提供均匀、充足的照明，避免出现阴影、阴暗区域。

3）使用高效的照明设备

选择高效、节能的照明设备，如 LED 灯具，以提供更亮的照明效果。

（2）降低施工车辆速度

1）明示速度限制

在施工现场设置明确的限速标志，要求所有施工车辆降低速度。

2）合理的速度限制

考虑夜间视线和光线条件的特殊性设定合理的速度限制。

3）驾驶员培训

对施工车辆驾驶员进行夜间施工安全培训，强调降低速度的重要性，提高安全驾驶意识。

（3）警示设备

1）反光标志和标线

在施工区域设置反光标志和标线，提醒驾驶员注意施工现场。

2）反光背心

为施工人员配备反光背心，增强其在夜间施工区域的可见性。

（4）夜间施工人员培训

对夜间施工人员进行安全意识培训，掌握在夜间施工时需要注意的事项。

（5）定期检查和维护

1）定期检查照明设施

定期检查夜间施工现场的照明设施，确保其正常工作。

2）维护设备

定期对车辆进行维护和检查，确保其照明设备正常工作，保证行车安全。

以上实施要点有助于在夜间施工时保障施工安全，提升施工人员和驾驶员的可见性，减少事故风险。安全始终是施工现场管理的首要任务。

3.8.5 施工车辆应定期进行检查、维护和保养。

【条文要点】

车辆应按照相关标准以"保养为主、修理为辅"的原则进行车辆的维护保养，维护、保养应填写和保存相关记录。

【实施要点】

（1）制定车辆定期检查计划

制定车辆定期检查的计划，明确检查的频率和内容。通常，定期检查可以根据车辆类型、使用情况和生产厂家的建议来制定。

（2）车辆检查内容

机械部分：定期检查发动机、变速箱、制动系统、悬挂系统、转向系统、传动系统、排气系统等机械部分的状态和性能。

电气系统：检查电池、发电机、起动机、灯光系统、电子控制单元等电气系统的工作状态。

液体和润滑：检查和更换机油、冷却液、刹车液、变速箱油、涡轮增压器油、液压油、差速器油等液体，确保液位正常。

滤芯更换：定期更换空气滤芯、机油滤芯、燃油滤芯等滤芯，以保持引擎和系统的清洁。

制动系统：检查制动片、制动盘、制动液、制动油管等制动系统组件，确保制动性能正常。

轮胎和悬挂：检查轮胎磨损情况、轮胎气压、悬挂系统零部件的状态，进行必要的调整和更换。

照明和电子系统：检查车辆的照明系统、仪表板指示灯、电子控制系统等，确保运行正常。

（3）专业维护人员

由受过专业培训和有经验的维护人员进行车辆的定期检查和维护工作。

（4）使用合格零部件

在维护和更换零部件时，选择符合标准和质量要求的合格零部件，避免使用劣质或假冒伪劣零部件。

（5）检查记录和维护报告

详细记录：检查和维护都应有详细记录，包括日期、维护内容、更换的零部件、液体更换情况等。

维护报告：生成维护报告，对车辆的状态和维护历史进行总结，以便追踪车辆的维护情况。

（6）预防性维修

当发现问题时，采取及时的措施进行预防性维修，修复问题的根本原因，而不仅仅是暂时修复问题。

诊断故障：使用适当的诊断工具和设备来识别和解决故障，确保维修工作的准确性。

（7）安全检查

在定期检查中，特别注重车辆的安全性能，如制动系统、轮胎磨损、照明系统等。

（8）定期维护计划的更新

根据车辆使用情况、维护历史和生产厂家的建议，定期更新车辆维护计划，以确保车辆的安全和性能。

3.9 中毒和窒息

3.9.1 领取和使用有毒物品时，应实行双人双重责任制，作业中途不得擅离职守。

【条文要点】

（1）有毒物品

有毒物品分为轻微毒、轻毒、中毒、高毒、剧毒五级，剧毒化学品名录 2022 版列出近 1 万种，管理部门主要是安全监管和公安部门，管理依据是《危险化学品安全管理条例》。本规范第六章职业健康管理 6.0.1 条对高毒物品的管理提出要求，高毒物品约 54 种，管理部门是卫生部，管理依据是《使用有毒物品作业场所劳动保护条例》。本条是安全管理、监管有毒物品。6.0.1 条是职业健康管理，主要监管高毒物品。其他中毒、轻毒应列入高毒物品管理范围。

（2）双人双重责任制

在领取和使用有毒物品时，指定两名经过培训和具备相应资质的操作员，其中一人负责操作，另一人担任监督责任。明确操作员的职责，其中一人负责执行操作程序，另一人负责监督操作的合规性和安全性。

（3）作业中途不得擅离职守

在操作有毒物品时，操作员不得擅自离开操作位置，以确保操作的连续性和监督的有效性。操作员应在操作开始前一同检查操作环境、所需设备和有毒物品的标签，共同决定操作步骤。

【实施要点】

（1）相关资料齐全

有毒物品必须附具说明书，如实载明产品特性、主要成分、存在的职业中毒危害因素、可能产生的危害后果、安全使用注意事项、职业中毒危害防护以及应急救治措施等内容；没有说明书或者说明书不符合要求的，不得向用人单位销售。

（2）登记使用制度

建立有毒有害物品登记使用制度，设专人详细登记品名、规格、数量、存放地点、使用状况等，以确保库存剧毒物品清楚确切。严格按照规定的限量领取和使用，领用人与登记人不能为同一人。

（3）操作程序遵循

确保操作员按照标准程序、安全操作规程和使用说明书进行操作，以减少潜在的风险。

（4）安全装备和防护

操作员应佩戴适当的防护装备，如护目镜、口罩、手套等，以减少暴露于有毒物品中的风险。

（5）应急准备

制定有关有毒物品事故的应急计划，确保操作员知晓应急程序并能够有效执行。

（6）培训和教育

对操作员进行有毒物品操作的培训，包括安全操作、事故应急处理和危险特性等方面的培训。

（7）责任追溯

记录有毒物品的领取和使用情况，包括日期、时间、有毒物品种类、数量、操作员信息等。明确双人双重责任制中每个操作员的责任，确保在事故发生时能够追溯责任。

（8）操作前确认

在操作开始前，操作员和监督员应一同检查操作环境，确保操作前的准备工作完成，主要包括：

1）操作环境检查

确保操作区域没有存在可能影响操作的危险因素，如泄漏、气味、温度等。如果存在风险，必须采取适当的措施进行处理或修复。

2）设备检查

确保所需设备完好无损，包括容器、工具、仪器等。损坏或不合格的设备必须进行维修或更换。

双人双重责任制和操作程序的严格遵守可以提高操作的可控性和可预见性，确保在有毒物品的处理过程中降低安全风险，避免意外事故。

3.9.2 施工单位应根据施工环境设置通风、换气和照明等设备。

【条文要点】

本条规定了施工现场环境设备的基本配备要求。施工现场应根据施工环境设置足够的通风口、换气、照明和用电设备，防止施工作业人员发生窒息、碰撞事故。

【实施要点】

（1）通风和换气设备

根据施工现场的大小和性质等具体情况，选择合适类型的通风和换气设备；根据评估的结果，选择合适类型的通风和换气系统。

1）自然通风

适用于相对较小且无明显有害气体排放的施工场地。自然通风依赖于气流的自然流动，通常通过开放的窗户、门和通风口来实现。

2）机械通风

适用于大型或需要强制通风的施工场地。机械通风系统通常包括风扇、通风管道和排风口，可控制气流的方向和速度。

3）局部通风系统

适用于需要处理特定区域内的有害气体或粉尘的施工场地。局部通风系统设计用于捕捉和排除特定区域产生的有害物质，以确保操作员的安全。

通风和换气系统的布局，应确保它们覆盖必需的区域，特别是密闭空间或有害气体积聚的地方。确保通风口、排风口和通风设备的位置合理，提高气流的流动效率。对于局部通风系统，将排气口放置在有害物质生成的最近点，并确保有足够的抽风力量。

（2）照明设备

根据施工现场的工作任务和环境要求，选择适当类型和数量的照明设备，包括照明灯、手电筒等。常见的类型包括：

1）照明灯

这是常规的照明设备，可用于提供整个工作区域的均匀光线。根据工作区域的大小和亮度要求，选择适当功率和数量的照明灯。

2）手持式灯具

对于需要移动照明的情况，手持式灯具（如手电筒或头灯）是非常有用的。它们可以提供定向光线，方便操作员在需要时照亮特定区域。

3）爆闪灯

爆闪灯通常具有高亮度和闪烁功能，以引起注意。在需要引起注意或提醒的区域，例如施工现场的危险区域，可以使用爆闪灯。

安装照明设备，确保其提供足够的光线，以确保施工场地的可见性和操作员的安全。定期检查和维护照明设备，确保其正常运行，防止黑暗等意外情况发生。

（3）用电设备

使用符合国家和地区标准的电气设备，包括插座、开关和电线，并确保其定期检查和维护。安全设置用电设备，以防止电气事故和火灾。严格遵守用电安全规程，禁止乱拉乱接电线，防止过载和短路。

（4）安全标识

在施工现场设置明显的安全标识和警告标识，以指示通风口、换气口、照明设备和电气设备等的位置，以及有关安全注意事项。指导操作员如何使用这些设备，并提醒他们遵守安全规程。常见的标识包括：

1）通风口和换气口标识

这些标识通常会包括图形符号，例如通风扇或排气管，以及文字说明，如"通风口"或"换气口"。使用明显的标识或标牌，将通风口和换气口的位置标识出来。将这些标识安装在通风口和换气口附近的墙壁、顶棚或设备上，以确保标识清晰可见。

2）照明设备标识

这些标识通常包括一个灯泡或灯具的图标，并可能包括文字说明，如"照明设备"。对于照明设备，可以使用标识或标牌来标明其位置。将这些标识安装在照明设备附近的墙壁、顶棚或支架上，以确保标识清晰可见。

3）电气设备标识

这些标识通常包括一个闪电图标和文字说明，如"电气设备"或"高电压警告"。对于电气设备，使用电气安全标识来标明其位置。将电气设备的标识安装在设备附近的控制面板、开关箱或电气柜上。

（5）定期检查和维护

定期检查和维护通风、换气、照明和用电设备，检查包括设备的外观、电源线、电缆、插头和开关等，确保其正常运行和安全性。在设备出现故障或损坏时，及时修复或更换。

（6）培训和意识提高

对施工现场的操作员进行安全培训，使其了解并正确使用通风、换气、照明和用电设备，提高操作员的安全意识。

通过遵循这些实施要点，施工单位可以有效设置通风、换气、照明和用电设备，确保施工现场的安全性，减少窒息和碰撞等事故的风险，保障工作人员的安全和健康。

3.9.3 受限或密闭空间作业前，应按照氧气、可燃性气体、有毒有害气体的顺序进行气体检测。当气体浓度超过安全允许值时，严禁作业。

【条文要点】

（1）受限空间及密闭空间由于通风不畅，可能会集聚有毒有害气体，极易发生闪爆或人体中毒事故。因此，应对受限空间的氧含量、易燃易爆气体和毒气成分进行监控，并有发生事故时的预防措施，避免对施工人员造成伤害。在氧含量和可燃、有毒气体浓度可能发生变化的作业环境中，应保持必要的检测频率或连续监测。

（2）有限空间作业必须严格实行作业审批制度，严禁擅自进入有限空间作业。

（3）有限空间作业必须做到"先通风、再检测、后作业"，严禁通风、检测不合格情况下开展作业。

（4）有限空间作业必须配备个人防中毒窒息等防护装备，设置安全警示标识，严禁无防护监护措施作业。

（5）有限空间作业必须对作业人员进行安全培训，严禁不教育培训、培训不合格上岗作业。

（6）有限空间作业必须制定应急措施，现场配备应急装备，严禁盲目施救。

【实施要点】

受限或密闭空间作业前，应进行气体检测，确保工作环境的安全性。主要实施要点包括：

（1）检测顺序

按照检测气体的顺序进行气体检测是非常重要的，因为不同类型的气体问题可能对工作环境的安全性产生不同的影响。

1）首先检测氧气浓度

氧气是维持人类生命所必需的，如果受限或密闭空间内的氧气浓度不足，工作人员可能会面临窒息和生命危险。因此，首先确保空间内的氧气浓度处于安全范围内。

2）然后检测可燃性气体的浓度

可燃性气体的检测，是为了确保工作环境不会因为气体浓度过高而发生火灾或爆炸。如果可燃气体浓度超过了安全范围，它们在存在点火源的情况下可能会引发火灾或爆炸，导致安全事故的发生。

3）最后检测有毒有害气体的浓度

检测有毒有害气体的浓度，是为了确保工作环境没有有毒气体，这些气体可能会对工作人员的健康造成危害。有毒气体可能导致工作人员中毒、呼吸困难、眩晕等健康问题。因此，最后的检测是为了确认工作环境是否安全，避免潜在的健康风险。

这个顺序的目的是优先确保工作人员的生命安全，然后是防止火灾和爆炸的发生，最后是保护工作人员免受有毒有害气体的危害。通过按照这个顺序进行气体检测，可以最大程度地降低受限或密闭空间作业中的潜在危险。

（2）气体检测设备

使用专业的气体检测仪器，并确保仪器的准确性和可靠性。通常，多气体检测仪器可以同时检测氧气、可燃性气体（如甲烷、乙烷）、有毒有害气体（如一氧化碳、硫化氢、氨气）等。

（3）安全允许值

确保了解各种气体的安全允许值或浓度限制，这些值通常由相关的安全标准或法规规定。如果检测到的气体浓度超过了安全允许值，必须采取措施来降低浓度或采取其他安全措施。

（4）严禁违规作业

如果气体浓度超过了安全允许值，那么必须立即停止作业，并且严禁在该环境下继续工作，直到问题得到解决且气体浓度达到安全水平。

（5）通风措施

在必要的情况下，应该采取通风设备和通风措施，以确保受限或密闭空间内的气体浓度保持在安全水平。

（6）培训和意识

所有参与受限或密闭空间作业的工作人员都应接受适当的培训，了解气体检测的程序和安全措施，并且要保持对潜在危险的高度警觉，提高安全意识。

（7）记录和报告

进行气体检测的结果应完整记录，并在需要时报告给相关的管理部门和工作人员。

安全检测和控制气体浓度是密闭空间作业的基本安全要求之一。在受限或密闭空间中作业，要确保工作环境的气体浓度处于安全范围内，以减少火灾、爆炸、中毒或其他安全事故的发生。

3.9.4 室内装修作业时，严禁使用苯、工业苯、石油苯、重质苯及混苯作为稀释剂和溶剂，严禁使用有机溶剂清洗施工用具。建筑外墙清洗时，不得采用强酸强碱清洗剂及有毒有害化学品。

【条文要点】

（1）苯具有较高的毒性，也是一种致癌物质，对人类健康有严重危害。因此，禁止使用含苯（包括工业苯、石油苯、重质苯，不包括甲苯、二甲苯）的涂料、稀释剂和溶剂等，混苯中含有大量苯，故也严禁使用。强酸强碱溶剂及有毒有害化学品对人身健康和环境有危害，故不得采用。

（2）在室内装饰装修材料中产生的最常见的污染物是挥发性有机物 VOCs。已鉴定出 300 种之多，主要来源于油漆、涂料、胶粘剂、塑料壁纸、塑料门窗、塑料管道等所用的各种配套助黏剂、发泡剂等。典型的污染物有气态甲醛和游离甲醛，主要来源于人造板材、家具、地毯、胶粘剂、内墙涂料、壁纸等。苯系物包括苯、甲苯、二甲苯等。

（3）严禁采用带有任何酸性药剂清洗外墙，以防腐蚀建材。玻璃、铝合金上清洁剂后应立即冲洗，采用勤上清洁剂勤冲洗的方式，禁止涂抹大面积后才冲洗，不能让清洁剂干于玻璃上、铝合金表面从而造成腐蚀。无冲洗条件时，禁止将清洁剂抹到铝合金、玻璃表面上。玻璃对氢氟酸敏感，铝合金对烧碱、盐酸敏感。

【实施要点】

（1）室内装修作业的实施要点

1）材料选择

避免使用苯、工业苯、石油苯、重质苯及混苯等有机化合物作为稀释剂和溶剂。为了避免使用苯、工业苯、石油苯、重质苯等有机溶剂，可以选择更环保的替代品，确保其不含有害挥发性有机化合物（VOC）。在购买涂料、清洁剂和建筑材料时，务必仔细检查产品的标签和说明。环保产品通常会在标签上明确注明其低VOC或无VOC属性。选择这些产品可以大大减少室内空气中的有害气体浓度。

2）通风和空气质量控制

在室内装修作业期间，要使用通风系统、空气净化器或开窗通风等方法，确保良好的通风，以减少有害气体和挥发性有机化合物的积聚。

3）个人防护装备（PPE）

工作人员应佩戴适当的个人防护装备，包括呼吸防护装备、护目镜、手套等，以防止有害物质接触皮肤、眼睛或进入呼吸道。

4）废弃物管理

室内装修过程中产生的废弃物和化学品容器，必须妥善处理和储存，以确保它们不会对环境造成污染。

5）有害废弃物处理

任何含有有害物质的废弃物，都必须按照法规和标准进行正确处理和处置，不得将有害废弃物随意排放到环境中。

6）清洁工具和设备

严禁使用有机溶剂来清洗施工用具；使用环保清洁剂和水来清洗工具和设备，或者使用可再生的清洗方法。

7）培训和教育

所有从事室内装修作业的工作人员应接受培训，了解有害化学品的危险性、安全操作程序以及紧急情况的处理方法。

（2）建筑外墙清洗的实施要点

1）材料选择

不得采用强酸强碱清洗剂及有毒有害化学品进行建筑外墙清洗；选择安全和环保的清洗剂，确保不会对周围环境和人员产生危害。

2）清洗方法

根据建筑物表面的性质和污染程度，选择适当的清洗方法，如高压水清洗、化学清洗、干冰清洗等。以下是一些常见的清洗方法，以及如何根据情况选择最佳方法的要点。

① 高压水清洗

适用性：高压水清洗适用于大多数建筑物表面，包括砖墙、混凝土、石材和木材。通常用于去除表面污垢、尘土、藻类、霉菌和涂料。

优点：高压水清洗是环保和高效的方法，不需要化学清洗剂，可以节省水资源。

考虑因素：高压水清洗需要适当的设备和培训，同时要注意不要损坏建筑表面。

② 化学清洗

适用性：化学清洗通常用于去除顽固的污垢、油污、树脂、漆和特定类型的污染，适用于各种建筑表面。

优点：化学清洗可以高效地去除特定类型的污染，通常在较短时间内产生显著效果。

考虑因素：化学清洗剂必须正确选择和使用，而且需要严格遵守安全操作程序，以防止环境污染和人员健康风险。

③ 干冰清洗

适用性：干冰清洗适用于对建筑表面进行轻柔但强效的清洗，可用于去除污垢、油污和漆。

优点：干冰清洗是无害的，不产生废水或化学废物，适用于对环境敏感的地方。

考虑因素：干冰清洗设备和干冰媒介成本较高，目前不适用于大面积的清洗。

④ 激光清洗

适用性：激光清洗适用于去除建筑表面的污垢、涂料、锈蚀和污染物。

优点：激光清洗精度高，不会损伤表面，不需要使用化学清洗剂。

考虑因素：激光清洗设备较为昂贵，需要受过培训的操作员来使用，并且在特定的环境条件下可能不适用。

⑤ 手工清洗

适用性：手工清洗通常用于对小面积或复杂表面进行清洗，可以精确控制清洗过程。

优点：手工清洗灵活，可以适应各种表面和污染情况。

考虑因素：手工清洗需要时间和劳动力，适用于小规模项目、小面积部位。

在选择清洗方法时，必须考虑建筑物表面的类型、污染物、污染程度、时间、预算和环境因素，以确定最适合的清洗方法。

3）清洗剂使用

如果需要使用清洗剂，应选择环保、低挥发性的产品，并根据制造商的建议正确使用。避免在风力大或天气条件不稳定的情况下使用。

4）防护措施

清洗工作人员应佩戴适当的个人防护装备，包括护目镜、防护服、呼吸防护装备等，以确保安全和健康。

5）废水处理

清洗过程中产生的废水可能含有有害物质，必须进行适当处理，以防止废水对环境造成污染。废水应经过处理，满足排放标准。

6）环境保护

在清洗过程中，要采取措施保护周围环境，如避免化学剂溢漏、废水流入排水系统等。

7）培训和意识

所有从事建筑外墙清洗的工作人员应受过培训，了解清洗剂的安全使用和环保操作要点，保障操作安全和生命健康。

室内装修作业和建筑外墙清洗，都需要严格遵守安全操作要点和环保原则，以最大程度降低有害物质的风险，保护环境和工作人员的安全、健康。这些操作要点，有助于确保施工过程的安全、高效，同时减少对周围社区和环境的不良影响。

3.10 触 电

3.10.1 施工现场用电的保护接地与防雷接地应符合下列规定：

1 保护接地导体（PE）、接地导体和保护联结导体应确保自身可靠连接；

2 采用剩余电流动作保护电器时应装设保护接地导体（PE）；

3 共用接地装置的电阻值应满足各种接地的最小电阻值的要求。

【条文要点】

本条规定了施工现场用电的保护接地与防雷接地相关安全要求。

（1）在施工现场专用变压器的供电 TN-S 接零保护系统中，电气设备的金属外壳必须与保护零线连接，保护零线应由工作接地线、配电室（总配电箱）电源侧零线或总漏电保护器电源侧零线引出。

（2）在 TN 接零保护系统中，PE 零线应单独敷设，重复接地线必须与 PE 线相连接，严禁与 N 线相连接。

（3）TN 系统中的保护零线除了必须在配电室或总配电箱处做重复接地外，还必须在配电系统的中间处和末端处做重复接地。在 TN 系统中，保护零线每一处重复接地装置的接地电阻值不应大于 10Ω。在工作接地电阻值允许达到 10Ω 的电力系统中，所有重复接地的等效电阻值不应大于 10Ω。

（4）单台容量超过 100kVA 或使用同一接地装置并联运行且总容量超过 100kVA 的电力变压器或发电机的工作接地电阻值不得大于 4Ω。单台容量不超过 100kVA 或使用同一接地装置并联运行且总容量不超过 100kVA 的电力变压器或发电机的工作接地电阻值不得大于 10Ω。

【实施要点】

（1）保护接地导体（PE）、接地导体和保护联结导体确保自身可靠连接是电气安全的关键措施之一。主要实施要点包括：

1）导体的可靠连接

保护接地导体（PE）、接地导体和保护联结导体必须确保它们自身连接牢固可靠。连接点不应该有松动或腐蚀，并且应有良好的金属接触。

2）材料和规范合规

所有接地导体和连接件都必须符合相关的材料和规范要求，包括导体的质量、截面积、材料类型和规范符合性。确保使用合规的导体和连接件，可以降低连接故障的风险。

3）定期检查和维护

接地系统应定期检查和维护，以确保导体连接仍然可靠，定期检查应包括视觉检查和测量接地电阻。任何发现的问题都应及时修复。

4）清除腐蚀和污垢

导体连接点可能会因腐蚀、氧化或污垢而失去良好的电气接触。因此，定期清除这些物质对于保持连接的可靠性至关重要。

清洁可以使用适当的清洁工具和方法进行。

5）使用正确的连接方法

在连接导体和设备时，必须使用正确的连接方法和连接件，包括正确的螺纹、螺栓、夹具或压接等连接方式，以确保连接紧固并且不会松动。

6）记录和标记

为了维护接地系统的可追溯性，必须记录所有连接和维护操作。此外，应正确标记连接点，以便在需要时容易识别。

（2）在采用剩余电流动作保护电器时，装设保护接地导体（PE）是电气安全的关键步骤。其主要实施要点包括：

1）选择适当的保护电器

确定剩余电流动作保护电器的类型，以满足电气系统具体要求。根据系统的额定电压、电流和性质，选择适当的电器型号和额定值。

2）设计接地系统

在设计电气系统时，必须考虑接地系统的布局。确定保护接地导体（PE）的路径和位置，以保证在故障时电流可以安全地流向大地。

3）正确安装保护接地导体

安装保护接地导体时，必须确保它们与电气设备和电气回路连接紧密，使用适当的连接器和夹具来确保连接牢固。

4）绝缘保护

在安装保护接地导体时，必须确保它们与其他电气导体或金属部件之间有足够的绝缘，以防止短路和故障。

5）连接保护电器

将保护接地导体（PE）连接到剩余电流动作保护电器的适当位置，通常包括将 PE 连接到电器的地线端或相应的保护接地引线。

6）维护和检查

定期检查和维护保护接地导体和剩余电流动作保护电器，确保其性能不受影响。任何发现的问题都应及时修复。

7）合规性和规范

所有的安装和连接必须符合国家和地区的电气安全标准和法规；确保操作符合规定，以确保电气系统的安全性。

8）故障时处理

在发生故障或电气问题时，工作人员必须知道如何快速切断电源，并采取必要的措施来排除故障，以确保安全。

装设保护接地导体（PE），是确保电气系统安全运行的关键步骤之一；有助于将电流引导到大地，触发剩余电流动作保护电器，从而避免电击和其他电气危险。因此，在电气系统中，正确的保护接地导体的实施和维护至关重要。

（3）确保共用接地装置的电阻值满足各种接地的最小电阻值的要求是电气安全的重要措施之一。主要实施要点包括：

1）合规性和规范

在设计和安装接地系统时，必须确保其符合国家、地区或当地电气安全规范和标准的要求，这些规范通常规定了不同类型接地的最小电阻值。

2）电阻测量

电阻值是衡量接地系统性能的关键参数。使用适当的测试仪器和方法测量接地系统的电阻值，这些测量通常在安装后定期进行。

3）地下导体深度

地下导体（如地下埋深的接地棒或接地环）的深度，对于达到所需电阻值非常重要。确保地下导体足够深埋，以保证良好的接地效果。

4）选择合适的材料

选择导体材料时，要考虑其电导率和耐腐蚀性。铜和铜合金通常用于接地导体，因其具有良好的电导率和抗腐蚀性能。

5）导体截面积

导体的截面积必须足够大，以确保能够传导足够的电流并降低电阻值；选择合适尺寸的导体以满足电气系统的需求。

6）维护和检查

定期检查和维护接地系统，确保地下导体没有受到损坏或腐蚀，清除任何影响接地性能的障碍物或杂质。

7）记录和标记

记录接地系统的详细信息，包括测量结果、安装日期和维护历史；标记接地点，以便能够轻松地找到和识别它们。

8）合规性验证

定期验证接地系统的合规性，以确保其仍然符合规范和标准的要求。如果发现问题或变化，必须采取适当的纠正措施。

9）培训和意识

所有与接地系统有关的工作人员必须接受适当的培训，了解正确的操作和维护程序，以确保电气设备的安全性，保障操作安全和生命健康。

确保共用接地装置的电阻值满足规定的要求，对于电气系统的安全性至关重要。电阻值的合规性可以降低电气设备事故和电击的风险，保障人员和设备的安全。因此，定期的电阻测量和合规性验证是维护接地系统的关键措施。

3.10.2 *施工用电的发电机组电源应与其他电源互相闭锁，严禁并列运行。*

【条文要点】

本条对施工用电的发电机组电源进行了规定。为避免发电机组因与外电线路并列运行而发生倒送电烧毁事故，发电机组电源与外电源线路严禁并列运行。

【实施要点】

在施工现场使用发电机组时，确保其电源与其他电源互相闭锁，严禁并列运行，是为了防止电气事故和确保电气安全的关键措施。主要实施要点包括：

（1）分离电源系统

施工用电的发电机组应与其他电源系统分离。这意味着发电机组的电源和其他电源系统（例如主电网或其他发电机组）应有明确的分隔和切断装置，以确保不会并列运行。

（2）闭锁装置

使用闭锁装置来防止并列运行。闭锁装置可以是机械装置、电气装置或软件控制系统，用于确保一次只能连接并运行一个电源系统。这种闭锁系统通常需要特殊的钥匙或操作权限。

（3）严禁并列运行

强调施工现场的工作人员不得尝试并列运行不同电源系统。并列运行可能导致电源干扰、过载、短路和其他电气问题，从而引发事故。

（4）合规性和规范

确保所有操作符合国家、地区或当地的电气安全规范和标准的要求，这些规范通常规定了用电和发电机组的安全操作程序。

（5）培训和意识

所有与电气设备和用电系统有关的工作人员必须接受适当的培训，了解正确的操作程序和安全要求，以确保电气设备的安全性。

（6）定期检查和维护

定期检查和维护发电机组和相关的电气设备，以确保其正常运行和安全性；确保所有关闭和闭锁装置工作正常。

（7）应急准备

在发电机组运行期间，应备有应急停机和断电的措施，以应对任何突发情况或故障；工作人员必须了解如何执行这些措施。

（8）安全标识

使用适当的标识，明确指示哪些设备和电源系统可以运行，以及如何操作和关闭。

确保发电机组的电源与其他电源互相闭锁，严禁并列运行，有助于降低电气事故和维护电气安全。这些措施可确保在施工现场提供稳定和安全的电源，以满足施工活动的需求。

3.10.3 施工现场配电线路应符合下列规定：

1 线缆敷设应采取有效保护措施，防止对线路的导体造成机械损伤和介质腐蚀。

2 电缆中应包含全部工作芯线、中性导体（N）及保护接地导体（PE）或保护中性导体（PEN）；保护接地导体（PE）及保护中性导体（PEN）外绝缘层应为黄绿双色；中性导体（N）外绝缘层应为淡蓝色；不同功能导体外绝缘色不应混用。

【条文要点】

本条规定了施工现场配电线路敷设的具体要求。施工现场配电线路敷设，要保证线路功能的正常运行，也要保证现场施工的安全性。

（1）电缆线路应采用埋地或架空敷设，严禁沿地面明设，并应避免机械损伤和介质腐蚀。埋地电缆路径应设方位标识。

（2）电缆中必须包含全部工作芯线和用作保护零线或保护线的芯线。需要三相四线制配电的电缆线路必须采用五芯电缆，五芯电缆必须包含淡蓝、绿／黄两种颜色绝缘芯线；淡蓝色芯线必须用作 N 线，绿／黄双色芯线必须用作 PE 线，严禁混用。

【实施要点】

（1）线缆敷设的实施要点涉及确保线路的导体免受机械损伤和介质腐蚀，从而保障电气系统的可靠运行和安全性。主要实施要点包括：

1）选择适当的线缆类型

结合工程具体需求选择适用的线缆类型。不同的线缆适用于不同的环境和用途，因此确保所选择的线缆符合项目需求和环境条件。

2）确定合适的线缆路径

规划合适的线缆路径，以避免线缆暴露在机械损伤或腐蚀的风险中。线缆应尽量避免通过高压区域、尘土多、潮湿或腐蚀性环境等地方。

3）使用保护管道或护套

对于易受损的线缆，如电力电缆，应考虑使用保护管道或护套；这些管道或护套可以提供额外的机械保护和防腐蚀作用。

4）正确安装固定支架

安装线缆的固定支架和固定夹具，以确保线缆不会受到外部压力和振动的影响。支架和夹具应安装牢固，以防止线缆松动或受损。

5）避免过度张力

在线缆敷设过程中，避免施加过大的张力；过度张力可能会导致线缆的导体损坏或断裂。

6）地下敷设的保护

如果线缆需要埋在地下，确保地下通道或沟槽的设计和材料能够防止地下水或化学物质对线缆的腐蚀。

7）维护和检查

定期检查线缆敷设，特别是对暴露在恶劣环境条件下的线缆。检查线缆的外观和绝缘层是否完好，以及是否有机械损伤或腐蚀迹象。

8）合规性和规范

所有敷设线缆的工作必须符合国家、地区或当地的电气安全规范和标准的要求，这些规范通常包括线缆敷设的具体要求和安全标准。

9）培训和意识

所有与线缆敷设有关的工作人员必须接受适当的培训，了解正确的操作和维护程序，以确保电缆线路的安全性。

通过遵循上述实施要点，可以有效保护线缆免受机械损伤和介质腐蚀的影响，确保电气线路的可靠性和持久性，这对于维护电缆线路的正常运行和安全性至关重要。

（2）电缆的正确标识和安装是确保电气系统的可靠性和安全性关键要点。主要实施要点包括：

1）完整线芯

电缆中应包含全部工作芯线、中性导体（N）及保护接地导体（PE）或保护中性导体（PEN），确保电缆具备必要的导体，以满足电气系统的要求。

2）颜色标识

电缆的外绝缘层应具有特定的颜色标识，以便区分不同的导体和功能。具体标识如下：

① 保护接地导体（PE）或保护中性导体（PEN）的外绝缘层应为黄绿色。

② 中性导体（N）的外绝缘层应为淡蓝色。

③ 不同功能导体的外绝缘颜色不应混用，以避免混淆。

3）遵守电气标准

确保所选用的电缆符合国家、地区或当地的电气标准和规范的要求，这些标准通常规定了电缆的颜色标识和导体的类型。

4）正确安装

在安装电缆时，必须确保每个导体正确连接到相应的电气设备或电源。不同颜色的外绝缘层应清晰可见，以便进行正确的连接。

5）绝缘完好性

定期检查电缆的外绝缘层，确保其完好无损；受损的绝缘层可能会导致漏电和电气事故的发生。

6）维护记录

记录每个电缆的详细信息，包括类型、颜色标识、连接位置及维护历史，有助于维护和故障排除时的追溯性。

7）安全操作

在连接和操作电缆时，必须遵循安全操作程序，以防止电击、短路和其他电气危险。

这些实施要点有助于确保电缆的正确标识和安装，以满足电气系统的要求，并确保电气系统的可靠性和安全性。正确的颜色标识有助于在维护和故障排除时迅速识别导体，从而提高工作效率和安全性。

3.10.4 施工现场的特殊场所照明应符合下列规定：

1 手持式灯具应采用供电电压不大于36V的安全特低电压（SELV）供电；

2 照明变压器应使用双绕组型安全隔离变压器，严禁采用自耦变压器；

3 安全隔离变压器严禁带入金属容器或金属管道内使用。

【条文要点】

（1）进行夜间施工和地下施工时，对施工照明的要求更加严格。因此，施工现场必须提供科学合理的照明，根据不同场所设置一般照明、局部照明、混合照明和应急照明，保证施工照明符合规范要求和施工需求。

（2）安全电压额定值的选用要根据使用环境、使用需求和使用方式等因素确定，比如金属容器内、特别潮湿处等特别危险环境中使用的手持照明灯应采用的安全电压是12V，潮湿和易触及带电体场所的照明电源的安全电压为24V等，因此使用者应根据现场情况等因素选择合适的安全电压。

（3）空气湿度小于75%的一般场所可选用Ⅰ类或Ⅱ类手持电动工具，其金属外壳与PE线的连接点不得少于2处。除塑料外壳Ⅱ类工具外，相关开关箱中漏电保护器的额定漏电动作电流不应大于15mA，额定漏电动作时间不应大于0.1s，其负荷线插头应具备专用的保护触头。

（4）在潮湿场所或金属构架上操作时，必须选用Ⅱ类或由安全隔离变压器供电的Ⅲ类手持式电动工具。狭窄场所必须选用由安全隔离变压器供电的Ⅲ类手持式电动工具，其开关箱和安全隔离变压器均应设置在狭窄场所外面，并连接PE线。操作过程中，应有人在外面监护。手持式电动工具的负荷线应采用耐气候型的橡皮护套铜芯软电缆，并不得有接头。

【实施要点】

施工现场特殊照明的实施要点涉及确保照明设备的功能性、安全性和合规性。主要实施要点包括：

（1）手持式灯具的电压限制

手持式灯具应采用供电电压不大于 36V 的安全特低电压（SELV）供电；这种措施有助于减少电击风险，因为安全特低电压下，对人体伤害较小。

（2）使用双绕组型安全隔离变压器

照明变压器应使用双绕组型安全隔离变压器，以确保电源之间的电气隔离，这可以防止电流通过金属部件或导体产生电击危险。

（3）禁止金属容器和金属管道中使用安全隔离变压器

安全隔离变压器严禁带入金属容器或金属管道内使用，这是为了防止变压器的绝缘被破坏或短路，从而降低电气安全。

（4）设备选择和维护

选用符合标准的手持式灯具和安全隔离变压器，确保其符合安全性和性能要求。定期检查和维护这些设备，确保其正常运行。

（5）培训和意识

所有在施工现场操作照明设备的工作人员必须接受适当的培训，了解正确的操作和维护程序，确保电气设备的安全性。

（6）合规性和规范

确保所有操作符合国家、地区或当地的电气安全规范和标准的要求。

（7）绝缘和维护记录

记录每个照明设备的详细信息，包括供电电压、型号、绝缘测试结果和维护历史，这有助于维护和故障排除时的追溯性。

（8）安全操作

在使用特殊照明设备时，必须遵循安全操作程序，确保工作人员和工作环境的安全。

通过遵循上述实施要点，可以确保施工现场的特殊照明设备安全可靠地供电，并降低电气危险的风险；这对于维护工作人员和施工环境的安全至关重要。

3.10.5 电气设备和线路检修应符合下列规定：

1 电气设备检修、线路维修时，严禁带电作业。应切断并隔离相关配电回路及设备的电源，并应检验、确认电源被切除，对应配电间的门、配电箱或切断电源的开关上锁，及应在锁具或其箱门、墙壁等醒目位置设置警示标识牌。

2 电气设备发生故障时，应采用验电器检验，确认断电后方可检修，并在控制开关明显部位悬挂"禁止合闸、有人工作"停电标识牌。停送电必须由专人负责。

3 线路和设备作业严禁预约停送电。

【条文要点】

本条对电气设备和线路检修进行了具体规定。电气设备和线路检修是维持电气设备和线路正常运行和功能正常发挥的重要步骤，电气设备和线路检修过程中的安全问题也应特别关注。

（1）安装、巡查、维修或拆除临时用电设备和线路，必须由电工完成，并应有人监护；电工等级应同工程的难易程度和技术复杂性相适应。

（2）对配电箱、开关箱进行定期维修、检查时，必须将其前一级相应的电源隔离开关分闸断电，并悬挂"禁止合闸、有人工作"停电标识牌，严禁带电作业。

（3）施工现场停止作业 1h 以上时，应将动力开关箱断电上锁。

（4）进行爆破、吊装、动火、临时用电以及其他危险作业时，应当安排专人进行现场安全管理，确保操作规程的遵守和安全措施的落实。

【实施要点】

为确保工作人员的安全和防止电气事故，电气设备和线路检修实施要点包括：

（1）切断电源并隔离设备

在进行电气设备检修、线路维修等工作时，必须首先切断相关配电回路及设备的电源。隔离电源包括确保电源开关或断路器处于关闭位置，并进行额外的隔离措施，如锁定开关或电源箱。

（2）确认电源已切除

在进行工作之前，必须对电源的切断进行验证和确认，以确保没有电流通过电路。

（3）设置警示标识牌

在配电间的门、配电箱或切断电源的开关上应设置锁具，并在锁具或其箱门、墙壁等醒目位置设置警示标识牌，明确指示工作区域的电源已切断，禁止操作。

（4）使用验电器进行检验

在电气设备发生故障时，应使用验电器或类似工具来确认断电后方可进行检修。验电器用于检测是否存在电流，以确保安全。验电器的使用和实施要点主要包括：

1）选择适当的验电器

选择合适的验电器，其应该能够可靠地检测电流，包括直流（DC）和交流（AC）电流，以确保电气设备处于断电状态。

2）验证验电器性能

在使用验电器之前，确保验电器的性能正常。进行定期的验电器校准和检查，以确保其准确度和可靠性。

3）断开电源

在进行电气设备维修之前，必须切断相关电源，包括关闭断路器、电源开关或其他电气隔离设备等，以确保电路中没有电流流动。

4）连接验电器

将验电器的探头或夹具正确连接到待检测的电路或导体上，确保连接牢固，以获得准确的电流检测结果。

5）进行检测

打开验电器并进行电流检测，验电器会指示是否存在电流。如果验电器指示有电流流动，那么电路没有完全断电，维修人员不应进行工作。

6）确认断电状态

只有在验电器显示没有电流流动，且电路处于断电状态时，才能进行电气设备的检修、维护或修复。

7）遵循安全程序

在确认电路已断电后，维修人员应遵循安全程序，包括使用适当的个人防护设备（如绝缘手套和护目镜）以及正确的工具和方法。

（5）悬挂停电标识牌

在电气设备的控制开关明显部位，如断路器上，应悬挂"禁止合闸、有人工作"停电标识牌，以防止其他人员误操作，提醒其他人员不要重新合闸。

（6）专人负责停送电

停送电的过程必须由专人负责，确保电源的切断和恢复控制在专业人员手中。

（7）严禁预约停送电

为了确保工作人员的安全，线路和设备作业严禁预约停送电，工作人员在进行电气工作前必须确认电源已切断并满足安全要求。

这些实施要点有助于降低电气事故的风险，保障在电气设备的检修和维护过程中工作人员的安全。电气工作需要谨慎执行，严格遵守电气安全规定和标准，以确保操作的安全性和合规性。

3.10.6 管道、容器内进行焊接作业时，应采取可靠的绝缘或接地措施，并应保障通风。

【条文要点】

管道、容器内进行作业属于密闭空间作业，在管道、容器（尤其是有压力、可燃气体、溶液的管道、容器）内进行焊接作业时，发生爆炸、窒息等安全事故的概率会大大增加，因此，需要特别注意管道、容器内进行焊接作业时的绝缘或接地措施，并保持通风。

（1）对有可燃气体和溶液的管道、容器进行操作前应先检查，冲洗掉有毒有害、易燃易爆物质，解除容器及管道压力，消除容器密闭状态；动火前应对容器内物质采样分析，合格后再进行工作，焊接、切割密闭空心工作时必须留有气孔。在容器内工作，应有人监护，并有良好的通风设施和照明设施，提供良好的操作条件。

（2）金属容器、管道必须可靠接地或采取其他防止触电的措施，应设通风装置，内部温度不得超过40℃，严禁用氧气作为通风的风源。

（3）开关箱和安全隔离变压器均应设置在容器外面，并连接PE线，做好绝缘和接地保护措施。操作过程中，应有人在外面监护。

【实施要点】

在管道、容器内进行焊接作业时，必须采取安全措施以确保工作人员的安全和预防火灾、爆炸等危险事件。以下是主要实施要点：

（1）绝缘保护措施

确保在焊接操作之前将相关管道、容器彻底绝缘，以防止漏电；这可以通过使用非导电材料来实现，如绝缘垫、绝缘胶带等。检查和确保绝缘材料覆盖完整，没有破损或磨损部分，绝缘有损坏应立即修复或更换。

（2）接地保护措施

在进行焊接作业前，确保所有相关的金属管道、容器和设备都接地，以消除静电和电气危险。使用适当的接地夹具和导线，确保接地系统完好无损。电焊设备和工具也必须正确接地，以防止电击和电气故障。

（3）通风保障

提供足够的通风，以将焊接产生的有害气体、烟雾和蒸汽排除出容器或管道。通风系统应足够强力，以确保空气流通并保持工作区域清新。如果存在有害气体的风险，使用适当的呼吸防护设备，如面罩或呼吸器。

（4）检查焊接设备和材料

在开始工作之前，检查焊接设备，包括电焊机、电极、焊接材料等，确保它们正常运行并且合适于具体的焊接任务。使用正确类型和规格的焊接材料，以确保焊接质量和安全性。

（5）火源控制

在焊接工作区域内，严禁存在易燃物质、可燃气体或其他火源。确保周围环境清洁，以防止火灾和爆炸风险。

（6）培训和意识

所有从事焊接工作的人员必须接受适当的培训，了解安全程序和操作规程。

（7）工作许可和监管

确保在进行焊接作业之前获得必要的工作许可，并按照监管要求执行。焊接作业通常伴随着高温、火花、有害气体和电气风险，因此必须严格遵守安全规定以保护工作人员和工作环境。

（8）应急准备

在现场准备灭火器和其他应急设备，以防止火灾或其他紧急情况。

3.11 爆　　炸

3.11.1　柴油、汽油、氧气瓶、乙炔气瓶、煤气罐等易燃、易爆液体或气体容器应轻拿轻放、严禁暴力抛掷，并应设置专门的存储场所，严禁存放在住人用房。

【条文要点】

柴油、汽油、氧气瓶、乙炔气瓶、煤气罐等易燃、易爆液体或气体容器的安全操作至关重要，不仅涉及人员的生命安全，还关系到环境和财产的安全。暴力抛掷容易引起火灾或爆炸等安全事故，因此应轻拿轻放，严禁暴力抛掷。易燃、易爆物直接存放在住人临时用房内，稍不注意很容易引发安全生产事故，因此应设置专门的存储场所。易燃气体和液体容器通过建立专门的存储场所、正确的搬运方式、适当的使用措施以及培训和安全意识的提高，可以降低潜在危险，确保容器操作的安全性和合规性。

【实施要点】

易燃、易爆气体和液体容器的操作在工业、建筑和其他领域中不可避免，但如果处理不当，可能导致严重的火灾和爆炸风险。为了确保人员的安全和防止环境污染，必须严格遵循安全管理和操作规程。主要实施要点包括：

（1）专门存储场所

易燃、易爆气体和液体容器应设置专门的存储场所，远离住人用房。这些场所应具备以下特点：

1）应位于室外，最好是开放的露天区域，以便及时排放任何泄漏的气体；

2）应远离火源、明火、高温区域以及电气设备，以降低火灾风险；

3）应设有防火墙或防火隔离带，将易燃物品与其他区域隔离开来，以避免火势蔓延；

4）存储区域内应设置足够的通风设备，以保持空气流通，排除任何泄漏的气体；

5）应定期清理存储区域，确保地面清洁，避免积水和污垢的积聚。

（2）标识

存储区域应明确标识，以提醒人员注意潜在的危险。标识应包括：

1）易燃气体或液体的名称和性质；

2）禁止吸烟、明火或使用明火设备；

3）禁止存放其他易燃物品或危险化学品；

4）急救设备和应急措施的位置。

（3）轻拿轻放

在搬运易燃、易爆气体和液体容器时，应轻拿轻放，避免暴力抛掷，以防止容器损坏、泄漏或发生火花，从而引发危险。

（4）使用适当的搬运设备

对于大型或重型容器，应使用适当的搬运设备，如叉车、手推车或吊车，以确保安全搬运和放置。

（5）防止碰撞和摩擦

在搬运和存储容器时，要避免容器之间的碰撞和摩擦，以减少潜在的火花或损坏。

（6）防火设备

在易燃、易爆气体和液体容器的使用现场，应配备足够的防火设备，包括灭火器、灭火器箱、灭火器站等，以应对突发火灾事件。

（7）避免明火和高温

在容器附近，严禁使用明火或高温设备。电焊、切割等火源操作应远离容器，必要时采取屏障措施。

（8）泄漏应急措施

培训工作人员，使其了解如何应对容器泄漏。应急措施包括立即撤离周围人员，通知相关部门，采取措施防止泄漏扩散，并提供紧急救援。

（9）防静电措施

在易燃、易爆气体和液体容器的操作现场，应采取防静电措施，包括使用导电地板、接地设备和防静电工具，以减少静电引发的火灾风险。

（10）培训

所有涉及易燃、易爆气体和液体容器操作的人员都应接受适当的培训，包括容器的安全操作、应急措施和防火知识。工作人员应具备高度的安全意识，时刻警惕潜在危险，确保在操作容器时采取正确的措施，以降低火灾和爆炸风险。

3.11.2 严禁利用输送可燃液体、可燃气体或爆炸性气体的金属管道作为电气设备的保护接地导体。

【条文要点】

保护导体由下列一种或多种导体组成：多芯电缆中的导体，与带电导体共用的外护物（绝缘的或裸露的导体），固定安装的裸露的或绝缘的导体符合规定条件的金属电缆护套、电缆屏蔽层、电缆铠装、金属编织物、同心导体、金属导管。可燃液体、可燃气体或爆炸性气体的金属管道作为电气设备的保护接地导体易引起火灾或爆炸事故，严禁将输送可燃液体、可燃气体或爆炸性气体的金属管道作为电气设备的保护接地导体是为了确保电气系统的安全性和稳定性。遵守这一规定是预防电气事故和火灾的重要措施。

【实施要点】

该条文是为了确保电气设备的安全运行和防止潜在的危险事件。主要实施要点包括：

（1）专用保护接地导体

电气设备的保护接地导体应专门设计和安装，不应依赖于输送可燃气体的管道。这些导体通常是铜或铝的导线，具有良好的导电性能，专门用于建立设备的保护接地系统。

（2）电气系统独立性

电气系统的接地应独立于管道系统。混合使用管道作为接地导体可能导致电气系统和管道系统之间的互相干扰，增加了电气故障和火灾的风险。

（3）遵守安全标准

遵循相关的电气安全标准和法规，以确保电气设备的安全性。这些标准通常明确了保护接地导体的规定和要求。

（4）定期检查和维护

保护接地系统应定期检查和维护，以确保其有效性；包括检查接地导体的完整性，确保它们没有锈蚀、磨损或损坏等。

（5）培训和意识

工作人员应接受培训，了解正确的接地程序，并具备高度的安全意识，以确保在操作和维护电气设备时遵守安全规定。

3.11.3 输送管道进行强度和严密性试验时，严禁使用可燃气体和氧气进行试验。

【条文要点】

强度和严密性试验是管道系统建设和维护中的重要环节，必须严格遵守安全规程，以确保管道的安全和可靠性。可燃气体和氧气易引起火灾或爆炸事故，严禁用可燃气体和氧气做试验介质，以确保工作人员和设施的安全和试验过程的安全。使用惰性气体是一种常见的、安全的替代方法，可以有效地降低火灾和爆炸风险。

【实施要点】

当进行强度和严密性试验时，绝对不能使用可燃气体和氧气，因为这可能会引发爆炸或火灾。进行强度和严密性试验时应遵循的主要实施要点包括：

（1）使用惰性气体

在进行管道强度和严密性试验时，应使用惰性气体，例如氮气，作为试验介质。惰性气体是不易燃烧或爆炸的气体，不会引发火灾或爆炸风险。

（2）防止氧气进入

确保试验过程中不会有氧气进入管道系统。氧气是燃烧的必要成分，如果与可燃气体接触，可能会引发火灾或爆炸。

（3）监测气体浓度

在试验期间，应定期监测试验介质的气体浓度，确保其保持在安全范围内，不会发生意外泄漏或混合。

（4）使用合适的试验压力

确保试验压力在安全范围内，并根据设计规范和标准进行控制。

（5）遵循安全规程

在进行试验前，工作人员应接受适当的培训，了解试验程序和安全规程。遵循正确的工作流程和操作程序是确保试验安全的关键。

（6）紧急应对措施

在进行试验期间，应制定紧急应对计划，包括应对泄漏或其他紧急情况的措施，以便及时采取行动并确保人员的安全。

（7）合规性检查

确保试验过程符合相关法规、标准和规范的要求，包括检查试验设备的合规性以及试验程序的符合性。

3.11.4 当管道强度试验和严密性试验中发现缺陷时，应待试验压力降至大气压后进行处理，处理合格后应重新进行试验。

【条文要点】

管道强度试验和严密性试验是确保管道系统的结构强度和密封性的关键步骤。试验时发现的缺陷，应进行处理，但不允许管道带压进行作业，必须待试验压力降至大气压后，再进行焊接、切割、拆卸法兰或丝扣等缺陷修补，保证施工安全。缺陷处理完成后，重新进行压力试验，直至合格。

【实施要点】

在进行管道强度试验和严密性试验时，如果发现缺陷，如漏点、裂纹、渗漏等问题，必须采取适当的措施进行处理，以确保管道的质量和安全。处理管道强度试验和严密性试验中发现的缺陷实施要点包括：

（1）缺陷识别和记录

当在管道强度试验和严密性试验中发现缺陷时，首要任务是准确识别和记录缺陷。这包括记录缺陷的位置、类型、大小和严重程度；确保所有缺陷都被清晰地标记和文档化，以便后续处理。

（2）紧急措施

一旦发现缺陷，应立即采取紧急措施减少可能的风险和损害；包括停止试验、减压管道、排放管道内的介质等，确保人员和设施的安全。

（3）缺陷评估

对缺陷进行评估是确保采取适当措施的关键步骤。评估应包括确定缺陷的原因、严重性和影响。这有助于确定应采取的修复措施。

（4）制定处理方案

根据缺陷的性质和评估结果，制定详细的处理方案，涉及修复、更换受损部件、重新焊接、更换密封垫片等操作。处理方案应考虑安全性、质量和效率等因素。

（5）缺陷修复

执行制定的处理方案，修复管道系统中的缺陷，需要合格的焊接工程师、管道技术人员和相关工具设备。修复过程应严格按照焊接规范和标准进行，以确保质量和安全。

（6）质量控制

在缺陷修复后，需要进行质量控制检查，以确保修复工作的质量和完整性，包括非破坏性测试、压力测试、密封性测试等。质量控制是确保管道系统安全和可靠性的关键步骤。

（7）重新试验

一旦缺陷修复并且通过了质量控制检查，可以重新进行管道强度试验和严密性试验，确保管道系统在修复后仍然符合设计和安全要求。

（8）文件记录和报告

所有与缺陷处理相关的活动，包括识别、处理、评估、修复、质量控制和重新试验，都应有详细的记录和报告。这些文件记录对于追踪问题和确保合规性至关重要。

总之，当在管道强度试验和严密性试验中发现缺陷时，必须按照规定的步骤进行处理，这样可以确保管道系统的质量和安全，减少潜在风险和问题。

3.11.5 设备、管道内部涂装和衬里作业时，应采用防爆型电气设备和照明器具，并应采取防静电保护措施。可燃性气体、蒸汽和粉尘浓度应控制在可燃烧极限和爆炸下限的 10% 以下。

【条文要点】

设备和管道内部的涂装和衬里作业需要特别小心，以确保工作安全并防止爆炸和火灾等危险事件。设备和管道内部的涂装和衬里作业需要严格遵守安全标准和程序，以减少爆炸和火灾的风险。采取适当的防爆和防静电措施，控制可燃物浓度，并培训人员安全意识都是确保工作场所安全的重要步骤。设备、管道内部涂装和衬里作业应采取下列安全措施：

（1）办理作业批准手续，划出禁火区，设置警戒线和安全警示标识；

（2）分离或隔绝非作业系统，清除内部和周围易燃物；

（3）设置机械通风，通风量和风速应符合现行国家标准的有关规定；

（4）采用防爆型电气设备和照明器具，采取防静电保护措施；

（5）配置相应的消防灭火器具，应由专人负责管理；

（6）可燃性气体、蒸汽和粉尘浓度应控制在可燃烧极限和爆炸下限的 10% 以下；

（7）选用快速测定方法，现场跟踪监测；

（8）作业期间和涂层、衬里层固化期间应设专人监护。

【实施要点】

（1）防爆型电气设备和照明器具

在设备和管道内部的涂装和衬里作业中，应使用防爆型电气设备和照明器具。该类设备和器具设计用于防止火花或电弧的产生，以减少爆炸的风险。

（2）防静电保护措施

采取防静电保护措施非常重要，因为静电可以引发可燃气体或粉尘的爆炸。应使用防静电工具、穿着适当的防静电服装和鞋子，以及定期接地操作人员和设备。

（3）控制可燃物浓度

在进行涂装和衬里作业之前，通过监测和控制气体浓度确保管道内的可燃气体、蒸汽和粉尘浓度控制在可燃烧极限和爆炸下限的 10% 以下，以减少爆炸的风险。

（4）通风系统

使用适当的通风系统来排除可能积聚在管道内部的可燃物。通风系统应能够将有害气体或粉尘有效排出，以维持安全的工作环境。施通风系统的要点包括：

1）通风系统设计

通风系统应根据工作区域的大小、形状和特性进行设计，应符合相关安全标准和法规。系统的设计应考虑到可能积聚在管道内部的可燃物质，包括可燃气体、蒸汽和粉尘。

2）风量和排风速度

确定适当的通风风量和排风速度，以确保有害气体和粉尘能够迅速被排出工作区域。风量和排风速度的设计应符合相关安全标准和法规。

3）通风口位置

通风口设置以最大程度吸收和排除有害气体和粉尘为标准；通风口的位置应考虑到工作区域内的可能的积聚点，以确保通风的有效性。

4）通风设备选择

选择适合工作环境的通风设备，包括风扇、排气管道和过滤器。该类设备应符合防爆和防火的要求，以降低潜在危险的风险。

5）定期维护

通风设备的故障可能导致有害气体积聚，因此维护至关重要。定期检查和维护通风系统，确保其正常运行，包括清洁通风口、更换过滤器、检查风扇和检查排气管道。

6）监测气体浓度

安装气体检测仪器来监测工作区域内的气体浓度，可以及时检测到有害气体的存在，并触发通风系统以排除危险。

（5）气体检测

在进行作业之前，使用气体检测仪器来监测管道内部的气体浓度，以确保气体浓度处于安全范围内，防止爆炸和火灾的发生。

（6）人员培训

所有参与涂装和衬里作业的人员应接受适当的培训，了解安全程序、防爆措施和应急预案。

（7）应急预案

制定和实施应急预案，以便在发生危险事件时迅速采取适当的措施，包括疏散人员、关闭设备和通知相关部门等。

（8）定期检查和维护

定期检查和维护设备、通风系统和防爆设备，确保它们的正常运行，防止设备故障和泄漏。

（9）合规性和法规遵循

遵守适用的安全法规和标准，确保所有作业符合安全要求；及时更新和改进安全程序，以应对新的风险和挑战。

3.11.6 输送臭氧、氧气的管道及附件在安装前应进行除锈、吹扫、脱脂。

【条文要点】

在安装输送臭氧、氧气的管道及附件之前，需要采取一系列操作来确保管道系统的安全性和稳定性，包括除锈、吹扫、脱脂等。

（1）严密性合格的管道，必须用无油、干燥的压缩空气或氮气进行吹扫，气流速度应不小于 20m/s，直至出口无焊渣、铁锈、尘土为合格。

（2）氧气管道、阀门及管件应无裂缝、鳞皮、夹渣等。接触氧气的表面必须彻底去除毛刺、焊瘤、焊渣、粘砂、铁锈和其他可燃物等，保持内壁光滑清洁。管道内、外表面除锈应进行到出现本色为止；管道、阀门、管件、仪表、垫片及与氧气直接接触的其他附件的脱脂应符合现行行业标准或施工设计文件的规定。脱脂合格后的氧气管道应封闭管口，并宜充入干燥氮气。

【实施要点】

（1）除锈

必须对管道及附件的表面进行除锈处理，这是为了去除铁锈、腐蚀和杂质，以确保管道内部不会受到污染或腐蚀。除锈可以采用机械方法，如钢丝刷或砂纸，也可以采用化学方法，如酸洗。

（2）吹扫

完成除锈后，需要对管道进行吹扫。吹扫是通过吹送气体，通常是氮气或干燥的空气，来清除管道内部的杂质和残留物。这有助于确保管道的内部干净，避免在输送臭氧、氧气时出现污染或火险。

（3）脱脂

脱脂是清除管道表面油脂和污垢的过程。在输送臭氧、氧气的管道系统中，必须确保管道及附件的表面干净，以防止可能的火灾或污染。脱脂通常使用合适的溶剂或脱脂剂来完成。

（4）检查和测试

在安装前，必须对管道及附件进行仔细的检查和测试，以确保管道的密封性、连接件的完整性以及阀门和附件的正常工作，有助于减少在运行过程中可能出现的问题。

（5）安全措施

在操作过程中，必须采取安全措施，确保操作人员和设备的安全；包括遵循氧气和臭氧的安全规程，使用适当的防护装备，以及定期检查和维护管道系统等。

（6）培训和意识

所有涉及管道系统的操作人员必须接受适当的培训，了解管道的特性、安全操作规程和应急措施。

（7）合规性和法规遵循

确保所有操作符合适用的安全法规和标准，包括输送臭氧和氧气的特殊要求。遵循法规和标准是确保管道系统安全性的关键。

综上所述，安装输送臭氧、氧气的管道及附件前，必须进行除锈、吹扫、脱脂等一系列操作，以确保管道系统的安全性和可靠性。这些操作不仅有助于保护管道系统，还可以降低在操作过程中发生意外事件的风险；遵循适当的安全措施和合规性要求是确保管道系统运行安全的关键。

3.11.7 *压力容器及其附件应合格、完好和有效。严禁使用减压器或其他附件缺损的氧气瓶。严禁使用乙炔专用减压器、回火防止器或其他附件缺损的乙炔气瓶。*

【条文要点】

施工现场常用气体有瓶装氧气、乙炔、液化气等，是极具潜在危险性的气体。贮装气体的气瓶及其附件不合格和违规贮装、运输、存储、使用气体，可能会导致火灾、爆炸或其他严重的安全问题，危及工作人员的生命和财产。因此，要求盛放有压力气体的容器及其附件应合格、完好和有效，严禁使用减压器或其他附件缺损的氧气瓶；乙炔专用减压器、回火防止器或其他附件缺损的乙炔瓶也不得使用。

【实施要点】

压力容器及其附件的安全运用至关重要，特别是对于氧气瓶和乙炔气瓶，其是常见的气体储存和供应方式，必须严格遵循一系列操作要点，以确保安全，实施要点包括：

（1）压力容器及其附件应合格、完好和有效

1）合格性认证

氧气瓶和乙炔气瓶及其附件必须符合相关合格性认证标准，这些标准通常由国家或地区的监管机构制定，并确保这些容器和附件在设计、制造和维护方面满足特定要求。

2）完好性检查

定期进行容器和附件的完好性检查，确保没有明显的损伤、腐蚀或磨损。任何有缺陷的部分都需要及时更换，以防止泄漏或故障。

3）有效操作

操作人员应熟悉容器和附件的正确使用方法，并严格按照制造商的指南进行操作。确保附件的控制和调整是有效的，以保持所需的压力和流量。

（2）严禁使用减压器或其他附件缺损的氧气瓶

1）减压器完好性

对于氧气瓶，减压器是关键的组成部分，用于将高压氧气减压到安全工作压力。减压器必须保持完好，没有损伤或泄漏，以确保氧气以安全的压力释放。

2）附件安全

氧气瓶的其他附件，如管道连接和阀门，也必须保持无损。损坏的附件可能导致氧气泄漏，从而引发火灾或加剧爆炸风险。

（3）严禁使用乙炔专用减压器、回火防止器或其他附件缺损的乙炔气瓶

1）乙炔减压器和回火防止器

乙炔气瓶通常需要使用专门的减压器和回火防止器，以确保安全的乙炔供应。使用非乙炔专用减压器可能导致不安全的操作，这些附件也必须是完好无损的。

2）附件检查

对于乙炔气瓶及其附件，进行定期检查以确保它们的安全性。特别注意回火防止器的功能，以防止火焰进入乙炔瓶引发爆炸。

3）预防倒灌

维持氧气瓶内的剩余压力至少为 0.1MPa，是为了预防乙炔倒灌的风险。当氧气瓶内的压力不足时，乙炔气体可能会倒灌进氧气瓶，形成易爆炸的混合物。通过保持足够的氧气压力，可以减少这种风险。

4）禁止横躺卧放

乙炔气瓶禁止横躺卧放，是为了防止丙酮流出引起燃烧爆炸。

3.11.8 对承压作业时的管道、容器或装有剧毒、易燃、易爆物品的容器，严禁进行焊接或切割作业。

【条文要点】

在承压状态的压力容器及管道、装有易燃易爆、剧毒物品的容器、带电设备和承载结构的受力部位上进行焊接和切割，是一项高风险的任务，有可能发生爆炸、火灾、有毒气体和烟尘中毒、触电以及承载结构倒塌等重大事故，因此应严格禁止，确保操作人员和环境的安全。

【实施要点】

对承压作业时的管道、容器或装有剧毒、易燃、易爆物品的

容器进行焊接或切割作业会引发严重的危险，应进行合规性操作。主要实施要点包括：

（1）安全评估和计划

在进行承压作业、处理剧毒、易燃、易爆物品的容器之前，须进行全面的安全评估和详细的计划，包括了解容器内部的内容、压力、温度、化学性质，以及周围环境条件等。

（2）禁止焊接或切割

对于承压作业时的管道、容器或装有剧毒、易燃、易爆物品的容器，明确禁止焊接或切割作业。这是因为焊接或切割过程中可能会产生高温、火花和电弧，这些因素可能引发爆炸、火灾、泄漏或中毒。

（3）采取替代方法

如果需要对这些容器进行维护、修复或更换，应考虑采取替代的方法，如冷剪、机械连接或使用特殊工具，这些方法可以在不引发危险的情况下完成工作。

（4）施工许可和安全措施

如果确实需要进行焊接或切割作业，必须获得适当的施工许可，并严格按照安全措施执行，包括使用防火屏障、防火设备、爆炸抑制措施、通风系统等来降低风险。

（5）监控和检查

在执行焊接或切割作业之前，需要对周围环境进行监控，确保没有危险物质泄漏，同时确保操作人员具备必要的个人防护装备，如防火服、面罩、呼吸器等。

（6）应急准备

在进行这类作业时，应急计划非常关键。必须明确如何应对可能的事故，包括火灾、爆炸、泄漏或中毒事件；应急设备和材料应该随时可用。

（7）合规监督

执法机构和安全专业人员应对此类作业进行监督和审查，确保遵守相关法规和标准。

3.12 爆 破 作 业

3.12.1 爆破作业前应对爆区周围的自然条件和环境状况进行调查，了解危及安全的不利环境因素，并应采取必要的安全防范措施。

【条文要点】

爆破作业是一项极具危险性的工程活动，它需要在控制的环境中引发爆炸来拆除或开采岩石、土地或建筑物。爆破作业在不安全的环境中进行作业时，将直接危及施工作业人员和周围人员的安全。因此，爆破作业前要检查现场，了解作业环境；严格遵循自然条件和环境状况调查以及必要的安全防范措施，以确保操作的安全性、有效性和环保性。只有通过综合考虑地质、气象、水文、生态和其他因素，并采取相应的预防措施，才能最大程度地减少潜在危险，保护人员的生命和财产，同时确保环境受到最小的损害。

在爆破设计和施工作业中，根据爆破区及其周围的自然条件和环境状况，利用对爆破有利的条件，规避或改善对爆破不利的条件，对危及爆破安全和爆破可能危及其安全的自然条件和环境状况采取必要的安全防范措施，是保证爆破作业顺利实施的必要条件。安全是爆破作业的首要任务，任何疏忽都可能导致不可挽回的后果。

【实施要点】

为了爆破作业的安全性和有效性，爆破作业前需要进行详尽的自然条件和环境状况调查，并采取必要的安全防范措施。实施要点包括：

（1）自然条件和环境状况调查

在进行爆破作业之前，必须进行全面的自然条件和环境状况调查，以了解爆破区域的地质、气象、水文和生态情况以及其他可能影响安全和环保的因素。主要包括以下几个方面：

1）地质状况调查

① 岩石类型和结构

了解爆破区域的岩石类型、岩层结构、断层和裂缝等地质特征，以评估岩石的稳定性和爆破效果。

②地下水情况

确定地下水位、水质和水流方向，以防止爆破引发水源污染或不必要的地下水涌入。

③土壤特性

分析土壤类型和性质，因为土壤的稳定性对爆破的效果和地面震动有重要影响。

2）气象状况调查

①风速和风向

监测气象条件，特别关注风速和风向，以确保爆破产生的爆炸气体不会向人口密集区域传播。

②气温和湿度

了解气温和湿度对爆破材料的性能和存储有何影响，以确保安全的操作条件。

③降水情况

考虑降水情况，因为雨水可能会影响爆破的效果和地面条件。

3）水文状况调查

①水体位置

确定附近是否有湖泊、河流、水库或地下水体，以避免爆炸引发水体污染或泥石流等问题。

②排水系统

检查排水系统的情况，确保它能够有效排除雨水或地下水。

4）生态环境状况调查

①野生动植物

评估爆破区域是否有野生动植物栖息地，以采取措施保护生态系统。

②环境保护法规

了解当地环保法规，确保爆破作业符合法律要求，防止对环境造成不可逆转的影响。

（2）采取必要的安全防范措施

1）安全计划和许可

① 制定详细的安全计划

在爆破作业开始之前，必须制定详细的安全计划，明确操作程序、责任分工、应急预案和联系信息等内容。

② 获得合适的许可

确保获得所需的许可和批准，以合法进行爆破作业。

2）爆破设计

① 专业爆破设计

由专业爆破工程师来设计爆破方案，根据地质和环境特征来选择爆破药剂、装药位置和时间等参数。

② 控制爆破震动

采取措施来减少地面震动，以防止对周围建筑物和结构造成损害。

3）安全区域设定

① 设定爆破区域

明确爆破区域，确保没有人员和设备进入危险区域。

② 警示和撤离

设立明显的警示标识和设备，确保人员能够迅速撤离爆破区域。

4）控制火源和火花

① 禁止明火

在爆破区域内，严禁使用明火，包括焊接、切割和吸烟。

② 静电防护

采取措施防止静电放电，以防止火花引发爆炸。

5）气体和粉尘控制

① 检测有害气体

使用气体检测仪器来监测有害气体浓度，确保操作人员的安全。

② 粉尘控制

采取措施来控制爆破产生的粉尘，以减少呼吸危害。

6）应急准备和通信

① 应急设备

提供应急设备，如火灾灭火器材、急救箱和呼吸器等，以应对突发情况。

② 通信系统

确保有可靠的通信系统，以及时与操作人员和应急服务机构进行联系。

7）监控和报告

① 实时监测

使用监控设备监测爆破过程，确保按计划执行，及时发现异常情况。

② 事故报告

建立事故报告程序，要求任何事故或异常情况都必须立即上报，并采取必要的应对措施。

8）环保措施

① 污染防控

采取措施来防止爆破作业引发空气、水和土壤污染，符合环保法规。

② 生态保护

保护附近的生态系统，采取措施减少对野生动植物的影响。

3.12.2 爆破作业前应确定爆破警戒范围，并应采取相应的警戒措施。应在人员、机械、车辆全部撤离或者采取防护措施后方可起爆。

【条文要点】

爆破警戒范围是爆破可能波及的危险区域，将人员、机械、车辆全部撤离出爆破警戒范围或者采取防护措施，并对爆破警戒范围采取相应的警戒措施，是减少爆破带来的安全风险和危害的重要措施。爆破警戒范围的确定主要依赖于安全允许距离。爆破地点与人员和其他保护对象之间的安全允许距离，应按各种爆破有害效应（地震波、冲击波、个别飞散物等）分别核定，并取最大值。确定爆破安全允许距离时，还应考虑爆破可能诱发的滑坡、滚石、雪崩、涌浪、爆堆滑移等次生灾害的影响，适当扩大安全允许距离或针对具体情况划定附加的危险区。

【实施要点】

确定爆破警戒范围和采取相应的警戒措施是至关重要的环节。实施要点包括：

（1）确定爆破警戒范围

在进行爆破作业之前，首先需要明确爆破警戒范围。这是一个关键的安全步骤，其主要目的是确保人员、机械和车辆等潜在的危险源不会进入爆破区域，从而最大程度地减少潜在的危险。

1）确定爆破区域

①定义爆破区域

明确爆破的具体区域，包括需要拆除或破坏的目标物体或地质。

②考虑安全因素

综合考虑安全因素，包括地质特征、爆炸药剂、地面震动等，以确定合适的爆破区域边界。

2）考虑安全距离

①爆破区域外围

确定爆破区域的外围边界，以确保人员、设备和车辆等危险源都在安全距离之外。

②考虑地形和地势

根据地形和地势的不同，确定不同区域的安全距离，确保不同位置的人员都得到了足够的保护。

3）考虑可能的危险因素

①飞石和碎片

考虑到爆破可能产生的飞石、碎片和颗粒物，确保警戒范围足够远，以防止人员和设备受到伤害。

② 震动和冲击

考虑到地面震动和冲击波，确保周围的建筑物、结构和管线等设施都在安全距离之外。

4）制定警戒计划

① 制定计划

制定详细的警戒计划，包括爆破前、爆破期间和爆破后的操作流程和责任分工。

② 警示标识和信号

确保在爆破区域的边界设置明显的警示标识，并制定清晰的警报信号以便通知人员何时需要撤离。

（2）采取相应的警戒措施

一旦爆破警戒范围确定，就需要采取相应的警戒措施，以确保在爆破前、爆破期间和爆破后人员、机械和车辆等处于安全状态。

1）人员撤离和防护

① 人员撤离

在爆破前，所有工作人员必须撤离爆破区域，确保没有人员留在危险区域内。

② 安全避难所

提供安全避难所，以供需要时人员避难，例如爆破控制室或远离爆炸区域的安全地点。

③ 个人防护装备

为操作人员提供适当的个人防护装备，如头盔、耳塞、护目镜等，以减少爆破冲击和飞石的危险。

2）机械和车辆撤离和保护

① 机械撤离

将机械设备、工程车辆和施工设备撤离爆破区域，确保它们不会受到损坏或被冲击。

② 保护措施

如果机械无法撤离，采取适当的保护措施，如使用防护罩或覆盖物，以保护机械不受飞石和碎片的影响。

3）警示和通信

① 警示标识

在爆破区域边界和入口处设置明显的警示标识，以提醒人员不得进入。

② 警报系统

建立有效的警报系统，以确保在爆破前发出清晰的警报信号，通知所有人员撤离。

4）爆破前检查

① 检查爆破区域

在爆破前进行最后的检查，确保爆破区域内没有人员、机械或车辆。

② 确认通信

确保通信系统畅通无阻，能够及时联系所有关键人员。

5）爆破操作

① 爆破前确认

只有在所有人员、机械和车辆都已撤离或采取了防护措施，并且警戒区域内没有未经授权的人员时，才能进行爆破操作。

② 遥控或计时爆破

采用遥控装置或计时器来引爆炸药，确保操作人员保持足够的安全距离。

6）爆破后检查

① 检查安全

在爆破后进行检查，确保爆破区域内没有残留的危险物品或未爆炸物。

② 解除警戒

只有在确认爆破区域安全后，才能解除警戒，允许人员和机械进入。

3.12.3 爆破作业人员应按设计药量进行装药，网路敷设后应进行起爆网路检查，起爆信号发出后现场指挥应再次确认达到安全起爆条件，然后下令起爆。

【条文要点】

爆破作业的安全性和效果直接依赖于按设计药量装药、起爆网路检查和安全起爆条件的正确执行。这些操作要点有助于确保操作人员在进行爆破作业时能够最大程度地降低潜在危险，保护人员、设备和环境的安全。安全是爆破作业的首要任务，任何疏忽或错误都可能导致严重的后果。因此，爆破作业人员须按设计装药，不得擅自改变爆破参数。起爆信号应在确认人员、设备等全部撤离爆破警戒区，所有警戒人员到位，具备安全起爆条件时发出。起爆信号发出后，准许负责起爆的人员起爆。同时，监督和培训也是确保爆破作业安全的关键因素，应该定期进行安全培训和审查，以提高操作人员的安全意识和技能水平。

【实施要点】

按设计药量装药、起爆网路检查和安全起爆条件确认是至关重要的环节。其主要实施要点包括：

（1）按设计药量进行装药

在进行爆破作业前，必须按照专业的爆破设计要求，严格按照设计药量进行装药。这一步骤的重要性不言而喻，因为爆破药剂的用量直接影响到爆破效果和安全性。

1）熟悉爆破设计

① 了解爆破设计

操作人员必须详细了解爆破设计，包括爆破药剂的种类、数量、位置、深度以及爆破的具体要求。

② 遵循专业建议

爆破设计通常由专业爆破工程师完成，操作人员必须严格遵循其建议和指示。

2）确定装药点位

① 确定装药点位

根据爆破设计，确定准确的装药点位，确保药剂能够在合适的位置实现所需的效果。

②考虑地质特征

综合考虑地质特征，确保装药点位不受地下水、裂缝或其他地质因素的干扰。

3）使用正确的装药工具

①装药工具

使用适当的装药工具，确保药剂被准确地装入装药点位，以防止装药过多或过少。

②避免堆积

装药时必须均匀分布药剂，避免在装药点位堆积或集中药量，以确保爆破效果均匀。

4）装药记录和验证

①记录装药信息

详细记录每个装药点位的信息，包括药剂种类、数量、深度和位置。

②验证装药

在装药完成后，进行装药点位的验证，确保每个点位的装药量符合设计要求。

（2）起爆网路检查

起爆网路检查是爆破作业中的关键步骤，它确保起爆信号能够按计划传递到装药点位，以实现协调的爆破效果。

1）网路敷设和连接

①仔细敷设网路

确保起爆网路被仔细、安全地敷设到每个装药点位，避免交叉或缠绕。

②正确连接装药

确保每个装药点位与起爆网路正确连接，以确保爆破信号能够准确传递。

2）安全检查

①检查连接质量

仔细检查每个连接点，确保连接牢固、没有松动或断裂。

② 防水防潮

如果工作环境可能受潮湿或水深影响，采取防水和防潮措施，以确保电线和连接器不受损。

3）使用合适的起爆设备

① 选择合适的设备

根据爆破设计的要求，选择合适的起爆设备，包括电雷管、起爆帽和电缆。

② 设备质量检查

确保起爆设备的质量符合标准，避免使用损坏或老化的设备。

（3）确认安全起爆条件

确认安全起爆条件是爆破作业中的最后一步，它要求现场指挥或专业爆破工程师再次检查所有关键因素，确保可以安全起爆。

1）检查爆破区域

① 人员和设备撤离

确保所有人员、机械和车辆都已经撤离爆破区域，不得有人员留在危险区域内。

② 警戒区域清空

确保警戒区域内没有未经授权的人员或障碍物。

2）装药点位检查

① 装药点位验证

再次验证每个装药点位的装药量和正确性，确保没有错误。

② 装药点位状态

检查装药点位是否稳固，没有松动或倾斜的迹象。

3）起爆设备检查

① 设备状态

检查起爆设备的状态，确保设备正常工作，没有故障或损坏。

② 电缆连接

再次确认电缆连接是否牢固，没有松动或断裂。

4）确认起爆信号

①起爆信号发出

只有在确认爆破区域安全、装药正确、起爆设备工作正常的情况下，才能下令发出起爆信号。

②通信畅通

确保通信系统畅通无阻，现场指挥能够随时与爆破人员联系。

5）安全指挥

①专业爆破工程师

通常，安全起爆的最终决定由专业爆破工程师或经验丰富的现场指挥负责。

②决策权

现场指挥必须拥有决定是否安全起爆的权力，并对最终决策负有责任。

3.12.4 露天浅孔、深孔、特种爆破实施后，应等待5min后方准许人员进入爆破作业区检查；当无法确认有无盲炮时，应等待15min后方准许人员进入爆破作业区检查；地下工程爆破后，经通风除尘排烟确认井下空气合格后，应等待15min后方准许人员进入爆破作业区检查。

【条文要点】

爆破后的处理措施是爆破工程安全性的又一重要环节，需要在爆破实施后按规定执行的程序进行操作和处理，以确保爆破安全。导火索起爆应记录响炮次数，如响数和装炮数相同，则证明无盲炮，否则属于"不能确认"。确认有盲炮的现象是：有炸药、雷管及未燃、未爆的索状起爆器材，堵塞完好、电路通或引出线完好，该炸开的地方没炸开，有燃烧的烟、火，该降低的标高没降下去，不该出大块的部位出现很多大块，不该出反坡的地方出现反坡。露天爆破检查爆堆是否稳定，有无危坡、危石，地下爆破检查有无冒顶、危岩，支撑是否破坏，炮烟是否排除。

【实施要点】

（1）露天浅孔、深孔、特种爆破后的操作要点

1）露天浅孔、深孔、特种爆破实施后的等待时间

在进行露天浅孔、深孔或特种爆破之后，等待 5min 后方可准许人员进入爆破作业区进行检查。

① 安全性考虑

等待 5min 的时间允许爆破后的危险因素逐渐减弱，例如可能存在的飞石、碎片、烟尘等。这个时间段内，这些危险因素会逐渐沉降或扩散，从而减少对进入检查区域的人员的威胁。

② 防止二次爆炸

等待时间也有助于防止可能的二次爆炸。在爆破后，可能存在未完全引爆的药剂或其他危险品；等待一段时间有助于确保这些未引爆的物质不会在人员进入检查区域时发生不可预测的爆炸。

③ 准备检查工作

5min 的等待时间，还为爆破现场的工作人员提供了准备检查工作的时间。他们可以收集必要的检查工具，穿戴个人防护装备，并接受最后的安全指示，以确保他们进入检查区域时能够最大程度地降低潜在危险。

2）无法确认有无盲炮时的操作要点

当无法确认是否存在未爆炸的盲炮时，等待时间应延长至 15min，方可准许人员进入爆破作业区进行检查。这个更长的等待时间是为了应对更高级别的不确定性和潜在的危险。

① 盲炮的不确定性

盲炮是指未能按照计划爆炸的爆破药剂或装置。在这种情况下，存在更大的不确定性，因为操作人员无法确定爆炸是否已经完全引爆或是否存在未爆炸的药剂。因此，需要更多的时间来确保安全。

② 防止未爆炸的危险

15min 的等待时间，允许有足够的时间来确保可能存在的未

爆炸物得以稳定或处理。这种处理包括进一步的引爆尝试或其他安全措施，以降低爆炸的风险。

③安全优先

在不确定是否存在盲炮的情况下，安全是重中之重。等待15min，提供了足够的时间来确保操作人员的安全，并减少他们进入可能存在爆炸危险的区域的风险。

（2）地下工程爆破后的操作要点

地下工程爆破后，需要进行通风、除尘和排烟，以确保井下空气质量合格。应等待 15min 后方可准许人员进入爆破作业区进行检查。

①空气质量确认

等待时间允许通风和排烟系统充分工作，确保井下空气质量合格，这是为了防止有害气体或颗粒物对进入检查区域的人员造成威胁。

②保障工作者的健康

地下工程通常存在封闭空间，如果空气质量不合格，可能对工作者的健康构成威胁。等待 15min，以确认空气质量合格是确保工作者安全的关键步骤。

③防止井下事故

等待 15min 还可以防止井下可能发生的事故。井下环境可能存在不稳定的条件，等待时间有助于确保这些条件得以稳定，降低工作者进入的风险。

3.12.5 有下列情况之一时，严禁进行爆破作业：

1 爆破可能导致不稳定边坡、滑坡、崩塌等危险；

2 爆破可能危及建（构）筑物、公共设施或人员的安全；

3 危险区边界未设置警戒的；

4 恶劣天气条件下。

【条文要点】

本条规定了严禁进行爆破作业的情形。严禁进行爆破作业的情况通常涉及可能产生不稳定边坡、威胁建筑物和人员安全、未设置警戒区或在恶劣天气条件下的情况。有上述情况之一时，就可能发生早爆、拒爆、伤人或发生严重的次生事故，造成不可收拾的后果。恶劣气候时发生的爆破事故比较多，露天、水下爆破作业，必须了解清楚气候、水文情况。操作人员必须严格遵守相关操作规程和操作要点，并始终将安全置于首位；通过综合考虑这些安全原则，才能确保爆破作业的顺利进行，最大程度地降低潜在危险，保护人员、建筑物、设施和环境的安全。

【实施要点】

（1）爆破可能产生不稳定边坡、滑坡、崩塌等危险

1）稳定性分析

在进行爆破作业之前，必须进行详细的地质和工程稳定性分析，以确定爆破是否可能引发不稳定边坡、滑坡、崩塌等危险，包括考虑地质条件、地形、土壤类型等因素。

2）预防措施

如果存在不稳定边坡或其他潜在危险，必须采取必要的预防措施，如爆破前的支护工程、边坡稳定措施等，以确保爆破不会引发不稳定现象。

（2）爆破可能危及建（构）筑物、公共设施或人员的安全

1）安全评估

在进行爆破作业前，必须进行详细的安全评估，以确定是否存在潜在的危险，如建筑物、公共设施或人员的安全可能受到威胁。

2）建（构）筑物和公共设施保护

如果爆破可能危及建（构）筑物或公共设施的安全，必须采取适当的保护措施，如加固建筑物、设立安全区域等，以确保其不受到损害。

3）人员撤离

如果爆破可能危及人员的安全，必须在爆破前确保所有人员已经撤离危险区域，严禁任何人员留在爆破区域内。

（3）危险区边界未设置警戒的

1）警戒区设置

在进行爆破作业前，必须明确划定危险区的边界，并设置明显的警戒标志和警告信号，以确保没有人员能够进入危险区。

2）安全监测

必须建立有效的安全监测系统，监测危险区域内的变化，以及爆破作业可能对周围环境造成的影响。

（4）恶劣天气条件下

1）天气监测

在进行爆破作业前，必须对天气条件进行监测，特别是在恶劣天气条件下，如强风、雷暴、大雨等。如果天气条件比较恶劣，影响爆破安全，必须暂停爆破作业，直到天气状况改善。

2）预警系统

建立有效的天气预警系统，确保及时获得天气变化的信息，并采取必要的措施来保障作业的安全。

3.13 透 水

3.13.1 地下施工作业穿越富水地层、岩溶发育地质、采空区以及其他可能引发透水事故的施工环境时，应制定相应的防水、排水、降水、堵水及截水措施。

【条文要点】

在地下施工作业中，特别是在复杂的地质环境施工时，如富水地层、岩溶发育地质、采空区等，可能引发透水事故，从而引发安全事故，而防水、排水、降水、堵水和截水措施是确保工程安全和顺利进行的关键因素。因此，地下施工进入透水事故风险环境时，应提前制定包含相应的防水、排水、降水、堵水及截水措施的施工方案，采取一种或多种方法，阻止外部水源进入施工作业区。这些措施必须根据具体情况制定，并在施工过程中不断调整和优化，以适应不断变化的地下水条件和工程需求，保障施工安全。

【实施要点】

地下施工作业穿越富水地层、岩溶发育地质、采空区等复杂环境时，需要制定详尽的防水、排水、降水、堵水和截水措施，减轻地下水压力、防止水灾事故，以确保工程的安全和顺利进行。实施要点包括：

（1）防水措施

1）富水地层的防水

① 地下层位调查

在开始施工前，必须进行详尽的地下地质调查，以了解地下富水地层的性质、深度和水文特征，有助于确定潜在的水源。

② 密封材料

根据地层的性质，选择合适的密封材料，如防渗土工膜、聚合物材料或水泥浆等，来建立有效的防水屏障，以防止地下水的渗透。

③ 垫层和排水系统

在富水地层上方设置垫层，以分散水压。同时，安装排水系统，将渗透的地下水引导到排水管道，避免积水导致地下水位上升。

2）岩溶发育地质的防水

① 岩溶调查

对岩溶地质进行详细的勘察和调查，了解岩溶洞穴的分布、大小和深度，有助于预测可能的岩溶水体。

② 岩溶区封堵

对于发现的岩溶洞穴，必须采取适当的封堵措施，如注浆、灌浆或设置岩溶区域隔离帷幕，以防止地下水源进入洞穴并引发水灾。

（2）排水和降水措施

1）排水系统

① 排水通道

设置有效的排水通道，将地下水和降水迅速排出施工区域，避免积水引发灾害。

② 排水泵站

在需要时安装排水泵站，以便将积水抽出并排放到安全区域。

2）降水控制

① 降水预测

进行降水量的实时监测和预测，以及时采取措施来应对大雨等恶劣天气条件。

② 堵水帷幕

对于临时或永久性的工程，可以设置堵水帷幕来阻止地下水流入施工区域。

（3）堵水和截水措施

1）堵水措施

① 封堵孔隙

使用封堵材料填充地下岩层或土壤中的孔隙和裂缝，以减少水的渗透。

② 黏土墙

建立临时或永久性的黏土墙，将地下水隔离在施工区域之外。

2）截水措施

① 截水槽

在地下施工区域周围设置截水槽，将地下水引导到排水系统中，避免水位升高。

② 地下截水帷幕

对于深井工程，可以设置地下截水帷幕，将地下水截断并引导到排水系统中。

（4）安全监测和紧急响应

1）安全监测

① 地下水位监测

建立地下水位监测系统，实时监测地下水位的变化，以及尽早发现问题并采取措施。

②地下水质监测

监测地下水的水质，确保水质符合环境法规要求。

2）紧急响应计划

制定紧急响应计划，包括应对水灾和紧急排水的步骤，以应对可能发生的紧急情况。

3.13.2 盾构机气压作业前，应通过计算和试验确定开挖仓内气压，确保地层条件满足气体保压的要求。

【条文要点】

盾构机是一种用于地下隧道建设的工程机械，其安全运行与地层条件密切相关，特别是在需要气压作业的情况下。盾构机气压作业（高于大气压条件下的开仓作业）前，必须经过仔细的计算和试验，以确定开挖仓内的气压，确保地层条件符合气体保压的要求，保障人员生命安全，并应该根据作业位置的地质和水文数据，设备人员情况，编制专项方案。

【实施要点】

在进行盾构机气压作业前，必须经过仔细的准备工作，包括地层条件的评估、气压计算和试验；并在实施过程中进行严格地控制和安全监测，从而最大程度地减少潜在的风险和安全问题。实施要点包括：

（1）气压作业前的准备工作

1）地层条件评估

在进行盾构机气压作业前，首要任务是对地层条件进行全面评估。这包括以下几个方面：

①地质勘探

进行详细的地质勘探，了解隧道区域的地质特征，包括地层类型、岩性、岩溶情况、地下水位等，这些信息对后续的气压计算和控制非常关键。

②水文地质情况

水文地质情况对气压作业的安全至关重要。考察地下水的流向和水位变化情况，以确定地下水对隧道施工的影响。

③ 岩层稳定性

评估地层的稳定性，包括可能遇到的断层、构造裂缝和岩层的变形情况，有助于确定气压作业中可能遇到的地质风险。

2）气压计算和试验

详细了解地层条件后，即可进行气压计算和试验，以确定开挖仓内的气压。

① 气压计算

根据地层条件、盾构机类型和隧道尺寸等因素，进行气压计算。这些计算通常基于数学模型和工程经验，旨在确定需要施加的气压水平。

② 气压试验

进行实际的气压试验，以验证计算结果和确保地层的稳定性。气压试验通常包括以下步骤。

安全气压水平：施工人员会将气压升至一个相对较低的安全水平，以确保盾构机和工作人员的安全。

持续监测：在安全气压水平下，持续监测地层的反应，包括地下水位、岩层位移和岩石应力等。

逐步升压：逐步提高气压水平，同时继续监测地层的反应，这有助于确定安全的气压范围，以及在哪个气压下可以进行正常的盾构作业。

安全边界：确定气压的安全边界，即在哪个气压下必须停工或采取紧急措施，以防止地层失稳或水灾。

（2）气压作业的实施和控制

在明确了气压水平后，必须采取措施来控制和维持开挖仓内的气压。

① 气密性控制

确保盾构机和开挖仓具有良好的气密性，以防止气体泄漏。

② 气压控制系统

安装气压控制系统，监测和调整开挖仓内的气压，以维持安全的气压水平。

③紧急措施

制定紧急情况下的措施和应急计划，包括快速降低气压、疏散工作人员和采取安全措施等。

（3）安全监测和培训

1）安全监测

建立实时的安全监测系统，监测地层的变化、气压和工程设备的状态。及时发现问题并采取措施，确保工程的安全进行。

2）培训

培训工程人员和操作人员，使其了解气压作业的安全要求、紧急情况下的应对措施以及气压控制系统的操作。

3.13.3 钢板桩或钢管桩围堰施工前，其锁口应采取止水措施；土石围堰外侧迎水面应采取防冲刷措施，防水应严密；施工过程中应监测水位变化，围堰内外水头差应满足安全要求。

【条文要点】

钢板桩或钢管桩围堰施工是一项关键的工程活动，在进行这类围堰施工前，需要采取一系列的止水和防冲刷措施，以确保工程的安全和顺利进行。同时，施工过程中的水位监测也是至关重要的，以满足安全要求并及时应对变化。本条对钢板桩或钢管桩围堰施工前和施工过程中止水防水和水位监测进行了规定。

钢板桩或钢管桩围堰施工前，应对锁口采取止水措施，确保围堰达到隔水效果。国内常用的钢板桩止水填充材料有复合胶Ⅰ、复合胶Ⅱ或者采用黄油、沥青、锯末等的混合物。土石围堰主要包括土围堰、草袋围堰、竹笼片石围堰。土石围堰抗冲刷能力较低，应在迎水面设置防冲刷措施，如叠铺土袋、设置格宾石笼网等，有效地降低水对围堰的冲刷破坏；在围堰内部设置防水措施，保障外部水无法进入围堰内部。施工过程中应定期和不定期对水位变化进行检测，围堰内外水头差应满足相关安全要求，经常观察围堰、围檩、支撑状态，若出现异常，及时上报并采取相应措施。

【实施要点】

（1）锁口止水措施

1）锁口止水材料的选择

在进行钢板桩或钢管桩围堰施工前，需要选择适当的止水材料，以确保锁口处能够有效地防止水的渗透。一般来说，以下是常见的止水材料：

① 密封胶

密封胶是一种常用的止水材料，通常用于填充钢板桩或钢管桩的锁口；其具有良好的密封性能，能够有效防止水的渗透。

② 橡胶垫片

橡胶垫片也常用于锁口处的止水，能够提供良好的密封性能，并具有一定的耐久性。

③ 混凝土充填

在一些情况下，可以使用混凝土充填锁口，以确保止水效果。这种方法通常用于需要额外支撑的情况下，如大型深基坑。

2）锁口施工

锁口的施工应精确而仔细，确保止水材料充分填充锁口，并且没有空隙或裂缝。必要时，可以采用振实或压实的方法，以确保止水材料的紧密性。

3）质量检验

在施工完成后，必须进行质量检验，以验证锁口的止水效果；通常涉及使用水压测试或其他适当的方法，以检查是否有水渗漏。

（2）防冲刷措施

1）迎水面防冲刷

土石围堰的外侧迎水面容易受到水流侵蚀的影响，因此需要采取防冲刷措施来保护围堰的稳定性。以下是一些常见的防冲刷措施：

① 防冲刷材料

使用防冲刷材料，如大块石块、混凝土块、防冲刷毡等，覆盖在土石围堰的外表面，以减缓水流对土石的冲刷作用。

② 植被覆盖

在土石围堰上种植草坪、灌木或树木，以增加土壤的稳定性，减少水流对土石的冲刷。

③ 沉淀池

在土石围堰前设置沉淀池，减缓水流速度，使悬浮颗粒沉淀，降低冲刷作用。

2）防水措施

为了确保土石围堰内外的水流得以控制和防止渗透，需要采取诸如以下防水措施：

① 防水屏障

在土石围堰内侧安装防水屏障，如HDPE（高密度聚乙烯）薄膜，以防止水渗透到土石围堰内部。

② 排水系统

设置排水系统，将土石围堰内的积水及时排除，以维持水头差在安全范围内。

（3）水位监测和水头差控制

1）水位监测

在围堰施工过程中，必须建立水位监测系统，以监测围堰内外水位的变化。这包括：

① 围堰内水位监测

在围堰内安装水位监测仪器，实时监测围堰内水位的变化，以确保不超过安全水位。

② 围堰外水位监测

在围堰外侧迎水面安装水位监测仪器，实时监测水流对土石围堰的冲刷情况。

2）水头差控制

水头差是指围堰内外水位的高差，它对围堰的稳定性至关重要。在施工过程中，必须控制水头差，以确保安全要求得到满足。

①安全水头差

根据工程的要求和地质条件，确定安全水头差的范围。在施工过程中，水头差不得超出这个范围。

②水头差监测

持续监测水头差的变化，确保在安全水头差范围内，并及时采取措施来调整水位，以保持稳定性。

3.14 淹　　溺

3.14.1 当场地内开挖的槽、坑、沟、池等积水深度超过 0.5m 时，应采取安全防护措施。

【条文要点】

在施工现场，当开挖的槽、坑、沟、池等积水深度超过 0.5m 时，有可能导致人员淹溺等安全事故，而设置临边防护，并悬挂安全警示标识等安全防护措施是确保工作人员安全的关键。通过进行现场评估、制定工程计划、设置防护栏杆、提供救生设备、进行人员培训、定期检查和制定应急计划，可以最大程度地降低潜在的风险和危险，同时促进施工进程的顺利进行。

【实施要点】

（1）现场评估和准备工作

1）现场评估

在开始任何工程活动之前，必须进行详尽的现场评估，以确定积水深度是否超过 0.5m 以及周围环境的特点。这包括以下步骤：

①积水深度测量

使用合适的测量工具，如测深杆或激光测距仪，准确测量积水深度，确认其是否达到或超过 0.5m。

②环境评估

评估现场周围的环境条件，包括地形、水流速度、水质和附近设施，以确定潜在的风险因素。

2）工程计划

制定详细的工程计划，包括施工步骤、人员安排、安全措施和应急计划，确保所有工作人员明确了解工程计划和安全要求。

（2）安全防护措施的实施

1）防护栏杆

在槽、坑、沟、池等积水区域的周边设置防护栏杆。这些栏杆应满足相关安全标准，具有足够的高度和稳定性，以防止工作人员误入积水区域。

2）使用救生设备

为工作人员提供救生设备，如救生圈、救生绳、浮标等。这些设备应易于使用并处于工作人员的视线范围内，以确保在紧急情况下能够快速使用。

3）人员培训

对工程现场的所有人员进行适当的培训，包括积水区域的潜在危险、安全措施的使用以及应急情况的处理方法。工作人员必须了解如何识别潜在的危险并采取适当的措施以确保自己的安全。

4）定期检查

定期检查现场的积水深度和安全防护设施，确保它们保持有效并没有受到损坏。如果发现任何问题，必须立即采取措施修复。

（3）应急响应和紧急措施

1）应急计划

制定详细的应急计划，包括紧急疏散程序、通信手段、救援装备和联系信息。工程现场的所有人员都应清楚了解应急计划并知道如何在紧急情况下采取行动。

2）紧急措施

如果发生紧急情况，必须迅速采取行动，包括使用救生设备、启动疏散程序、联系紧急救援团队等。工程现场的所有人员必须知道如何报警并采取适当的紧急措施以确保他们自己和同事的安全。

3.14.2 水上或水下作业人员，应正确佩戴救生设施。

【条文要点】

水上或水下作业时，极易发生淹溺等安全事故，而救生设施的选择、正确佩戴和维护是防止工作人员淹溺的重要措施，同时必须满足水上和水下作业的安全要求，最大程度地降低潜在的风险和危险。水上作业时，作业人员应佩戴救生衣，穿防滑鞋，并应配备救生船、救生绳、救生梯、救生网等救生工具，上下游应设置浮绳，并应配备一定数量的固定式防水灯，夜间应有足够的照明。水下作业时，作业人员应经专业机构培训，并应取得相应的从业资格，现场应配备急救箱及相应的急救器具，应控制潜水最大深度并采取减压措施。应严格控制水下作业时间和替换周期，水下作业时应有专人值守。

【实施要点】

水上或水下作业人员应正确佩戴救生设施，确保生命安全。救生设施包括救生衣、救生圈、救生带、呼吸器等。

（1）救生设施种类和选择

1）救生衣

救生衣是一种能够提供浮力的设备，通常用于水上作业。在选择救生衣时，应考虑以下要点：

① 浮力等级

根据作业环境和个体需求选择适当浮力等级的救生衣。标准救生衣通常有不同浮力等级，例如 50N、100N、150N 等，根据需要选择。

② 舒适度

救生衣的舒适度对于长时间穿戴非常重要。确保救生衣具有可调节的肩带和固定装置，以适应不同体型和保持舒适。

③ 可见性

救生衣应具有高可见性，通常采用鲜明的颜色，并带有反光材料，以便在水上作业中更容易被看到。

2）救生圈

救生圈是一种轻便的救生设备，通常用于紧急情况下的投放。选择救生圈时，要注意以下要点：

① 浮力

确保救生圈具有足够的浮力，能够支撑一个或多个人在水中漂浮。

② 投放方式

了解救生圈的投放方式，以确保在紧急情况下能够迅速使用。

3）救生带

救生带通常是一根具有浮力的绳索，用于投掷给需要救助的人员。选择救生带时，需要注意以下要点：

① 浮力

救生带应具有足够的浮力，以确保投掷后能够支撑被救助者浮在水面上。

② 易于投掷

救生带应易于投掷并具有投掷距离的标识，以确保准确地投放。

4）呼吸器

在水下作业中，呼吸器是关键的生命支持设备。选择呼吸器时，要注意以下要点：

① 类型

根据作业环境选择适当类型的呼吸器，包括自吸气呼吸器、供氧呼吸器等。

② 气源

确保呼吸器连接到合适的气源，例如氧气瓶或空气供应系统。

（2）正确佩戴和使用救生设施

1）救生设施的正确佩戴

无论是救生衣、救生圈、救生带还是呼吸器，都必须正确佩戴，以确保其发挥最大的生命保护作用。

① 救生衣

穿上救生衣并确保它牢固地固定在身体上，肩带和扣子都必须扎紧。

② 救生圈

投放救生圈时，确保它能够被溺水者轻松抓住，并提供足够的浮力。

③ 救生带

投掷救生带时，使用正确的投掷技巧，确保它能够准确到达需要救助的人员。

④ 呼吸器

在水下作业中，正确佩戴呼吸器并确保气源充足和连接牢固。

2）定期维护和检查

所有救生设施都需要定期维护和检查，以确保其正常工作和安全可靠。这包括：

① 救生衣

定期检查救生衣的外观和浮力，确保没有磨损、裂缝或漏气。

② 救生圈

定期检查救生圈的浮力和绳索，确保绳索没有断裂或受损。

③ 救生带

定期检查救生带的浮力和绳索，确保绳索没有腐蚀或磨损。

④ 呼吸器

定期维护和检查呼吸器的气源系统、面罩和阀门，确保其正常工作。

（3）水上和水下作业的安全要求

1）水上作业的安全要求

在水上作业中，除了正确佩戴救生设施外，还需要满足以下安全要求：

① 熟悉水域

确保工作人员熟悉水域，包括水流、水深、水温等情况。

② 避免单独作业

尽量避免单独作业，应有人员在附近监督和提供支持。

③ 应急通信

保持有效的应急通信手段，如对讲机或信号器。

2）水下作业的安全要求

在水下作业中，除了正确佩戴呼吸器外，还需要满足以下安全要求：

① 训练和认证

所有水下工作人员必须接受专业的培训和认证，以确保他们具备水下作业所需的技能和知识。

② 氧气供应

确保水下工作人员的氧气供应充足，并在工作结束后进行适当的氧气停留时间。

③ 监测和通信

在水下作业中，必须进行氧气供应、深度和通信的实时监测，以确保工作人员的安全。

3.14.3 水上作业时，操作平台或操作面周边应采取安全防护措施。

【条文要点】

水上作业时，可能发生跌入水中而导致淹溺等安全事故。因此，进行水上作业时，操作平台或操作面周边的安全防护措施至关重要，应按临边作业要求设置防护栏杆，平台应满铺脚手板，人员上下通道应设安全网，并应设置多条安全通道，以确保工作人员的安全和作业的有效进行。

【实施要点】

（1）安全措施

1）人员培训和资质要求

在进行水上作业之前，所有工作人员都应接受必要的培训，并持有相关资质证书。这些资质证书应包括水上救生、急救培训以及相关作业技能培训，以确保他们能够应对可能发生的紧急情况。

2）安全装备

工作人员应佩戴适当的个人防护装备，如救生背心、安全头盔、安全带等。这些装备应在水上作业期间始终穿戴，以提供安全保障。

3）作业设备检查

在水上作业开始之前，必须对所有作业设备进行定期检查和维护，确保其正常运行，包括船只、吊装设备、工具和机械设备等。

4）气象监测

水上作业的安全受天气条件的影响较大，可能对作业造成危险。在作业前，必须进行气象监测，确保不会遇到恶劣天气，如风暴、大浪或浓雾等。

5）通信设备

水上作业现场必须配备可靠的通信设备，以确保工作人员之间和与岸上的人员之间能够保持有效的联系，包括 VHF 无线电、手机或其他通信工具。

（2）预防措施

1）安全计划

在进行水上作业之前，应制定详细的安全计划，包括工作程序、紧急情况应对计划和安全演练。所有工作人员都应熟悉并遵守这些计划。

2）风险评估

在水上作业开始之前，必须进行全面的风险评估，识别潜在的危险因素，并采取措施来降低风险，包括考虑水流、潮汐、岸边障碍物等因素。

3）作业区域标记

在水上作业区域周围必须设置标识和浮标，以明确指示禁止进入或靠近的区域，有助于防止未经授权的人员进入危险区域。

4）定期检查

在水上作业进行期间，应定期检查作业区域和设备，确保一切正常。如果发现任何异常情况，应立即采取措施解决问题。

5）作业时段选择

有些水上作业可能需要在特定的时间段内进行，以避免潮汐、浪涌或其他不利条件。须在合适的时段进行作业，以确保安全性。

（3）应急措施

1）急救设备

水上作业现场必须备有完备的急救设备和药品箱，以应对可能发生的伤害或突发状况。

2）紧急撤离计划

在水上作业进行期间，必须制定详细的紧急撤离计划。所有工作人员都应熟悉紧急撤离计划，并知道如何在紧急情况下安全撤离。

3）紧急通信

如有紧急情况，工作人员应立即报警并启动紧急通信程序，通信设备应始终处于可用状态。

4）救生训练

工作人员应接受救生和紧急情况应对的培训，以便在需要时能够有效地进行救援操作。

5）溺水预防

为防止溺水事故，必须确保所有工作人员都会游泳，并了解溺水的预防和自救方法。

3.15 灼　　烫

3.15.1 高温条件下，作业人员应正确佩戴个人防护用品。

【条文要点】

高温环境下作业，可能导致热应激、中暑和其他健康问题，发生人身灼烫等安全事故。因此，作业人员应正确佩戴防护手套、面罩等防护设备，以确保作业人员的安全和舒适。

【实施要点】

在高温条件下，正确佩戴个体防护用品至关重要。以下是在高温条件下正确佩戴个体防护用品的实施要点，包括安全措施、预防措施和应急措施等，以确保作业人员的健康和安全。

（1）安全措施

1）培训和教育

在高温环境中工作的人员应接受相关的培训和教育，以了解高温对健康的影响、中暑的症状和预防措施，以及正确佩戴个体防护用品的方法。

2）个体防护用品选择

根据工作环境和任务的特点，选择合适的个体防护用品，包括防热工作服、太阳帽、太阳镜、防晒霜、冷却衣物、保温水壶等。

3）通风和降温措施

尽量提供良好的通风，以降低工作环境的温度。此外，可以考虑使用降温设备，如冷风扇或冷却颈巾，来减轻高温的影响。

4）水分摄入

鼓励作业人员保持充足的水分摄入，以避免脱水。提供足够的饮用水，并鼓励工作人员在需要时进行补水。

5）休息和防暑时间

制定合理的工作时间表，包括定期的休息时间，以允许工作人员休息和恢复体力。在高温条件下，减少在中午时段的工作时间，因为那时温度通常最高。

（2）预防措施

1）服装选择

选择轻便、透气的工作服，以确保空气流通并减少热量积聚。避免穿戴过多的衣物，以免增加体温。

2）帽子和太阳镜

戴宽边帽子来遮挡阳光，保护头部和颈部免受日晒。此外，佩戴太阳镜以防止眼睛受到紫外线辐射的损害。

3）防晒霜

使用高 SPF 值的防晒霜，涂抹在皮肤暴露部位，如面部、颈部、手臂和腿部。定期重新涂抹以维持防护效果。

4）冷却措施

可以使用冷却颈巾、冷却头巾或冷却手套等冷却用品，以帮助保持体温正常。

5）规划工作任务

将高强度的工作任务安排在早上或傍晚，当温度较低时进行。避免在中午时段进行重体力劳动。

（3）应急措施

1）中暑识别

培训工作人员如何识别中暑症状，包括头晕、恶心、呕吐、脉搏快速等。如果有人出现中暑症状，应立即采取行动。

2）急救培训

至少有一名工作人员应接受急救培训，以提供紧急医疗帮助。急救设备和药品箱应位于工作现场，并易于查找和使用。

3）紧急通信

在需要时，应建立有效的紧急通信程序，以便工作人员可以迅速报告紧急情况并获得帮助。

4）疏散计划

制定高温条件下的疏散计划，以便在必要时将工作人员安全撤离到阴凉处。

5）监测体温

定期监测工作人员的体温，特别是在高温工作环境中。如果体温升高，及时采取措施，如将其送到阴凉处并提供足够的水分。

3.15.2 带电作业时，作业人员应采取防灼烫的安全措施。

【条文要点】

带电作业是一项潜在危险的任务，涉及电气设备和电路。带电作业时，由于电路、电器故障或人员误操作会引起触电发生，流经人体的电流会导致局部电灼伤，作业人员应穿戴相应的绝缘鞋、绝缘手套等防护用具。

【实施要点】

在进行带电作业时，作业人员必须采取一系列严格的防触电和防灼烫的安全措施，以确保健康和安全。以下是在带电作业时可采用的实施要点，包括安全措施、预防措施和应急措施等。

（1）安全措施

1）人员资质和培训

只有经过专业培训和具备相应电气知识和技能的人员才能进行带电作业。

2）带电工具和设备

使用经过认证的符合国家或地方的标准和规定的带电工具和设备，使用前，必须定期检查和维护，确保其正常运行。

3）电气设备断电

在进行带电作业之前，应考虑是否可以将相关电气设备断电；如果可能，最好断电并确保设备已完全停用。只有在无法断电的情况下才应进行带电作业。

4）绝缘工具和装备

使用绝缘工具和装备，如绝缘手套、绝缘垫、绝缘靴等，以减少触电风险。

5）带电作业许可证

在进行带电作业之前，必须获得正式的带电作业许可证。

6）安全距离和隔离

在带电作业区域周围设置安全隔离区，确保未经授权的人员不能接近带电设备。作业人员必须遵守安全距离规定，并始终保持警觉。

（2）预防措施

1）安全计划和风险评估

在进行带电作业之前，必须制定详细的安全计划和风险评估，以识别潜在的危险因素，包括作业程序、应急措施和工作时间表等。

2）作业程序

明确规定带电作业的程序和步骤，包括设备检查、绝缘测试、带电工具使用、设备接地等。

3）绝缘测试

在进行带电作业之前，须对带电设备进行绝缘测试，以确保设备的绝缘性能正常，测试结果应记录并保存。

4）个体防护用品

作业人员必须正确佩戴个体防护用品，包括绝缘手套、绝缘靴、防护服和安全帽等，这些用品必须符合相关标准。

5）工具和设备维护

维护带电工具和设备的良好状态，确保没有损坏或缺陷。损坏的工具必须立即停用并进行修复或更换。

（3）应急措施

1）急救培训

至少有一名工作人员应接受急救培训，以提供紧急医疗帮助。急救设备和药品箱应位于带电作业现场，并易于查找和使用。

2）紧急通信

建立有效的紧急通信程序，以便工作人员可以迅速报告紧急情况并获得帮助。通信设备应在带电作业现场提供。

3）火灾和电击应对

在带电作业现场配备灭火器和绝缘救援工具，以便在发生火灾或电击事故时迅速应对。

4）疏散计划

制定带电作业现场的疏散计划，以便在必要时将工作人员安全撤离到远离危险区域的地方。

5）事故报告和调查

如果发生带电作业事故，必须立即报告并进行调查，以确定事故原因，并采取措施防止再次发生。

3.15.3 具有腐蚀性的酸、碱、盐、有机物等应妥善储存、保管和使用，使用场所应有防止人员受到伤害的安全措施。

【条文要点】

具有腐蚀性的酸、碱、盐、有机物等会造成皮肤灼伤，应确保腐蚀性化学物质的储存、保管和使用安全，预防意外事故和人员受伤。在使用时，应佩戴防护手套；如果具有挥发性，呼吸道吸入这些挥发气体、雾点，可引起呼吸道的强烈刺激，还应佩戴防护眼镜和口罩，并在使用场所悬挂操作规程、注意事项、应急措施和物资等保障人员的安全。

【实施要点】

（1）储存和保管

1）专用储存区域

将腐蚀性化学物质存放在专用的储存区域中，远离其他化学物质，尤其是不相容的物质。

2）标签和标识

对储存容器进行适当的标记和标识，以清楚地显示其内容和危险性。

3）储存温度和条件

遵循制造商提供的储存要求，确保化学品在正确的温度和湿度下储存。以下是关于妥善处理化学物质的安全措施：

① 专用储存区域

将腐蚀性化学物质存放在专用的储存区域中，远离其他化学物质，尤其是不相容的物质。

② 标签和标识

对储存容器进行适当的标记和标识，以清楚地显示其内容和危险性。

③ 储存温度和条件

遵循制造商提供的储存要求，确保化学品在正确的温度和湿度下储存。

④ 通风

储存区域应具有良好的通风，以防止腐蚀性气体或蒸汽的积聚。

（2）个人防护措施

1）穿戴适当的防护装备

使用者应穿戴适当的个人防护装备，包括护目镜、手套、防护服和呼吸防护装备（如果需要）。

2）洗手和淋浴

在接触化学品后及时洗手，并在有必要时进行淋浴，以减少皮肤接触的风险。

（3）紧急措施

1）紧急洗眼器和淋浴器

在使用区域提供紧急洗眼器和淋浴器，以便在发生事故时迅速冲洗受影响的部位。

2）应急响应计划

建立应急响应计划，包括培训工作人员，以应对化学品泄漏或事故情况。

（4）储存和使用限制

1）限制访问

仅授权的人员应能够访问腐蚀性化学品储存区域。

2）禁止混合

不同类型的腐蚀性化学品不应混合在一起，以免产生危险的化学反应。

（5）安全培训和意识

所有与腐蚀性化学品相关的工作人员都应接受适当的培训，了解危险性和安全操作程序，并具备应对紧急情况的知识。

4 环 境 管 理

4.0.1 主要通道、进出道路、材料加工区及办公生活区地面应全部进行硬化处理；施工现场内裸露的场地和集中堆放的土方应采取覆盖、固化或绿化等防尘措施。易产生扬尘的物料应全部篷盖。

【条文要点】

本条规定了采用硬化、覆盖、固化、绿化、篷盖等措施防治施工现场大气污染。施工现场作业环境复杂，设备、人员等活动、材料堆放等会产生大量扬尘，造成大气环境污染，应采取措施进行防治。

【实施要点】

（1）为保护施工现场环境、减少污染，施工现场主要道路和模板存放、料具码放等场地应根据用途进行硬化，其他场地应当进行覆盖或者绿化。硬化处理可采取铺设混凝土、碎石、铺砖等方法，并定期洒水，防止扬尘污染。土方应当集中堆放并采取覆盖或者固化等措施，土方的运输必须符合地方政府的规定。施工现场细散颗粒材料、易扬尘材料的堆放、储存、运输应封闭或有覆盖措施。

（2）建设工程施工总承包单位应对施工现场的环境与卫生负总责，分包单位应服从总承包单位的管理。参建单位及现场人员有维护施工现场环境与卫生的责任和义务。

（3）施工现场的主要道路在施工过程中承载着大量材料、设备等运输任务，应采用铺设混凝土、碎石等方法进行硬化处理，路基承载力应满足车辆行驶要求，做到既保证车辆正常行驶又防止扬尘污染。如果不进行硬化处理，会导致道路承载力不足，路面容易下陷，造成机动车通行困难，雨天道路容易积水、坑洼、泥泞，影响行车安全，晴天车辆行驶易产生扬尘，造成环境污染。施工现场裸露的场地和堆放的土方，应采取覆盖防尘网、喷洒固化剂或采取种植花草绿化等措施，以防止扬尘污染。

（4）在规定区域内的施工现场应使用预拌混凝土及预拌砂浆。采用现场搅拌混凝土或砂浆的场所应采取封闭、降尘、降噪措施。水泥和其他易飞扬的细颗粒建筑材料应密闭存放或采取覆盖等措施。

（5）当环境空气质量指数达到中度及以上污染时，施工现场应增加洒水频次，加强覆盖措施，减少易造成大气污染的施工作业。

4.0.2 施工现场出口应设冲洗池和沉淀池，运输车辆底盘和车轮全部冲洗干净后方可驶离施工现场。施工场地、道路应采取定期洒水抑尘措施。

【条文要点】

扬尘是施工现场空气污染的重要因素之一，采取在现场出口设置洗车设备和定期对现场进行洒水等抑制扬尘的措施，能够有效控制扬尘。施工现场出入口应设置车辆冲洗设施，土方施工阶段的施工现场出入口，按要求安装专业化洗车设备，冲洗用水应采用水循环利用系统。

【实施要点】

（1）为防止车辆在运输过程中造成遗撒，可使用封闭式车辆或采取覆盖措施。车辆冲洗设施应设在施工现场车辆出口处。对车辆进行冲洗是为了防止车轮等部位将泥沙带出施工现场，造成扬尘，污染周边环境。

（2）工地内洗车槽外侧应当设置三级过滤沉淀池，工程施工产生的泥水应经沉淀过滤后，用于再冲洗车辆或者排入市政排水管网。

（3）施工现场进行基坑开挖、砂浆搅拌以及切割、钻孔、凿槽等易产生粉尘的作业，应采取喷雾或湿作业等方式进行降尘；土方作业应采取防止扬尘措施，主要道路应定期清扫、洒水。

（4）拆除建筑物或构筑物时，应采用隔离、洒水等降噪、降尘措施，并应及时清理废弃物。

（5）当市政道路施工进行铣刨、切割等作业时，应采取有效防扬尘措施。灰土和无机料应采用预拌进场，碾压过程中应洒水降尘。

（6）施工现场应该每 5000m² 至少配备一台移动式喷雾机；建筑施工主体结构高度每超过 10 层应在外脚手架上设置喷淋系统，并适时喷雾、喷淋降尘。

（7）应根据地方政府要求配备扬尘噪声在线监测系统。

4.0.3 建筑垃圾应分类存放、按时处置。收集、储存、运输或装卸建筑垃圾时应采取封闭措施或其他防护措施。

【条文要点】

本条规定了施工现场建筑垃圾处理原则和方法。为便于施工现场建筑垃圾的处置和回收利用，建筑垃圾应分类收集、分类存放，并应及时清理。使用容器运输或搭设专用封闭式垃圾通道清运垃圾，可有效避免建筑垃圾遗撒及扬尘污染。

【实施要点】

（1）在施工现场办公区、生活区配备垃圾桶，生活垃圾分开收集或分拣，无机垃圾送指定的弃渣场按规定填埋，有机垃圾送指定的垃圾填埋场按规定填埋或送指定的垃圾焚烧炉焚烧，垃圾每日清理，保持办公生活区环境清洁。

（2）建筑垃圾应分类、收集与存放，并符合以下规定：

1）应将建筑垃圾按不同种类和特性分类收集存放；

2）施工现场应设置相对固定的建筑垃圾存放点，应划设存放区域界限、设置明显标识；

3）建筑垃圾的收集方式应利于施工现场建筑垃圾减量、资源化利用及环境保护，并与处置方式相适应；

4）建筑垃圾存放高度应满足存放场地地基承载力和安全管理要求；

5）收集与存放建筑垃圾过程中，扬尘、噪声等控制应符

合现行国家标准《建筑与市政工程绿色施工评价标准》GB/T
50640 的有关规定。

（3）施工现场工程垃圾和拆除垃圾按组分可分为金属类、无
机非金属类、木材类、塑料类和其他类建筑垃圾。应根据建筑垃
圾类别、形态、尺寸及数量，采用人工、机械相结合的方法科学
收集，提升收集效率，严禁抛掷。建筑垃圾存放点应避开基坑周
边，地坪标高应满足场地雨水导排要求。有腐蚀、毒性、易燃易
爆等危险性的建筑垃圾，应按国家危险废物相关规定单独收集存
放和妥善处置。

（4）施工现场建筑垃圾存放点应根据建筑垃圾分类设置相应
的堆放池，可采取室外或室内存放方式，室外存放的建筑垃圾应
及时覆盖，避免雨淋和减少扬尘。建筑垃圾存放点应至少保证
3d 以上的建筑垃圾临时贮存能力，建筑垃圾堆放高度应符合地
基承载力及现场安全管理要求。

（5）建筑垃圾场内运输宜采用垃圾清运车等专用设备进行，
并应满足下列要求：

1）运输设备应采取防碰撞措施，合理规划运输路线；

2）运输设备重量、外形尺寸应符合施工现场垂直运输设施
性能要求，保证收集设备运至相应位置。

4.0.4 施工现场严禁熔融沥青及焚烧各类废弃物。

【条文要点】

本条的目的是防止因熔融沥青和焚烧废弃物而可能造成的大
气污染和火灾隐患。施工现场熔融沥青及焚烧各类废弃物会产生
有毒有害气体、烟尘、臭气的物质，造成环境污染，对人体健康
造成危害。施工现场焚烧废弃物容易引发火灾，燃烧过程中会产
生有毒有害气体造成环境污染。沥青及各类废弃物应按照有关建
筑垃圾处置规定进行处理。

【实施要点】

（1）施工现场的沥青可采用再利用、回收和处置的方法处理。

1）再利用：废弃沥青可以被用于再生沥青的生产。再生沥

青是一种较为环保的道路材料，其生产过程可以大大降低能源消耗和二氧化碳排放；再生沥青可以代替天然沥青用于道路建设中，从而达到节约资源和保护环境的目的。

2）回收：废弃沥青可以通过热回收方法回收利用。这种方法是通过对废弃沥青进行高温加热，将其中的添加剂和污染物去除后得到可再利用的沥青。回收废弃沥青不仅可以减少环境污染，还可以节约资源和降低成本。

3）处置：在没有回收和再利用废弃沥青的条件下，废弃沥青应该进行妥善的处置。常见的废弃沥青处理方法包括热解、物化和稳定化等。热解是通过高温分解废弃沥青，将其转化为可再利用的油和气体。物化是将废弃沥青与其他物质混合，使其能够被再次使用。稳定化是将废弃沥青与其他物质混合，形成一种稳定的混合物，使其更容易被储存和运输。

（2）施工现场的废弃物可按建筑垃圾的处理方法处置。有腐蚀、毒性、易燃易爆等危险性的废弃物，应按国家危险废物相关规定单独收集存放和妥善处置。

4.0.5 严禁将有毒物质、易燃易爆物品、油类、酸碱类物质向城市排水管道或地表水体排放。

【条文要点】

本条是落实国家《中华人民共和国水污染防治法》中"禁止向水体排放油类、酸类、碱类和剧毒废液"的有关规定。有毒物质主要指危险化学品，化学物质的毒性一般可分别为剧毒、高度、中等毒、低毒、微毒5个级别。野外作业和室内作业产生的废水排放到城市污水管道内的水质必须符合国家标准，酸碱类物质必须经过中和处理，达到排放标准后方可排放；有毒物质、易燃易爆物品和油类应分类集中存放，回收处理，严禁排放到城市排水管道或地表水体。

【实施要点】

（1）施工现场存放的有毒物质、易燃易爆物品、油类、酸碱类物质等物品应设有专门的库房，地面应作防渗漏处理。废弃的油料和化学溶剂应集中处理，不得随意倾倒。存储、使用、保管应由专人负责，防止油料跑、冒、滴、漏，不得向城市排水管道或地表水体排放。

（2）使用危险化学品的单位，其使用条件（包括工艺）应当符合法律、行政法规的规定和国家标准、行业标准的要求，并根据所使用的危险化学品的种类、危险特性以及使用量和使用方式，建立、健全使用危险化学品的安全管理规章制度和安全操作规程，保证危险化学品的安全使用。

（3）生产、储存、运输、销售、使用、销毁易燃易爆危险品，必须执行消防技术标准和管理规定。进入生产、储存易燃易爆危险品的场所，必须执行消防安全规定。禁止非法携带易燃易爆危险品进入公共场所或者乘坐公共交通工具。储存可燃物资仓库的管理，必须执行消防技术标准和管理规定。

4.0.6 施工现场应设置排水沟及沉淀池，施工污水应经沉淀处理后，方可排入市政污水管网。

【条文要点】

本条规定了污水的处理措施。为防止施工现场污水横流，影响施工环境，施工现场应采用有组织排水，根据现场实际情况设置相应的排水沟和沉淀池；施工污水应经沉淀处理并达标后排入公共排水设施。

【实施要点】

（1）排入市政管网的水质应满足现行国家标准《污水排入城镇下水道水质标准》GB/T 31962 的相关要求，施工污水的水质监测由城镇排水监测部门负责。

（2）排水沟总的设置原则：

1）一般情况下，排水沟应设置在不影响拟建或已建建筑物以及材料堆集、加工运输和人员行走的地方。

2）排水沟应满足收集、排出现场积水的客观要求。

① 排水沟的数量，必须满足场地范围内每个角落积水的排出；

② 确定排水沟的截面要满足排水要求，因为只有充足截面积的排水沟，才能把场地积水进行收集，并迅速排出施工现场以外；

③ 排水沟应在场地坡向的低处；

④ 排水沟本身也应具有一定的坡度；

⑤ 为了防止排水沟受到重载车辆重压或冬季寒冷天气的侵害，埋入地下的排水沟应具有一定的深度。

3）排水沟应根据现场施工条件的具体情况，可以采用某一种或某几种单独或组合的排水方式，应当根据施工现场的实际情况因地制宜、灵活运用。

（3）自然排水沟是利用施工现场的自然条件挖掘而成，具有省时、省工的特点；在沟底铺设卵石或碎石，不仅可以免于水流的冲刷，有利于保护沟底，同时还能沉淀水中的污物。自然排水沟在规模较小的、施工工期较短的或者在施工期间用水或雨水不是很大的施工工程中，经常采用。

明露排水沟通常结合现场硬化地面做成，其优点是省工、省料，排水沟功能也十分明确；不足的是断面不宜很大，特别是施工场地较小时，深度尺寸受到限制，排水能力显得吃力，同时也容易影响或妨碍施工期间施工人员和施工机械的行走。但是对于施工工期较短、建筑规模较小、少雨季节施工及冬期施工的工程，还是适宜的。

明箱排水沟实际上是 U 形断面，底板为现浇素混凝土。如果明箱排水沟的宽度大于 500mm 时，应当在底板中适量配置横向钢筋，以防混凝土折断。排水沟的竖向墙体大多采用砖砌体内抹防水砂浆的做法，顶部宜使用铸铁雨水箅子，场地表面的雨水通过雨水箅子进入沟内，及时排出场外。明箱排水沟最大的优点在于不影响施工活动，同时施工场地也显得很整洁，容易满足文明工地的要求。现在不少施工企业为了节省起见，利用工程所用钢筋的下脚料，焊成排水箅子代替成品铸铁排水箅子，效果也是不错的；但是需要注意，应选择使用直径在 20mm 以上的螺纹钢筋，钢筋的间距不能大于 40mm。过细的钢筋不能承担沉重的负荷，过大的钢筋间距容易使人崴脚或小推车的轮胎掉入。为了进一步节约，钢筋雨水箅子还可以焊成定尺规格，以便长期反复使用。

在施工现场不允许出现可以看得见的排水系统时，通常采用暗管排水。暗管排水沟可采用缸瓦管或水泥管，管与管的连接应符合管道安装要求。它的优点是不妨碍地面上的生产活动；不足之处是如果管径选择不当，管坡较小，很容易发生阻塞现象，所以必须每间隔 10m～15m 以及在排水管道的转角处，需设置集水检查井，以便发生阻塞时进行疏通。

暗箱排水沟实际是暗管排水沟现场浇灌与砌筑，当暗管来源或暗管铺设发生困难时，可以选择暗箱排水沟的方式。暗箱排水沟的基本构造为底板使用现浇混凝土浇筑，顶板采用预制或现浇钢筋混凝土，竖向墙体用砖砌筑，墙内侧抹防水砂浆。暗箱排水沟的优点同样是不妨碍地面上的生产活动，不足之处是现场施工的工作量较大。为了防止排水沟内的水冻结，埋置深度应满足工程所处地理位置冰冻线的深度。同时，为了防止暗箱排水沟受断面和坡度的限制以及断面清理不干净发生堵塞的现象，也需要在沿管道 10m～15m 处以及暗箱排水沟的转角处分别设置集水检查井，以便阻塞时得到及时疏通。

（4）排水沟纵向坡度应根据地形和最大排水量确定，一般要求不应小于 0.3%，在平坦地区不应小于 0.2%，在沼泽地区可减至 0.1%。如果采用明、暗箱排水沟，由于其是现场制作，相对缸瓦管或水泥管来说排水阻力较大。因此，纵向排水的坡度应比上述数值提高 20% 为宜。

（5）施工现场的施工污水、泥浆必须设置三级沉淀排放设施。制作沉淀池可采用砖砌后水泥抹光，亦可用商品混凝土浇制，但底板应使用商品混凝土。沉淀池应设置外径尺寸长大于等于 5.5m、宽大于等于 3m、深大于等于 2.5m，上沿口应离地面高度小于等于 500mm，池壁和三级沉淀隔离壁厚度大于等于 200mm，底板厚度应大于等于 200mm。设置围挡的占路施工现场，其沉淀池设置的外径尺寸可适度减小，但须满足排水量需要。

4.0.7 严禁将危险废物纳入建筑垃圾回填点、建筑垃圾填埋场，或送入建筑垃圾资源化处理厂处理。

【条文要点】

危险废物按照生态环境部、国家发展和改革委员会、公安部、交通运输部、国家卫生健康委员会第 36 号令公布《国家危险废物名录》（2025 年版）是指：具有毒性、腐蚀性、易燃性、反应性或者感染性一种或者几种危险特性的；不排除具有危险特性，可能对生态环境或者人体健康造成有害影响，需要按照危险废物进行管理的固体废物（包括液态废物）。对不明确是否具有危险特性的固体废物，应当按照国家规定的危险废物鉴别标准和鉴别方法予以认定。

【实施要点】

（1）对于未列入《国家危险废物名录》而需要鉴定的是否是危险废物，可按《危险废物鉴别标准 通则》GB 5085.7—2019、《危险废物鉴别标准 腐蚀性鉴别》GB 5085.1—2007、《危险废物鉴别标准 急性毒性初筛》GB 5085.2—2007、《危险废物鉴别标准 浸出毒性鉴别》GB 5085.3—2007、《危险废物鉴别标准 易燃性鉴别》GB 5085.4—2007、《危险废物鉴别标准 反应性鉴别》GB 5085.5—2007、《危险废物鉴别标准 毒性物质含量鉴别》GB 5085.6—2007 等标准执行。

（2）危险废物不是建筑垃圾，不能回收利用，不得纳入建筑垃圾回填点、建筑垃圾填埋场，或送入建筑垃圾资源化处理厂处理。

（3）有腐蚀、毒性、易燃易爆等危害性物品，应按国家危险废物相关规定单独收集存放和妥善处置，可按规定委托有资质的单位集中处理。

4.0.8 施工现场应编制噪声污染防治工作方案并积极落实，并应采用有效的隔声降噪设备、设施或施工工艺等，减少噪声排放，降低噪声影响。

【条文要点】

本条是为减少施工现场噪声污染、降低施工现场噪声对施工现场人员、附近居民和周围环境等的影响而制定。

【实施要点】

（1）施工现场应制定降噪措施，并对施工现场场界噪声进行检测和记录，噪声排放不得超过国家标准的规定。建筑施工过程中场界环境噪声排放限制为：昼间不大于70dB（A）；夜间不大于55dB（A）。昼间是指6：00至22：00之间的时段，夜间是指22：00至次日6：00之间的时段。

（2）施工过程应优先使用低噪声、低振动的施工机具，施工场地的强噪声设备宜设置在远离居民区的一侧，对强噪声设备可采取封闭等降噪措施。

（3）运输材料的车辆进入施工现场，严禁鸣笛。装卸材料应做到轻拿轻放。在噪声敏感建筑物集中区域内，夜间不得进行产生环境噪声污染的施工作业。因重点工程或者生产工艺要求连续作业，确需进行夜间施工的，应办理夜间施工许可，公告施工期限，并做好周边居民工作，采取有效的噪声污染防治措施，减少对周边居民生活影响。

4.0.9 施工现场应在安全位置设置临时休息点。施工区域禁止吸烟。

【条文要点】

为保障工人有安全的休息环境，施工现场应有安全的临时休息点。在施工现场设置临时休息点，可配备茶水室，施工作业区域吸烟具有火灾隐患，应严格禁止。

【实施要点】

（1）施工现场应在安全的位置设置供施工现场人员临时休息的设施，设施应具有防止阳光直射、防雨、防风等功能，设施内应设置一定数量的座椅，内部应保持环境卫生、整洁。

（2）施工区域应张贴或悬挂禁止吸烟标语或标牌，提醒进入施工区域的人员不要吸烟；现场人员应相互监督，及时制止吸烟行为。

5 卫 生 管 理

5.0.1 施工现场应根据工人数量合理设置临时饮水点。施工现场生活饮用水应符合卫生标准。

【条文要点】

为保证施工现场人员饮水需要，施工现场应按照工人数量设置一定数量或一定供水量的饮用水热水设施，保证施工现场饮用开水供应。为保证饮水安全，保证人员身体健康安全，饮用水水质应满足相关要求。

【实施要点】

（1）饮水点的饮用水热水设备应具有产品合格证和质量保修书等质量证明材料；饮水点的位置应方便现场人员取水；饮水设备应定期清理，保证卫生清洁。

（2）施工现场生活饮用水应符合现行国家标准《生活饮用水卫生标准》GB 5749 的要求。

（3）生活区应设置开水炉、电热水器或保温水桶，施工区可配备流动保温水桶、开水炉、电热水器或保温水桶。

（4）高层建筑施工现场超过 8 层后，每隔 4 层宜设置临时开水点。

5.0.2 饮用水系统与非饮用水系统之间不得存在直接或间接连接。

【条文要点】

本条是为防止饮用水系统与非饮用水系统串联、污染饮用水而制定。非饮用水水质可能不满足饮用水卫生标准，如果被误饮，会对人的身体健康造成危害，因此规定水系统与非饮用水系统之间不得存在直接或间接连接。

【实施要点】

生活饮用水系统应与其他用水的系统分开设置，且应有明显的标识。生活饮用水系统应采用独立设置，且应采取防污染措施。当采用非饮用水或自备水源作为施工、冲洗和浇洒等用水时，应采取防止误饮误用的措施。

5.0.3 施工现场食堂应设置独立的制作间、储藏间，配备必要的排风和冷藏设施；应制定食品留样制度并严格执行。

【条文要点】

施工现场食堂的食品安全管理和卫生管理关系到施工现场一线施工和管理人员的身体健康安全，必须高度重视。现场食堂的制作间和储藏室应单独设置，确保食材、餐具、炊具等的卫生安全；必要的排风和冷藏设施能够有效提高食堂内的环境和食品的卫生和安全。食品留样制度是当食物中毒事件发生后，追溯原因的有效办法；施工现场食堂应根据实际情况制定留样制度，制定留样操作方法等，并严格执行。

【实施要点】

（1）施工现场食堂设置应符合下列规定：

1）食堂应设置在远离厕所、垃圾站、有毒有害场所等有污染源的地方。

2）食堂应设置隔油池，并应定期清理。

3）食堂应设置独立的制作间、储藏间，门扇下方应设不低于 0.2m 的防鼠挡板。

4）制作间灶台及周边应采取宜清洁、耐擦洗措施，墙面处理高度大于 1.5m，地面应做硬化和防滑处理，并保持墙面、地面整洁。

5）食堂应配备必要的排风和冷藏设施，宜设置通风天窗和油烟净化装置，油烟净化装置应定期清理。

6）食堂制作间、锅炉房、可燃材料库房及易燃易爆危险品库房等应采用单层建筑，应与宿舍和办公用房分别设置，并应按相关规定保持安全距离。

7）临时用房内设置的食堂应设在首层。

（2）施工现场应制定食品留样制度并严格执行，并应符合下列规定：

1）应将留样食品按照品种分别盛放于清洗消毒后的专用密闭容器内，在专用冷藏设备中冷藏存放48小时以上。

2）每个品种的留样量应能满足检验检测需要，且不少于125g。

3）在盛放留样食品的容器上应标注留样食品名称、留样时间（月、日、时），或者标注与留样记录相对应的标识。

4）应由专人管理留样食品、记录留样情况，记录内容包括留样食品名称、留样时间（月、日、时）、留样人员等。

5.0.4 食堂应有餐饮服务许可证和卫生许可证，炊事人员应持有身体健康证。

【条文要点】

本条是落实国家相关法律法规和政策而制定。

卫生许可证：2005年12月25日，中华人民共和国卫生部印发《食品卫生许可证管理办法》的通知，第二条规定，任何单位和个人从事食品生产经营活动，应当向卫生行政部门申报，并按照规定办理卫生许可证申请手续；经卫生行政部门审查批准后方可从事食品生产经营活动，并承担食品生产经营的食品卫生责任。

餐饮服务许可证：2010年3月4日，中华人民共和国卫生部令第70号《餐饮服务许可管理办法》发布，第二条规定，本办法适用于从事餐饮服务的单位和个人（以下简称餐饮服务提供者），不适用于食品摊贩和为餐饮服务提供者提供食品半成品的单位和个人。餐饮服务实行许可制度。餐饮服务提供者应当取得《餐饮服务许可证》，并依法承担餐饮服务的食品安全责任。第四十二条规定，本办法自2010年5月1日起施行，卫生部2005年12月15日发布的《食品卫生许可证管理办法》同时废止。餐饮服务提供者在本办法施行前已经取得《食品卫生许可证》的，该许可证在有效期内继续有效。

食品经营许可证：2015年8月31日，国家食品药品监督管理总局令第 17 号《食品经营许可管理办法》第二条规定，在中华人民共和国境内，从事食品销售和餐饮服务活动，应当依法取得食品经营许可。

《国务院关于整合调整餐饮服务场所的公共场所卫生许可证和食品经营许可证的决定》（国发〔2016〕12 号）文件规定，取消地方卫生部门对饭馆、咖啡馆、酒吧、茶座 4 类公共场所核发的卫生许可证，有关食品安全许可内容整合进食品药品监管部门核发的食品经营许可证，由食品药品监管部门一家许可、统一监管。

2017 年 11 月 17 日，国家食品药品监督管理总局发布《关于修改部分规章的决定》、《食品经营许可管理办法》（2015 年 8 月 31 日国家食品药品监督管理总局令第 17 号公布）增加一条，作为第五十六条：食品药品监督管理部门制作的食品经营许可电子证书与印制的食品经营许可证书具有同等法律效力。

2022 年 3 月 24 日，《国家市场监督管理总局关于修改和废止部分规章的决定》经商国家卫生健康委员会同意，废止《餐饮服务许可管理办法》（2010 年 3 月 4 日卫生部令第 70 号公布）。

2023 年 6 月 15 日，国家市场监督管理总局令第 78 号公布《食品经营许可和备案管理办法》（自 2023 年 12 月 1 日起施行）规定了食品经营许可和备案相关内容。第七条规定，食品经营者在不同经营场所从事食品经营活动的，应当依法分别取得食品经营许可或者进行备案。通过自动设备从事食品经营活动或者仅从事食品经营管理活动的，取得一个经营场所的食品经营许可或者进行备案后，即可在本省级行政区域内的其他经营场所开展已取得许可或者备案范围内的经营活动。

《中华人民共和国食品安全法》第四十五条规定，食品生产经营者应当建立并执行从业人员健康管理制度。患有国务院卫生行政部门规定的有碍食品安全疾病的人员，不得从事接触直接入口食品的工作。从事接触直接入口食品工作的食品生产经营人员应当每年进行健康检查，取得健康证明后方可上岗工作。

目前，随着法律法规的修订，建筑施工工地食堂需要办理"食品经营许可证"和"健康证"；而"卫生许可证"和"餐饮服务许可证"已由"食品经营许可证"取代。本条规定的内容将在规范修订时进行修正。

【实施要点】

（1）食堂应有食品经营许可证，并应悬挂在制作间醒目位置。炊事人员应持有在有效期内的身体健康证。

（2）炊事人员上岗应穿戴整洁的工作服、工作帽和口罩，并应保持个人卫生。非炊事人员不得随意进入食堂制作间。

5.0.5 施工现场应选择满足安全卫生标准的食品，且食品加工、准备、处理、清洗和储存过程应无污染、无毒害。

【条文要点】

本条是为保证施工现场食堂食品安全而制定。施工现场食堂食品安全关系广大建筑工人身心健康，关系社会的和谐发展与稳定。食堂应有符合规定的用房、科学合理的流程布局，配备加工制作和消毒等设施设备，健全食品安全管理制度，配备食品安全管理人员和取得健康合格证明的从业人员。

【实施要点】

（1）施工现场应加强食品、原料的进货管理，建立食品、原料采购台账，保存原始采购单据。严禁购买无照、无证商贩的食品和原料。食堂应按许可范围经营，严禁制售易导致食物中毒食品和变质食品。生熟食品应分开加工和保管，存放成品或半成品的器皿应有耐冲洗的生熟标识。成品或半成品应遮盖，遮盖物品应有正反面标识。各种佐料和副食应存放在密闭器皿内，并应有标识。存放食品原料的储藏间或库房应有通风、防潮、防虫防鼠等措施，库房不得兼作他用。粮食存放台距墙和地面应大于0.2m。

（2）食堂具有与经营的食品品种、数量相适应的生产经营设备或者设施，有相应的消毒、更衣、盥洗、采光、照明、通风、防腐、防尘、防蝇、防鼠、防虫、洗涤以及处理废水、存放垃圾和废弃物的设备或者设施。具有合理的设备布局和工艺流程，防止待加工食品与直接入口食品、原料与成品交叉污染，避免食品接触有毒物、不洁物。餐具、饮具和盛放直接入口食品的容器，使用前应当洗净、消毒，炊具、用具用后应当洗净，保持清洁。食品生产经营人员应当保持个人卫生，生产经营食品时，应当将手洗净，穿戴清洁的工作衣、工作帽等。销售无包装的直接入口食品时，应当使用无毒、清洁的容器、售货工具和设备；用水应当符合国家规定的生活饮用水卫生标准。使用的洗涤剂、消毒剂应当对人体安全、无害。

（3）食堂采购食品原料、食品添加剂、食品相关产品，应当查验供货者的许可证和产品合格证明；对无法提供合格证明的食品原料，应当按照食品安全标准进行检验。不得采购或者使用不符合食品安全标准的食品原料、食品添加剂、食品相关产品。

（4）食堂应当严格遵守法律、法规和食品安全标准。从供餐单位订餐的，应当从取得食品生产经营许可的单位订购，并按照要求对订购的食品进行查验。项目部应当加强对食堂的食品安全教育和日常管理，降低食品安全风险，及时消除食品安全隐患。

5.0.6 施工现场应根据施工人员数量设置厕所，厕所应定期清扫、消毒，厕所粪便严禁直接排入雨水管网、河道或水沟内。

【条文要点】

本条对施工现场厕所的设置及清扫、污水的排放作了规定。目的是满足施工现场人员的如厕需求，并保证厕所内卫生清洁；厕所的污水应妥善处置，做到环境卫生。

【实施要点】

（1）施工现场应设置水冲式或移动式厕所，厕所地面应硬化，门窗应齐全并通风良好。

（2）厕所的蹲位设置应满足男厕每50人、女厕每25人设1个蹲便器，男厕每50人设1m长小便槽的要求。

（3）蹲便器间距不小于900mm，蹲位之间宜设置隔板，隔板高度不低于900mm。

（4）厕所应设专人负责，定期清扫、消毒，化粪池应及时清掏。

（5）高层建筑施工超过8层时，宜每隔4层设置临时厕所。

（6）有污水管网的地区，厕所粪便宜排入污水管网；无污水管网的地区，应设置化粪池。

5.0.7 施工现场和生活区应设置保障施工人员个人卫生需要的设施。

【条文要点】

本条规定了施工现场和生活区均应设置保证人员个人卫生的设施。个人卫生直接影响着个人的健康状况，维持个人卫生可以有效预防疾病的发生，有利于减少细菌滋生，有利于保持仪容整洁，建立自信和自我形象，保持施工现场人员身心健康。

【实施要点】

（1）施工现场和生活区应设置满足人员使用的盥洗池和水龙头。盥洗池水嘴与员工的比例宜为1:20，水嘴间距不小于700mm。

（2）生活区应设置盥洗室，地面应硬化，排水流畅，防止积水。水龙头应采用节水型，有跑冒滴漏等质量问题的须立即更换。盥洗设施的下水口应设置过滤网，下水管线应与污水管线连接，必须保证排水通畅。

（3）生活区应设置淋浴间，淋浴器与员工的比例宜为1:30，淋浴器间距不小于1100mm。淋浴间应设置储衣柜或挂衣架。淋浴间的地面应硬化处理。

（4）生活区应设置洗衣房和晾衣棚等设施。

5.0.8 施工现场生活区宿舍、休息室应根据人数合理确定使用面积、布置空间格局，且应设置足够的通风、采光、照明设施。

【条文要点】

宿舍、休息室是施工现场重要的基础设施，是施工现场人员身心健康的重要保障，其面积、布局及应通风、采光、照明满足相关规定的要求。

【实施要点】

（1）宿舍楼、宿舍房间应统一编号。宿舍室内高度不低于2.5m，通道宽度不小于0.9m，人均使用面积不小于2.5m²，每间宿舍居住人员不超过8人。床铺高度不低于0.3m，面积不小于1.9m×0.9m，床铺间距不小于0.3m，床铺搭设不超过2层。每个房间至少有1个行李摆放架。

（2）结合所在地区气候特点，冬、夏季根据需要应有必要的取暖和防暑降温措施，宜设置空调、清洁能源供暖或集中供暖。不得使用煤炉等明火设备取暖。具备条件的项目，宿舍区可设置适合家庭成员共同居住的房间。

（3）宿舍、休息室应设置可开启式外窗；照明宜选用安全电压，采用强电照明时应设置限流器。宿舍区内的临时用电、用水、线路、管道，不得擅自进行改动和布设，严禁私自乱拉电线或违章操作。

（4）保持宿舍内地面干净，无烟头、无痰迹、无尘土、无杂物；保持室内空气清新无异味，并采取清除蚊虫、苍蝇及通风措施。床铺被褥、服装统一摆放、室内统一规划，做到布局合理、不乱放和乱摆，个人不得采取任何隔断、隔离方式；室内各种物品、个人用具及床下物品摆放有序，保持干净。

5.0.9 办公区和生活区应采取灭鼠、灭蚊蝇、灭蟑螂及灭其他害虫的措施。

【条文要点】

施工现场如果出现鼠、蝇、蟑螂等，会影响食物品质、居住环境等，同时也会传播细菌和疾病。为营造施工现场办公和生活的良好环境、保障人员的身心健康，项目部应制定相关灭害虫的措施。

【实施要点】

（1）灭鼠措施可采用笼（鼠笼）、夹（鼠夹）、压（石板压）、扣（金属面盆倒扣）、淹（水缸翻板淹）、翻（翻草堆）等方法捕杀。厨房、卫生间必须设20cm高挡鼠板，发现鼠洞立即封堵，消除鼠害。

（2）灭蝇要切实做好粪便处理，采用密封或三格化粪池，防止苍蝇繁殖；要做好垃圾无害化处理，清除各种滋生地；对厨房可采用粘捕、诱捕、拍打等方法灭蝇。

（3）灭蚊措施直接清除蚊虫滋生场所和间接改变滋生环境，使之不适宜蚊虫的滋生，从根本上清除蚊虫滋生条件，从而达到蚊虫不能生长繁殖的目的。

（4）灭蟑螂应采取环境防治的方法，环境防治是提高和巩固化学防治效果、防止蟑螂侵入和滋生的根本措施。主要办法有收藏好食物，保持环境清洁，消除垃圾、杂物，修复破损房屋和设施，补堵墙洞，清除滋生条件；经常检查居家家具、抽屉、厨房，清除蟑螂及卵鞘等。

5.0.10　办公区和生活区应定期消毒，当遇突发疫情时，应及时上报，并应按卫生防疫部门相关规定进行处理。

【条文要点】

本条主要对办公区和生活区的消毒和卫生防疫做出了相关规定。消毒能够杀灭环境中的细菌、病毒、真菌等微生物，从而预防人体受到有害物质的侵害，保护人体健康，减少疾病发生，提高生活质量。出现疫情应及时按照法律法规的相关规定，及时上报，并按卫生防疫部门相关规定进行处理。

【实施要点】

（1）办公区和生活区应定期消毒，制定法定传染病、食物中毒、急性职业中毒等突发疾病应急预案。必须严格执行国家、行业、地方政府有关卫生、防疫管理文件规定。

（2）我国卫生防疫方面的法律法规有《中华人民共和国传染病防治法》《中华人民共和国突发事件应对法》《中华人民共和国国境卫生检疫法》《中华人民共和国动物防疫法》《中华人民共和国传染病防治法实施办法》《突发公共卫生事件应急条例》等。

（3）突发公共卫生事件是指突然发生，造成或者可能造成社会公众健康严重损害的重大传染病疫情、群体性不明原因疾病、重大食物和职业中毒以及其他严重影响公众健康的事件。突发事件监测机构、医疗卫生机构和有关单位发现发生或者可能发生传染病暴发、流行的，发生或者发现不明原因的群体性疾病的，发生传染病菌种、毒种丢失的，发生或者可能发生重大食物和职业中毒事件的，应当在2h内向所在地县级人民政府卫生行政主管部门报告。接到报告的卫生行政主管部门应当在2h内向本级人民政府报告，并同时向上级人民政府卫生行政主管部门和国务院卫生行政主管部门报告。

5.0.11 办公区和生活区应设置封闭的生活垃圾箱，生活垃圾应分类投放，收集的垃圾应及时清运。

【条文要点】

本条是为保障办公区和生活区环境卫生而制定。采用封闭的生活垃圾箱能够有效避免垃圾的暴露，降低对环境的影响。生活垃圾分类投放，能够确保垃圾分类回收，有助于垃圾的回收利用。垃圾应及时清运，确保办公区和生活区环境清洁卫生，为办公区和生活区创造良好的工作和生活环境。

【实施要点】

（1）办公区和生活区应设置封闭的生活垃圾箱，并应符合下列规定：

1）办公区和生活区垃圾箱应分类设置，根据当地的垃圾分类标准，设置相应的垃圾分类收集容器。

2）每个垃圾分类容器都应有清晰的标识，标明所属垃圾分类的种类，可以使用颜色和图标来区分不同种类的垃圾。

3）根据垃圾产量来确定每个垃圾分类容器的尺寸，通常可回收物和厨余垃圾容器尺寸较大，有害垃圾和其他垃圾容器尺寸较小。

4）根据办公区域的大小和垃圾产量来确定垃圾分类容器的数量和位置，应为每个办公区域设置至少一个垃圾分类容器，并确保容器的位置便于员工方便丢弃垃圾。

5）应定期清洁和维护垃圾分类容器，以保持整洁和卫生，尤其是厨余垃圾容器，应采取一定的措施，以防止异味和果蝇滋生。

6）应与当地垃圾收运单位合作，定期收运和处理垃圾分类容器中的垃圾，确保垃圾分类的可持续性和规范性。

（2）生活垃圾可分为有害垃圾、可回收物、其他垃圾和餐厨垃圾四类。

1）有害垃圾含有害物质，需要特殊安全处理的生活垃圾，包括对人体健康或自然环境造成直接或潜在危害的过期药品、灯管、家用化学品和电池等。

2）可回收物适宜回收和再生利用的生活废弃物，包括纸类、塑料、橡胶、玻璃、金属、衣物、家具、家用电器和电子产品及其他大件垃圾。

3）其他垃圾除上述类别之外，未能单独收集的各类生活垃圾。

4）餐厨垃圾是食品加工、生产、食用过程中产生的食物残余、食品加工废料、过期食品、废弃食用油脂等垃圾。

5.0.12 施工现场应配备充足有效的医疗和急救用品，且应保障在需要时方便取用。

【条文要点】

本条是为确保施工现场有充足的医疗和急救用品，伤病人员能够得到及时有效的初步救治而制定。当施工现场配备充足有效的医疗和急救用品时，能够使伤病人员得到及时有效救治，能够减轻伤病人员的伤痛和有效阻止伤情或病情的进一步发展。医疗和急救用品应放置在明显的专门地方，一旦有伤病人员时，能够及时取用，发挥应有的作用。

【实施要点】

（1）施工现场应配备常用药品及作用，主要包括：

1）外用药：创可贴，治疗小创伤；万花油，治疗烧烫伤；京万红软膏，治疗烧烫伤；碘酊（2%），局部消毒；酒精（70%），局部消毒；风油精，治疗虫咬、牙痛；清凉油，驱暑醒脑；红药水，清毒止血；眼药水，治疗眼部感染；棉垫和绷带，用于外伤出血；止血胶带，用于外伤出血。

2）内服药品：速效感冒胶囊，治疗发烧；扑尔敏，治疗抗过敏；氟哌酸，治疗腹泻、尿道感染；复方甘草片，镇咳、祛痰；碘喉片，治疗咽炎、扁桃体炎；阿司匹林，解热、镇痛；云南白药，散瘀、止痛、止血。

（2）施工现场应配备常用急救用品及绷带、止血带、颈托、担架等急救器材，应有专人保管，确保使用时能够及时到位。应培训有一定急救知识的人员，并定期开展卫生防病宣传教育。

6 职业健康管理

6.0.1 应为从事放射性、高毒、高危粉尘等方面工作的作业人员，建立、健全职业卫生档案和健康监护档案，定期提供医疗咨询服务。

【条文要点】

本条依据《中华人民共和国职业病防治法》第十九条（国家对从事放射性、高毒、高危粉尘等作业实行特殊管理）和第二十条（建立、健全职业卫生档案和劳动者健康监护档案）等相关要求制定。旨在规范为从事放射性、高毒、高危粉尘等方面的作业人员建立、健全职业卫生档案和健康监护档案的管理，维护作业人员的职业健康权利，并为作业人员提供及时有效的医疗咨询和服务。

【实施要点】

（1）从事接触放射性的作业按照国务院颁布的《放射性同位素与射线装置安全和防护条例》等有关行政法规进行界定。高毒作业是指用人单位的劳动者在职业活动中接触高毒物品且发生职业中毒风险较高的作业。从事高危粉尘作业，一般是指可能产生含游离二氧化硅 10% 以上粉尘的职业病危害项目作业。

（2）放射性、高毒、高危粉尘等作业对劳动者的生命健康具有极大的危害性，建立健全职业卫生档案和健康监护档案，目的是掌握本单位职业病防治的基础资料和评价本单位职业病危害预防、掌握、治理的动态资料，也是区分职业健康损害责任和职业病诊断、鉴定的重要依据之一，同时有助于控制作业人员的职业疾病防控。

（3）高危粉尘作业、高毒作业的目录，由国务院安全生产监督管理部门会同国务院卫生计生行政部门制定、调整并公布。

6.0.2 架子工、起重吊装工、信号指挥工配备劳动防护用品应符合下列规定：

1 架子工、塔式起重机操作人员、起重吊装工应配备灵便紧口的工作服、系带防滑鞋和工作手套；

2 信号指挥工应配备专用标识服装，在强光环境条件作业时，应配备有色防护眼镜。

【条文要点】

本条规定的信号指挥工是指垂直运输设备的专职指挥人员。强光环境条件是指人员在面向强光直接照射的环境条件，可能影响指挥人员的眼睛健康。

【实施要点】

（1）架子工、塔式起重机操作人员、起重吊装工经常处于高处作业状态，尤其是在攀爬过程中，极易发生意外事故。配备灵便紧口的工作服、系带防滑鞋和工作手套，可尽可能减少作业环境和不可预测的外力影响，避免工作时发生安全事故。

（2）信号指挥工配备专用标识服装便于与其他作业人员区分，同时有利于塔式起重机驾驶员观察信号指挥，保障吊装作业安全。在面向太阳光直接照射的环境条件下，配备有色防护眼镜，保护指挥人员的眼睛健康，同时便于信号指挥工观察吊装情况，发出正确指挥信号。有色防护眼镜用于防御过强的紫外线等辐射线对眼睛的危害，镜片采用能反射或吸收辐射线，但能透过一定可见光的特殊玻璃制成。

（3）灵便紧扣的工作服必须满足领口紧、袖口紧、下摆紧的要求。防滑鞋的防滑性能应满足现行国家标准《足部防护 安全鞋》GB 21148 的相关要求。工作手套应满足现行国家标准《手部防护 通用技术规范》GB 42298、《手部防护 防护手套的选择、使用和维护指南》GB/T 29512 的相关要求。有色眼镜应满足现行国家标准《眼面防护具通用技术规范》GB 14866 的相关要求。

6.0.3 电工配备劳动防护用品应符合下列规定：

1 维修电工应配备绝缘鞋、绝缘手套和灵便紧口的工作服；

2 安装电工应配备手套和防护眼镜；

3 高压电气作业时，应配备相应等级的绝缘鞋、绝缘手套和有色防护眼镜。

【条文要点】

本条规定了施工现场电气作业人员应配备的防护用品，目的是保护施工现场作业人员的用电安全。高压电气作业是指高压电气设备的维修、调试、值班等。

【实施要点】

（1）电工作业会遇到各种带电操作的情况，绝缘鞋、绝缘手套可以有效防止触电事故发生，因此必须穿戴灵便紧口的工作服。

（2）安装电工佩戴防护眼镜可以有效避免作业过程中有异物进入眼睛。

（3）高压电气作业为防止操作时发生电弧光或发生事故时伤及眼睛，要戴有色防护眼镜。

（4）绝缘鞋的性能应满足现行国家标准《足部防护 安全鞋》GB 21148 的相关要求。绝缘手套的性能应满足现行国家标准《带电作业用绝缘手套》GB/T 17622 的相关要求。灵便紧口的工作服必须满足领口紧、袖口紧、下摆紧的要求。防护眼镜应满足现行国家标准《眼面防护具通用技术规范》GB 14866 的相关要求。

6.0.4 电焊工、气割工配备劳动防护用品应符合下列规定：

1 电焊工、气割工应配备阻燃防护服、绝缘鞋、鞋盖、电焊手套和焊接防护面罩；高处作业时，应配备安全帽与面罩连接式焊接防护面罩和阻燃安全带；

2 进行清除焊渣作业时，应配备防护眼镜；

3 进行磨削钨极作业时，应配备手套、防尘口罩和防护眼镜；

4 进行酸碱等腐蚀性作业时，应配备防腐蚀性工作服、耐酸碱胶鞋、耐酸碱手套、防护口罩和防护眼镜；

5 在密闭环境或通风不良的情况下，应配备送风式防护面罩。

【条文要点】

本条规定了施工现场电焊、气割工作人员应配备的防护用品，目的是保护施工现场作业人员的焊接和气割作业安全。电焊、气割作业时，经常会接触多种易燃易爆气体、各种等级电流、电压的电器设备及压力容器、燃料容器，以及某些金属元素、焊药在高温火焰下散发的有毒有害气体、金属烟尘、弧光辐射和高频电磁场、噪声级射线等，有时还需要在狭小空间、密闭容器、隧道深处、高处、水坝和水下作业。这些不安全因素在一定条件下会引起火灾、爆炸、触电、烫伤和高处坠落及急性中毒等伤害事故，导致工伤、工亡及尘肺、慢性中毒、血液病、电光性眼炎等疾病，影响作业人员的安全和健康。因此，本条针对几种常见作业情况的防护进行规定。

【实施要点】

（1）阻燃服防护原理主要是采取隔热、反射、吸收、碳化隔离等屏蔽作用，保护劳动者免受明火或热源的伤害。阻燃安全带中所使用的织带、绳套的材料续燃时间、阴燃时间应小于或等于2s，应无熔融、滴落现象且所使用的缝纫线应无熔融和烧焦现象。电焊手套应选用耐磨、耐辐射热的皮革或棉帆布和皮革合成材料制成，其长度不应小于300mm，要缝制结实。焊工不应戴有破损或潮湿的手套；在可能导电的焊接场所工作时，所用的电焊手套应该选用具有绝缘性能的材料（或附加绝缘层）制成，并经耐电压5000V试验合格后，方可使用。

（2）焊渣清除一般使用砂轮或者化学试剂对焊渣进行清理，防止颗粒和化学液体飞溅伤人，需佩戴防护眼镜。

（3）钨极端部形状是一个重要工艺参数，对电弧稳定性和焊缝成型有很大影响；端部形状有锥台形、圆锥形、半球形和平面形。根据所用焊接电流种类，选用不同的端头形状，尖端角度的大小会影响钨极的许用电流、引弧及稳弧性能，加工时要采用密封式或抽风式砂轮进行磨削。

（4）从事酸碱作业必须要有完善的管理制度和防护器材，必须有操作规程，有相应的应急预案。对酸碱作业必须有人监护，监护人员不得在被监护操作完成前离开，发现问题应及时提醒作业人员，发生意外情况，要采取正确的急救措施，防止事故扩大，未经许可不得进入酸碱系统作业。进行酸碱作业时，操作和监护人员应配备防腐蚀性工作服、耐酸碱胶鞋，戴耐酸碱手套、防护口罩和防护眼镜避免酸碱环境伤害。

（5）送风式防护面具是指在过滤式防毒面具的基础上增加了电动送风器后形成的一种过滤式呼吸道防护装备。其突出特点是送风器对面罩强制送风，气流量大且基本恒定，可大幅度减小面具的吸气阻力，降低肺部压力，提高进气量。在密闭环境或通风不良的情况下，可以有效保护作业人员身体健康，降低人员负担，改善生理舒适性。

（6）阻燃防护服的性能应满足现行国家标准《防护服装 阻燃服》GB/T 8965.1 的相关要求。绝缘鞋的性能应满足现行国家标准《足部防护 安全鞋》GB 21148 的相关要求。电焊手套的性能满足现行行业标准《焊工防护手套》AQ 6103 的相关要求。焊接防护面罩的性能满足现行行业标准《职业眼面部防护 焊接防护 第1部分：焊接防护具》GB/T 3609.1 的相关要求。安全帽与面罩连接式焊接防护面罩的性能应分别满足现行国家标准《头部防护 安全帽》GB 2811 和《职业眼面部防护 焊接防护 第1部分：焊接防护具》GB/T 3609.1 的相关要求。阻燃安全带的阻燃性能应满足现行国家标准《坠落防护 安全带》GB 6095 的相关要求。防护眼镜应满足现行国家标准《眼面防护具通用技术规范》GB 14866 的相关要求。防尘口罩应满足现行国家标准《呼吸防护 自吸过滤式防颗粒物呼吸器》GB 2626 的相关要求。防腐蚀性工作服应满足现行国家标准《防护服装 化学防护服》GB 24539 的相关要求。耐酸碱胶鞋的性能应满足现行国家标准《足部防护 防化学品鞋》GB 20265 的相关要求。耐酸碱手套应满足现行国家标准《手部防护 化学品及微生物防护手套》GB 28881 的相关要求。送风式防护面罩应满足现行国家标准《呼吸防护 自吸过滤式防颗粒物呼吸器》GB 2626 的相关要求。

6.0.5 锅炉、压力容器及管道安装工配备劳动防护用品应符合下列规定：

1 锅炉、压力容器安装工及管道安装工应配备紧口工作服和保护足趾安全鞋；在强光环境条件作业时，应配备有色防护眼镜；

2 在地下或潮湿场所作业时，应配备紧口工作服、绝缘鞋和绝缘手套。

【条文要点】

本条规定了锅炉、压力容器及管道安装工作人员应配备的防护用品，目的是保护施工现场作业人员在密闭容器内的作业安全。长期接触油漆会对身体健康造成危害，油漆工长期处在有毒、有害工作环境中，因此应严格防护。

【实施要点】

（1）从事管道作业应配备劳动防护用品，是为在相对封闭的环境中作业时，避免人身伤害事故发生。锅炉、压力容器安装工及管道安装工作业时会使用各种机具，防止被转动机械绞住和机具、构配件掉落砸伤，因此要穿紧口工作服和保护足趾的安全鞋。在电焊的闪光环境条件下，配备有色防护眼镜，保护作业人员的眼睛健康。

（2）紧扣的工作服必须满足领口紧、袖口紧、下摆紧的要求。足趾安全鞋和绝缘鞋应满足现行国家标准《足部防护 安全鞋》GB 21148 的相关要求。有色防护眼镜应满足现行国家标准《眼面防护具通用技术规范》GB 14866 的相关要求。绝缘手套的性能应满足现行国家标准《带电作业用绝缘手套》GB/T 17622 的相关要求。

6.0.6 油漆工在进行涂刷、喷漆作业时，应配备防静电工作服、防静电鞋、防静电手套、防毒口罩和防护眼镜；进行砂纸打磨作业时，应配备防尘口罩和密闭式防护眼镜。

【条文要点】

本条规定了油漆工作业时应配备的防护用品。长期接触油漆会对身体健康造成危害，油漆工长期处在有毒、有害工作环境中，因此应严格防护。

【实施要点】

（1）油漆中含有易燃挥发性气体，在喷涂的过程中，静电放电非常容易引燃涂料或引爆空中的溶剂气体。油漆中含有苯、甲苯等有毒有害物质，可通过呼吸道、皮肤等进入人体，侵犯神经系统、造血系统和肝脏器官，长期接触油漆会对身体健康造成严重危害，同时作业时有漆料溅入眼睛的风险。在用砂纸打磨时会产生粉尘，打磨粉尘要用潮布擦净，配备防尘口罩和密闭式防护眼镜，有效防止粉尘吸入和损伤眼睛。

（2）防静电工作服应满足现行国家标准《防护服装 防静电服》GB 12014 的相关要求。防静电鞋应满足现行国家标准《足部防护 安全鞋》GB 21148 的相关要求。防静电手套应满足现行国家标准《带电作业用绝缘手套》GB/T 17622 的相关要求。防毒口罩应满足现行国家标准《呼吸防护 自吸过滤式防毒面具》GB 2890 的相关要求。防护眼镜应满足现行国家标准《眼面防护具通用技术规范》GB 14866 的相关要求。防尘口罩应满足现行国家标准《呼吸防护 自吸过滤式防颗粒物呼吸器》GB 2626 的相关要求。密闭式防护眼镜应满足现行国家标准《眼面防护具通用技术规范》GB 14866 的相关要求。

6.0.7 普通工进行淋灰、筛灰作业时，应配备高腰工作鞋、鞋盖、手套和防尘口罩，并应配备防护眼镜；进行抬、扛物料作业时，应配备垫肩；进行人工挖扩桩孔井下作业时，应配备雨靴、手套和安全绳；进行拆除工程作业时，应配备保护足趾安全鞋和手套。

【条文要点】

本条规定了淋灰、筛灰作业时作业人员应配备的防护用品。

淋灰、筛灰作业会产生大量粉尘，会对工作人员身心健康造成较大影响，工作人员应穿戴相应的劳动防护用品。

【实施要点】

（1）淋灰、筛灰作业可能发生放热，溅到作业人员身体上可能造成身体伤害；淋灰、筛灰作业时应站在上风操作，做好防护措施，遇四级以上强风时，停止筛灰。

（2）垫肩可以有效减少对肩膀的挤压，减少受力，保护皮肤等免受损伤。

（3）孔下作业前，应采用有害气体检测器进行有毒、有害气体检测；发现有毒、有害气体必须采取防范措施，确认安全后方可下孔作业。孔口应设防护设施，凡下孔作业人员均需戴安全帽、配备雨靴、手套和安全绳。

（4）拆除作业时，应防止砸伤、划伤等，必须配备相应的劳动保护用品，并正确使用。

（5）高腰工作鞋和足趾安全鞋应满足现行国家标准《足部防护 安全鞋》GB 21148 的相关要求。手套应满足现行国家标准《手部防护 通用技术规范》GB 42298 的相关要求。防尘口罩应满足现行国家标准《呼吸防护 自吸过滤式防颗粒物呼吸器》GB 2626 的相关要求。防护眼镜应满足现行国家标准《眼面防护具通用技术规范》GB 14866 的相关要求。雨靴应满足现行行业标准《黑色雨靴（鞋）》HG/T 2019 或《彩色雨靴（鞋）》HG/T 2020 的相关要求。安全绳应满足现行国家标准《防坠防护 安全绳》GB 24543 的相关要求。

6.0.8 磨石工应配备紧口工作服、绝缘胶靴、绝缘手套和防尘口罩。

【条文要点】

本条规定了磨石工工作时应配备的防护用品。磨石工在施工操作过程中，会产生较多粉尘，影响身体健康；因此施工过程中应配备紧口工作服、绝缘胶靴、绝缘手套和防尘口罩等，避免粉尘接触皮肤和进入呼吸道。

【实施要点】

（1）磨石作业会产生静电和粉尘，为防止作业人员触电和吸入粉尘造成身体伤害，应配备紧口工作服、绝缘胶靴、绝缘手套和防尘口罩。

（2）紧口工作服必须满足领口紧、袖口紧、下摆紧的要求。绝缘胶靴应满足现行国家标准《足部防护 安全鞋》GB 21148 的相关要求。绝缘手套应满足现行国家标准《带电作业用绝缘手套》GB/T 17622 的相关要求。防尘口罩应满足现行国家标准《呼吸防护 自吸过滤式防颗粒物呼吸器》GB 2626 的相关要求。

6.0.9 防水工配备劳动防护用品应符合下列规定：

1 进行涂刷作业时，应配备防静电工作服、防静电鞋和鞋盖、防护手套、防毒口罩和防护眼镜；

2 进行沥青熔化、运送作业时，应配备防烫工作服、高腰布面胶底防滑鞋和鞋盖、工作帽、耐高温长手套、防毒口罩和防护眼镜。

【条文要点】

本条规定了防水工作业时应配备的防护用品。防水作业时，涂刷处理剂和胶粘剂必须戴防毒口罩和防护眼镜，防止有害气体和液体进入眼睛。

【实施要点】

（1）防水涂料中含有大量的沥青，沥青含有化学物质和有毒气体，对皮肤黏膜具有刺激性。同时，静电放电非常容易引燃涂料或引爆空中的溶剂气体，防水涂刷作业时，必须配备防静电工作服、防静电鞋和鞋盖、防护手套、防毒口罩和防护眼镜，防止有害气体吸入和液体与眼睛、皮肤接触；操作时严禁用手直接揉擦皮肤，外露皮肤应涂擦防护膏。

（2）沥青熔化温度较高，高温会催发有毒气体的挥发，同时在运送过程中沥青可能会飞溅。配备防烫工作服、高腰布面胶底防滑鞋和鞋盖、工作帽、耐高温长手套可以有效避免高温对人体的伤害。同时，防毒口罩和防护眼镜可以有效避免有毒气体的吸入及沥青接触伤害眼睛。

（3）防静电工作服应满足现行国家标准《防护服装 防静电服》GB 12014 的相关要求。防静电鞋和高腰布面胶底防滑鞋应满足现行国家标准《足部防护 安全鞋》GB 21148 的相关要求。防护手套应满足现行国家标准《手部防护 化学品及微生物防护手套》GB 28881 的相关要求。防毒口罩应满足现行国家标准《呼吸防护 自吸过滤式防毒面具》GB 2890 的相关要求。防护眼镜应满足现行国家标准《眼面防护具通用技术规范》GB 14866 的相关要求。防烫工作服应满足现行国家标准《防护服装 隔热服》GB 38453 的相关要求。工作帽应满足现行国家标准《防静电工作帽》GB/T 31421 的相关要求。耐高温长手套应满足现行国家标准《手部防护 防热伤害手套》GB/T 38306 的相关要求。

6.0.10 钳工、铆工、通风工配备劳动防护用品应符合下列规定：

1 使用锉刀、刮刀、錾子、扁铲等工具进行作业时，应配备紧口工作服和防护眼镜；

2 进行剔凿作业时，应配备手套和防护眼镜；进行搬抬作业时，应配备保护足趾安全鞋和手套；

3 进行石棉、玻璃棉等含尘毒材料作业时，应配备防异物工作服、防尘口罩、风帽、风镜和薄膜手套。

【条文要点】

本条规定了钳工、铆工、通风工工作时应配备的防护用品。钳工、铆工、通风工工作类型和环境类型较多，应根据不同的工作类型和工作环境配备不同的防护用品。

【实施要点】

（1）使用锉刀、刮刀、錾子、扁铲等工具，不可用力过猛。錾子、扁铲有卷边、裂纹，不得使用，顶部有油污要及时清除。使用锉刀等工具作业时，会操作相应施工机具，配备紧口工作服和防护眼镜可以有效避免机械伤害和颗粒、铁屑飞溅伤害眼睛。

（2）剔凿作业时，为防止机械脱手、磨损手掌及石块、金属碎屑飞溅，必须配备手套和防护眼镜。搬抬作业时，防止砸伤、划伤，必须配备保护足趾安全鞋和手套。

（3）石棉、玻璃棉等含尘毒材料作业时，会产生大量纤维，容易导致呼吸道、皮肤、眼睛及黏膜危害，长期接触有致癌风险；要加强通风除尘和个体防护，必须配备相关防护用品。

（4）紧口工作服必须满足领口紧、袖口紧、下摆紧的要求。防护眼镜应满足现行国家标准《眼面防护具通用技术规范》GB 14866 的相关要求。手套应满足现行国家标准《手部防护 通用技术规范》GB 42298 的相关要求。足趾安全鞋应满足现行国家标准《足部防护 安全鞋》GB 21148 的相关要求。防异物工作服应满足现行国家标准《防护服装 化学防护服》GB 24539 的相关要求。防尘口罩应满足现行国家标准《呼吸防护 自吸过滤式防颗粒物呼吸器》GB 2626 的相关要求。

6.0.11 电梯、起重机械安装拆卸工进行安装、拆卸和维修作业时，应配备紧口工作服、保护足趾安全鞋和手套。

【条文要点】

本条规定了电梯、起重机械安装拆卸工作业时应配备的防护用品。为防止物体打击以及其他事故，电梯安装工、起重机械安装拆卸工从事安装、拆卸和维修作业时，应配备紧口工作服、保护足趾安全鞋和手套。

【实施要点】

（1）电梯、起重机械安装拆卸应有专项安装、拆卸方案，严格按照方案要求进行安、拆作业。作业前应办理安、拆告知书，对作业人员进行安全教育及安全技术交底，安全员做好旁站监督。在日常使用过程中，应落实设备检查、维修、留存检查、维保记录。在安装、拆卸和维修作业中，为避免攀爬、使用机具过程中和安装拆卸构配件时出现安全事故，应配备紧口工作服、保护足趾安全鞋和手套。

（2）紧口工作服必须满足领口紧、袖口紧、下摆紧的要求。保护足趾安全鞋应满足现行国家标准《足部防护 安全鞋》GB 21148

的相关要求。手套应满足现行国家标准《手部防护 通用技术规范》GB 42298 的相关要求。

6.0.12 进行电钻、砂轮等手持电动工具作业时，应配备绝缘鞋、绝缘手套和防护眼镜；进行可能飞溅渣屑的机械设备作业时，应配备防护眼镜。

【条文要点】

本条规定了电钻、砂轮等手持电动工具作业时作业人员应配备的防护用品。为防止作业中工作人员发生触电危险，应配备绝缘鞋、绝缘手套；为防止飞溅渣屑可能造成人员伤害，应配备防护眼镜。

【实施要点】

（1）手持式电动工具的管理、使用、检查和维护应符合国家现行安全技术法规和标准，手持电动工具的电缆应避免热流，并采取防止重物压坏电缆等措施，需要移动或工作完毕应切断电源。手持电动工具的刀具，如钻头砂轮等，必须夹紧、锁紧，手持式磨床砂轮的旋转方向应避开人员和设备，以免砂轮碎块伤人和伤物。作业人员应配备绝缘鞋、绝缘手套和防护眼镜可以有效避免触电和碎屑飞溅伤眼。

（2）进行可能飞溅渣屑的机械设备作业时，应配备防护眼镜防止飞溅渣屑伤眼。

（3）绝缘鞋应满足现行国家标准《足部防护 安全鞋》GB 21148 的相关要求。绝缘手套应满足现行国家标准《带电作业用绝缘手套》GB/T 17622 的相关要求。防护眼镜应满足现行国家标准《眼面防护具通用技术规范》GB 14866 的相关要求。

6.0.13 其他特殊环境作业的人员配备劳动防护用品应符合下列规定：

1 在噪声环境下工作的人员应配备耳塞、耳罩或防噪声帽等；

2 进行地下管道、井、池等检查、检修作业时，应配备防毒面具、防滑鞋和手套；

3 在有毒、有害环境中工作的人员应配备防毒面罩或面具；

4 冬期施工期间或作业环境温度较低时，应为作业人员配备防寒类防护用品；

5 雨期施工期间，应为室外作业人员配备雨衣、雨鞋等个人防护用品。

【条文要点】

本条规定了噪声环境下，地下管道、井、池等，有毒、有害环境中，冬期施工期间或作业环境温度较低时和雨期施工期间工作人员应配备的防护用品。工作人员的工作类型不同、环境不同，配备的防护用品也不相同；应根据实际情况，分析可能给工作人员造成的伤害类型，配备相应的安全防护用品。

【实施要点】

（1）在施工中要大量使用各种动力机械，要进行挖掘、打洞、搅拌，要频繁地运输材料和构件，从而产生大量噪声。长期在比较强烈的噪声下工作，听觉疲劳不易恢复，并会造成内耳听觉器官发生病变，导致噪声性耳聋；同时也会诱发头晕、头痛、神经衰弱、消化不良等症状，带来严重的生理影响。在噪声环境作业的人员可以戴耳塞、耳罩或防噪声帽等防护措施避免噪声伤害。

（2）地下管道、井、池等环境潮湿，受限空间且可能因为管道、井等泄漏导致存在有毒有害气体。在检查、检修作业时，应配备防毒面具、防滑鞋和手套防止出现安全事故。

（3）作业人员在有毒有害环境中作业时，必须严格按照已交底的安全施工措施进行作业。作业人员在作业前应正确使用个人安全防护用品和用具，下班后应以温水、肥皂洗脸、漱口或洗澡；换下的工作服应放在固定位置，不应与非工作服混放。

（4）在冬期施工期间或作业环境温度较低及雨期施工期间，根据天气环境，应配备相应的防护用品，保障作业人员人身安全。

（5）耳塞、耳罩或防噪声帽的选择和使用应满足现行国家标准《护听器的选择指南》GB/T 23466 的相关要求。防毒面罩或面具应满足现行国家标准《呼吸防护 自吸过滤式防毒面具》GB 2890 的相关要求。防滑鞋应满足现行国家标准《足部防护 安全鞋》GB 21148 的相关要求。手套应满足现行国家标准《手部防护 通用技术规范》GB 42298 的相关要求。防寒类防护用品有棉鞋、棉衣、防寒帽、防寒手套等。

第四部分

附　录

中华人民共和国安全生产法（节选）

（2002 年 6 月 29 日第九届全国人民代表大会常务委员会第二十八次会议通过，根据 2009 年 8 月 27 日第十一届全国人民代表大会常务委员会第十次会议《关于修改部分法律的决定》第一次修正，根据 2014 年 8 月 31 日第十二届全国人民代表大会常务委员会第十次会议《关于修改〈中华人民共和国安全生产法〉的决定》第二次修正，根据 2021 年 6 月 10 日第十三届全国人民代表大会常务委员会第二十九次会议《关于修改〈中华人民共和国安全生产法〉的决定》第三次修正）

第一章　总则

第一条　为了加强安全生产工作，防止和减少生产安全事故，保障人民群众生命和财产安全，促进经济社会持续健康发展，制定本法。

第二条　在中华人民共和国领域内从事生产经营活动的单位（以下统称生产经营单位）的安全生产，适用本法；有关法律、行政法规对消防安全和道路交通安全、铁路交通安全、水上交通安全、民用航空安全以及核与辐射安全、特种设备安全另有规定的，适用其规定。

第三条　安全生产工作坚持中国共产党的领导。

安全生产工作应当以人为本，坚持人民至上、生命至上，把保护人民生命安全摆在首位，树牢安全发展理念，坚持安全第一、预防为主、综合治理的方针，从源头上防范化解重大安全风险。

安全生产工作实行管行业必须管安全、管业务必须管安全、管生产经营必须管安全，强化和落实生产经营单位主体责任与政府监管责任，建立生产经营单位负责、职工参与、政府监管、行业自律和社会监督的机制。

第四条　生产经营单位必须遵守本法和其他有关安全生产的法律、法规，加强安全生产管理，建立健全全员安全生产责任制和安全生产规章制度，加大对安全生产资金、物资、技术、人员的投入保障力度，改善安全生产条件，加强安全生产标准化、信息化建设，构建安全风险分级管控和隐患排查治理双重预防机制，健全风险防范化解机制，提高安全生产水平，确保安全生产。

平台经济等新兴行业、领域的生产经营单位应当根据本行业、领域的特点，建立健全并落实全员安全生产责任制，加强从业人员安全生产教育和培训，履行本法和其他法律、法规规定的有关安全生产义务。

第五条　生产经营单位的主要负责人是本单位安全生产第一责任人，对本单位的安全生产工作全面负责。其他负责人对职责范围内的安全生产工作负责。

第六条　生产经营单位的从业人员有依法获得安全生产保障的权利，并应当依法履行安全生产方面的义务。

第七条　工会依法对安全生产工作进行监督。

生产经营单位的工会依法组织职工参加本单位安全生产工作的民主管理和民主监督，维护职工在安全生产方面的合法权益。生产经营单位制定或者修改有关安全生产的规章制度，应当听取工会的意见。

第八条　国务院和县级以上地方各级人民政府应当根据国民经济和社会发展规划制定安全生产规划，并组织实施。安全生产规划应当与国土空间规划等相关规划相衔接。

各级人民政府应当加强安全生产基础设施建设和安全生产监管能力建设，所需经费列入本级预算。

县级以上地方各级人民政府应当组织有关部门建立完善安全风险评估与论证机制，按照安全风险管控要求，进行产业规划和空间布局，并对位置相邻、行业相近、业态相似的生产经营单位实施重大安全风险联防联控。

第九条 国务院和县级以上地方各级人民政府应当加强对安全生产工作的领导，建立健全安全生产工作协调机制，支持、督促各有关部门依法履行安全生产监督管理职责，及时协调、解决安全生产监督管理中存在的重大问题。

乡镇人民政府和街道办事处，以及开发区、工业园区、港区、风景区等应当明确负责安全生产监督管理的有关工作机构及其职责，加强安全生产监管力量建设，按照职责对本行政区域或者管理区域内生产经营单位安全生产状况进行监督检查，协助人民政府有关部门或者按照授权依法履行安全生产监督管理职责。

第十条 国务院应急管理部门依照本法，对全国安全生产工作实施综合监督管理；县级以上地方各级人民政府应急管理部门依照本法，对本行政区域内安全生产工作实施综合监督管理。

国务院交通运输、住房和城乡建设、水利、民航等有关部门依照本法和其他有关法律、行政法规的规定，在各自的职责范围内对有关行业、领域的安全生产工作实施监督管理；县级以上地方各级人民政府有关部门依照本法和其他有关法律、法规的规定，在各自的职责范围内对有关行业、领域的安全生产工作实施监督管理。对新兴行业、领域的安全生产监督管理职责不明确的，由县级以上地方各级人民政府按照业务相近的原则确定监督管理部门。

应急管理部门和对有关行业、领域的安全生产工作实施监督管理的部门，统称负有安全生产监督管理职责的部门。负有安全生产监督管理职责的部门应当相互配合、齐抓共管、信息共享、资源共用，依法加强安全生产监督管理工作。

第十一条 国务院有关部门应当按照保障安全生产的要求，依法及时制定有关的国家标准或者行业标准，并根据科技进步和经济发展适时修订。

生产经营单位必须执行依法制定的保障安全生产的国家标准

或者行业标准。

第十二条　国务院有关部门按照职责分工负责安全生产强制性国家标准的项目提出、组织起草、征求意见、技术审查。国务院应急管理部门统筹提出安全生产强制性国家标准的立项计划。国务院标准化行政主管部门负责安全生产强制性国家标准的立项、编号、对外通报和授权批准发布工作。国务院标准化行政主管部门、有关部门依据法定职责对安全生产强制性国家标准的实施进行监督检查。

第十三条　各级人民政府及其有关部门应当采取多种形式，加强对有关安全生产的法律、法规和安全生产知识的宣传，增强全社会的安全生产意识。

第十四条　有关协会组织依照法律、行政法规和章程，为生产经营单位提供安全生产方面的信息、培训等服务，发挥自律作用，促进生产经营单位加强安全生产管理。

第十五条　依法设立的为安全生产提供技术、管理服务的机构，依照法律、行政法规和执业准则，接受生产经营单位的委托为其安全生产工作提供技术、管理服务。

生产经营单位委托前款规定的机构提供安全生产技术、管理服务的，保证安全生产的责任仍由本单位负责。

第十六条　国家实行生产安全事故责任追究制度，依照本法和有关法律、法规的规定，追究生产安全事故责任单位和责任人员的法律责任。

第十七条　县级以上各级人民政府应当组织负有安全生产监督管理职责的部门依法编制安全生产权力和责任清单，公开并接受社会监督。

第十八条　国家鼓励和支持安全生产科学技术研究和安全生产先进技术的推广应用，提高安全生产水平。

第十九条　国家对在改善安全生产条件、防止生产安全事故、参加抢险救护等方面取得显著成绩的单位和个人，给予奖励。

第二章　生产经营单位的安全生产保障

第二十条　生产经营单位应当具备本法和有关法律、行政法规和国家标准或者行业标准规定的安全生产条件；不具备安全生产条件的，不得从事生产经营活动。

第二十一条　生产经营单位的主要负责人对本单位安全生产工作负有下列职责：

（一）建立健全并落实本单位全员安全生产责任制，加强安全生产标准化建设；

（二）组织制定并实施本单位安全生产规章制度和操作规程；

（三）组织制定并实施本单位安全生产教育和培训计划；

（四）保证本单位安全生产投入的有效实施；

（五）组织建立并落实安全风险分级管控和隐患排查治理双重预防工作机制，督促、检查本单位的安全生产工作，及时消除生产安全事故隐患；

（六）组织制定并实施本单位的生产安全事故应急救援预案；

（七）及时、如实报告生产安全事故。

第二十二条　生产经营单位的全员安全生产责任制应当明确各岗位的责任人员、责任范围和考核标准等内容。

生产经营单位应当建立相应的机制，加强对全员安全生产责任制落实情况的监督考核，保证全员安全生产责任制的落实。

第二十三条　生产经营单位应当具备的安全生产条件所必需的资金投入，由生产经营单位的决策机构、主要负责人或者个人经营的投资人予以保证，并对由于安全生产所必需的资金投入不足导致的后果承担责任。

有关生产经营单位应当按照规定提取和使用安全生产费用，专门用于改善安全生产条件。安全生产费用在成本中据实列支。安全生产费用提取、使用和监督管理的具体办法由国务院财政部门会同国务院应急管理部门征求国务院有关部门意见后制定。

第二十四条　矿山、金属冶炼、建筑施工、运输单位和危险物品的生产、经营、储存、装卸单位，应当设置安全生产管理机构或者配备专职安全生产管理人员。

前款规定以外的其他生产经营单位，从业人员超过一百人的，应当设置安全生产管理机构或者配备专职安全生产管理人员；从业人员在一百人以下的，应当配备专职或者兼职的安全生产管理人员。

第二十五条　生产经营单位的安全生产管理机构以及安全生产管理人员履行下列职责：

（一）组织或者参与拟订本单位安全生产规章制度、操作规程和生产安全事故应急救援预案；

（二）组织或者参与本单位安全生产教育和培训，如实记录安全生产教育和培训情况；

（三）组织开展危险源辨识和评估，督促落实本单位重大危险源的安全管理措施；

（四）组织或者参与本单位应急救援演练；

（五）检查本单位的安全生产状况，及时排查生产安全事故隐患，提出改进安全生产管理的建议；

（六）制止和纠正违章指挥、强令冒险作业、违反操作规程的行为；

（七）督促落实本单位安全生产整改措施。

生产经营单位可以设置专职安全生产分管负责人，协助本单位主要负责人履行安全生产管理职责。

第二十六条　生产经营单位的安全生产管理机构以及安全生产管理人员应当恪尽职守，依法履行职责。

生产经营单位作出涉及安全生产的经营决策，应当听取安全生产管理机构以及安全生产管理人员的意见。

生产经营单位不得因安全生产管理人员依法履行职责而降低其工资、福利等待遇或者解除与其订立的劳动合同。

危险物品的生产、储存单位以及矿山、金属冶炼单位的安全生产管理人员的任免，应当告知主管的负有安全生产监督管理职责的部门。

第二十七条　生产经营单位的主要负责人和安全生产管理人员必须具备与本单位所从事的生产经营活动相应的安全生产知识和管理能力。

危险物品的生产、经营、储存、装卸单位以及矿山、金属冶炼、建筑施工、运输单位的主要负责人和安全生产管理人员，应当由主管的负有安全生产监督管理职责的部门对其安全生产知识和管理能力考核合格。考核不得收费。

危险物品的生产、储存、装卸单位以及矿山、金属冶炼单位应当有注册安全工程师从事安全生产管理工作。鼓励其他生产经营单位聘用注册安全工程师从事安全生产管理工作。注册安全工程师按专业分类管理，具体办法由国务院人力资源和社会保障部门、国务院应急管理部门会同国务院有关部门制定。

第二十八条　生产经营单位应当对从业人员进行安全生产教育和培训，保证从业人员具备必要的安全生产知识，熟悉有关的安全生产规章制度和安全操作规程，掌握本岗位的安全操作技能，了解事故应急处理措施，知悉自身在安全生产方面的权利和义务。未经安全生产教育和培训合格的从业人员，不得上岗作业。

生产经营单位使用被派遣劳动者的，应当将被派遣劳动者纳入本单位从业人员统一管理，对被派遣劳动者进行岗位安全操作规程和安全操作技能的教育和培训。劳务派遣单位应当对被派遣劳动者进行必要的安全生产教育和培训。

生产经营单位接收中等职业学校、高等学校学生实习的，应当对实习学生进行相应的安全生产教育和培训，提供必要的劳动防护用品。学校应当协助生产经营单位对实习学生进行安全生产教育和培训。

生产经营单位应当建立安全生产教育和培训档案，如实记录安全生产教育和培训的时间、内容、参加人员以及考核结果等情况。

第二十九条　生产经营单位采用新工艺、新技术、新材料或者使用新设备，必须了解、掌握其安全技术特性，采取有效的安全防护措施，并对从业人员进行专门的安全生产教育和培训。

第三十条　生产经营单位的特种作业人员必须按照国家有关规定经专门的安全作业培训，取得相应资格，方可上岗作业。

特种作业人员的范围由国务院应急管理部门会同国务院有关部门确定。

第三十一条　生产经营单位新建、改建、扩建工程项目（以下统称建设项目）的安全设施，必须与主体工程同时设计、同时施工、同时投入生产和使用。安全设施投资应当纳入建设项目概算。

第三十二条　矿山、金属冶炼建设项目和用于生产、储存、装卸危险物品的建设项目，应当按照国家有关规定进行安全评价。

第三十三条　建设项目安全设施的设计人、设计单位应当对安全设施设计负责。

矿山、金属冶炼建设项目和用于生产、储存、装卸危险物品的建设项目的安全设施设计应当按照国家有关规定报经有关部门审查，审查部门及其负责审查的人员对审查结果负责。

第三十四条　矿山、金属冶炼建设项目和用于生产、储存、装卸危险物品的建设项目的施工单位必须按照批准的安全设施设计施工，并对安全设施的工程质量负责。

矿山、金属冶炼建设项目和用于生产、储存、装卸危险物品的建设项目竣工投入生产或者使用前，应当由建设单位负责组织对安全设施进行验收；验收合格后，方可投入生产和使用。负有安全生产监督管理职责的部门应当加强对建设单位验收活动和验收结果的监督核查。

第三十五条　生产经营单位应当在有较大危险因素的生产经营场所和有关设施、设备上，设置明显的安全警示标志。

第三十六条　安全设备的设计、制造、安装、使用、检测、维修、改造和报废，应当符合国家标准或者行业标准。

生产经营单位必须对安全设备进行经常性维护、保养，并定期检测，保证正常运转。维护、保养、检测应当作好记录，并由有关人员签字。

生产经营单位不得关闭、破坏直接关系生产安全的监控、报警、防护、救生设备、设施，或者篡改、隐瞒、销毁其相关数据、信息。

餐饮等行业的生产经营单位使用燃气的，应当安装可燃气体报警装置，并保障其正常使用。

第三十七条 生产经营单位使用的危险物品的容器、运输工具，以及涉及人身安全、危险性较大的海洋石油开采特种设备和矿山井下特种设备，必须按照国家有关规定，由专业生产单位生产，并经具有专业资质的检测、检验机构检测、检验合格，取得安全使用证或者安全标志，方可投入使用。检测、检验机构对检测、检验结果负责。

第三十八条 国家对严重危及生产安全的工艺、设备实行淘汰制度，具体目录由国务院应急管理部门会同国务院有关部门制定并公布。法律、行政法规对目录的制定另有规定的，适用其规定。

省、自治区、直辖市人民政府可以根据本地区实际情况制定并公布具体目录，对前款规定以外的危及生产安全的工艺、设备予以淘汰。

生产经营单位不得使用应当淘汰的危及生产安全的工艺、设备。

第三十九条 生产、经营、运输、储存、使用危险物品或者处置废弃危险物品的，由有关主管部门依照有关法律、法规的规定和国家标准或者行业标准审批并实施监督管理。

生产经营单位生产、经营、运输、储存、使用危险物品或者处置废弃危险物品，必须执行有关法律、法规和国家标准或者行业标准，建立专门的安全管理制度，采取可靠的安全措施，接受有关主管部门依法实施的监督管理。

第四十条 生产经营单位对重大危险源应当登记建档，进行定期检测、评估、监控，并制定应急预案，告知从业人员和相关人员在紧急情况下应当采取的应急措施。

生产经营单位应当按照国家有关规定将本单位重大危险源及有关安全措施、应急措施报有关地方人民政府应急管理部门和有关部门备案。有关地方人民政府应急管理部门和有关部门应当通过相关信息系统实现信息共享。

第四十一条 生产经营单位应当建立安全风险分级管控制度，按照安全风险分级采取相应的管控措施。

生产经营单位应当建立健全并落实生产安全事故隐患排查治理制度，采取技术、管理措施，及时发现并消除事故隐患。事故隐患排查治理情况应当如实记录，并通过职工大会或者职工代表大会、信息公示栏等方式向从业人员通报。其中，重大事故隐患排查治理情况应当及时向负有安全生产监督管理职责的部门和职工大会或者职工代表大会报告。

县级以上地方各级人民政府负有安全生产监督管理职责的部门应当将重大事故隐患纳入相关信息系统，建立健全重大事故隐患治理督办制度，督促生产经营单位消除重大事故隐患。

第四十二条 生产、经营、储存、使用危险物品的车间、商店、仓库不得与员工宿舍在同一座建筑物内，并应当与员工宿舍保持安全距离。

生产经营场所和员工宿舍应当设有符合紧急疏散要求、标志明显、保持畅通的出口、疏散通道。禁止占用、锁闭、封堵生产经营场所或者员工宿舍的出口、疏散通道。

第四十三条 生产经营单位进行爆破、吊装、动火、临时用电以及国务院应急管理部门会同国务院有关部门规定的其他危险作业，应当安排专门人员进行现场安全管理，确保操作规程的遵守和安全措施的落实。

第四十四条 生产经营单位应当教育和督促从业人员严格执

行本单位的安全生产规章制度和安全操作规程；并向从业人员如实告知作业场所和工作岗位存在的危险因素、防范措施以及事故应急措施。

生产经营单位应当关注从业人员的身体、心理状况和行为习惯，加强对从业人员的心理疏导、精神慰藉，严格落实岗位安全生产责任，防范从业人员行为异常导致事故发生。

第四十五条 生产经营单位必须为从业人员提供符合国家标准或者行业标准的劳动防护用品，并监督、教育从业人员按照使用规则佩戴、使用。

第四十六条 生产经营单位的安全生产管理人员应当根据本单位的生产经营特点，对安全生产状况进行经常性检查；对检查中发现的安全问题，应当立即处理；不能处理的，应当及时报告本单位有关负责人，有关负责人应当及时处理。检查及处理情况应当如实记录在案。

生产经营单位的安全生产管理人员在检查中发现重大事故隐患，依照前款规定向本单位有关负责人报告，有关负责人不及时处理的，安全生产管理人员可以向主管的负有安全生产监督管理职责的部门报告，接到报告的部门应当依法及时处理。

第四十七条 生产经营单位应当安排用于配备劳动防护用品、进行安全生产培训的经费。

第四十八条 两个以上生产经营单位在同一作业区域内进行生产经营活动，可能危及对方生产安全的，应当签订安全生产管理协议，明确各自的安全生产管理职责和应当采取的安全措施，并指定专职安全生产管理人员进行安全检查与协调。

第四十九条 生产经营单位不得将生产经营项目、场所、设备发包或者出租给不具备安全生产条件或者相应资质的单位或者个人。

生产经营项目、场所发包或者出租给其他单位的，生产经营单位应当与承包单位、承租单位签订专门的安全生产管理协议，或者在承包合同、租赁合同中约定各自的安全生产管理职责；生产经营单位对承包单位、承租单位的安全生产工作统一协调、管理，定期进行安全检查，发现安全问题的，应当及时督促整改。

矿山、金属冶炼建设项目和用于生产、储存、装卸危险物品的建设项目的施工单位应当加强对施工项目的安全管理，不得倒卖、出租、出借、挂靠或者以其他形式非法转让施工资质，不得将其承包的全部建设工程转包给第三人或者将其承包的全部建设工程支解以后以分包的名义分别转包给第三人，不得将工程分包给不具备相应资质条件的单位。

第五十条 生产经营单位发生生产安全事故时，单位的主要负责人应当立即组织抢救，并不得在事故调查处理期间擅离职守。

第五十一条 生产经营单位必须依法参加工伤保险，为从业人员缴纳保险费。

国家鼓励生产经营单位投保安全生产责任保险；属于国家规定的高危行业、领域的生产经营单位，应当投保安全生产责任保险。具体范围和实施办法由国务院应急管理部门会同国务院财政部门、国务院保险监督管理机构和相关行业主管部门制定。

第三章 从业人员的安全生产权利义务

第五十二条 生产经营单位与从业人员订立的劳动合同，应当载明有关保障从业人员劳动安全、防止职业危害的事项，以及依法为从业人员办理工伤保险的事项。

生产经营单位不得以任何形式与从业人员订立协议，免除或者减轻其对从业人员因生产安全事故伤亡依法应承担的责任。

第五十三条 生产经营单位的从业人员有权了解其作业场所和工作岗位存在的危险因素、防范措施及事故应急措施，有权对本单位的安全生产工作提出建议。

第五十四条 从业人员有权对本单位安全生产工作中存在的问题提出批评、检举、控告；有权拒绝违章指挥和强令冒险作业。

生产经营单位不得因从业人员对本单位安全生产工作提出批评、检举、控告或者拒绝违章指挥、强令冒险作业而降低其工资、福利等待遇或者解除与其订立的劳动合同。

第五十五条 从业人员发现直接危及人身安全的紧急情况时，有权停止作业或者在采取可能的应急措施后撤离作业场所。

生产经营单位不得因从业人员在前款紧急情况下停止作业或者采取紧急撤离措施而降低其工资、福利等待遇或者解除与其订立的劳动合同。

第五十六条 生产经营单位发生生产安全事故后，应当及时采取措施救治有关人员。

因生产安全事故受到损害的从业人员，除依法享有工伤保险外，依照有关民事法律尚有获得赔偿的权利的，有权提出赔偿要求。

第五十七条 从业人员在作业过程中，应当严格落实岗位安全责任，遵守本单位的安全生产规章制度和操作规程，服从管理，正确佩戴和使用劳动防护用品。

第五十八条 从业人员应当接受安全生产教育和培训，掌握本职工作所需的安全生产知识，提高安全生产技能，增强事故预防和应急处理能力。

第五十九条 从业人员发现事故隐患或者其他不安全因素，应当立即向现场安全生产管理人员或者本单位负责人报告；接到报告的人员应当及时予以处理。

第六十条 工会有权对建设项目的安全设施与主体工程同时设计、同时施工、同时投入生产和使用进行监督，提出意见。

工会对生产经营单位违反安全生产法律、法规，侵犯从业人员合法权益的行为，有权要求纠正；发现生产经营单位违章指挥、强令冒险作业或者发现事故隐患时，有权提出解决的建议，生产经营单位应当及时研究答复；发现危及从业人员生命安全的情况时，有权向生产经营单位建议组织从业人员撤离危险场所，生产经营单位必须立即作出处理。

工会有权依法参加事故调查，向有关部门提出处理意见，并要求追究有关人员的责任。

第六十一条　生产经营单位使用被派遣劳动者的，被派遣劳动者享有本法规定的从业人员的权利，并应当履行本法规定的从业人员的义务。

第四章　安全生产的监督管理

第六十二条　县级以上地方各级人民政府应当根据本行政区域内的安全生产状况，组织有关部门按照职责分工，对本行政区域内容易发生重大生产安全事故的生产经营单位进行严格检查。

应急管理部门应当按照分类分级监督管理的要求，制定安全生产年度监督检查计划，并按照年度监督检查计划进行监督检查，发现事故隐患，应当及时处理。

第六十三条　负有安全生产监督管理职责的部门依照有关法律、法规的规定，对涉及安全生产的事项需要审查批准（包括批准、核准、许可、注册、认证、颁发证照等，下同）或者验收的，必须严格依照有关法律、法规和国家标准或者行业标准规定的安全生产条件和程序进行审查；不符合有关法律、法规和国家标准或者行业标准规定的安全生产条件的，不得批准或者验收通过。对未依法取得批准或者验收合格的单位擅自从事有关活动的，负责行政审批的部门发现或者接到举报后应当立即予以取缔，并依法予以处理。对已经依法取得批准的单位，负责行政审批的部门发现其不再具备安全生产条件的，应当撤销原批准。

第六十四条　负有安全生产监督管理职责的部门对涉及安全生产的事项进行审查、验收，不得收取费用；不得要求接受审查、验收的单位购买其指定品牌或者指定生产、销售单位的安全设备、器材或者其他产品。

第六十五条　应急管理部门和其他负有安全生产监督管理职责的部门依法开展安全生产行政执法工作，对生产经营单位执行有关安全生产的法律、法规和国家标准或者行业标准的情况进行监督检查，行使以下职权：

（一）进入生产经营单位进行检查，调阅有关资料，向有关单位和人员了解情况；

（二）对检查中发现的安全生产违法行为，当场予以纠正或者要求限期改正；对依法应当给予行政处罚的行为，依照本法和其他有关法律、行政法规的规定作出行政处罚决定；

（三）对检查中发现的事故隐患，应当责令立即排除；重大事故隐患排除前或者排除过程中无法保证安全的，应当责令从危险区域内撤出作业人员，责令暂时停产停业或者停止使用相关设施、设备；重大事故隐患排除后，经审查同意，方可恢复生产经营和使用；

（四）对有根据认为不符合保障安全生产的国家标准或者行业标准的设施、设备、器材以及违法生产、储存、使用、经营、运输的危险物品予以查封或者扣押，对违法生产、储存、使用、经营危险物品的作业场所予以查封，并依法作出处理决定。

监督检查不得影响被检查单位的正常生产经营活动。

第六十六条　生产经营单位对负有安全生产监督管理职责的部门的监督检查人员（以下统称安全生产监督检查人员）依法履行监督检查职责，应当予以配合，不得拒绝、阻挠。

第六十七条　安全生产监督检查人员应当忠于职守，坚持原则，秉公执法。

安全生产监督检查人员执行监督检查任务时，必须出示有效的行政执法证件；对涉及被检查单位的技术秘密和业务秘密，应当为其保密。

第六十八条　安全生产监督检查人员应当将检查的时间、地点、内容、发现的问题及其处理情况，作出书面记录，并由检查人员和被检查单位的负责人签字；被检查单位的负责人拒绝签字的，检查人员应当将情况记录在案，并向负有安全生产监督管理职责的部门报告。

第六十九条　负有安全生产监督管理职责的部门在监督检查

中，应当互相配合，实行联合检查；确需分别进行检查的，应当互通情况，发现存在的安全问题应当由其他有关部门进行处理的，应当及时移送其他有关部门并形成记录备查，接受移送的部门应当及时进行处理。

第七十条　负有安全生产监督管理职责的部门依法对存在重大事故隐患的生产经营单位作出停产停业、停止施工、停止使用相关设施或者设备的决定，生产经营单位应当依法执行，及时消除事故隐患。生产经营单位拒不执行，有发生生产安全事故的现实危险的，在保证安全的前提下，经本部门主要负责人批准，负有安全生产监督管理职责的部门可以采取通知有关单位停止供电、停止供应民用爆炸物品等措施，强制生产经营单位履行决定。通知应当采用书面形式，有关单位应当予以配合。

负有安全生产监督管理职责的部门依照前款规定采取停止供电措施，除有危及生产安全的紧急情形外，应当提前二十四小时通知生产经营单位。生产经营单位依法履行行政决定、采取相应措施消除事故隐患的，负有安全生产监督管理职责的部门应当及时解除前款规定的措施。

第七十一条　监察机关依照监察法的规定，对负有安全生产监督管理职责的部门及其工作人员履行安全生产监督管理职责实施监察。

第七十二条　承担安全评价、认证、检测、检验职责的机构应当具备国家规定的资质条件，并对其作出的安全评价、认证、检测、检验结果的合法性、真实性负责。资质条件由国务院应急管理部门会同国务院有关部门制定。

承担安全评价、认证、检测、检验职责的机构应当建立并实施服务公开和报告公开制度，不得租借资质、挂靠、出具虚假报告。

第七十三条　负有安全生产监督管理职责的部门应当建立举报制度，公开举报电话、信箱或者电子邮件地址等网络举报平台，受理有关安全生产的举报；受理的举报事项经调查核实后，应当形成书面材料；需要落实整改措施的，报经有关负责人签字并督促落实。对不属于本部门职责，需要由其他有关部门进行调查处理的，转交其他有关部门处理。

涉及人员死亡的举报事项，应当由县级以上人民政府组织核查处理。

第七十四条 任何单位或者个人对事故隐患或者安全生产违法行为，均有权向负有安全生产监督管理职责的部门报告或者举报。

因安全生产违法行为造成重大事故隐患或者导致重大事故，致使国家利益或者社会公共利益受到侵害的，人民检察院可以根据民事诉讼法、行政诉讼法的相关规定提起公益诉讼。

第七十五条 居民委员会、村民委员会发现其所在区域内的生产经营单位存在事故隐患或者安全生产违法行为时，应当向当地人民政府或者有关部门报告。

第七十六条 县级以上各级人民政府及其有关部门对报告重大事故隐患或者举报安全生产违法行为的有功人员，给予奖励。具体奖励办法由国务院应急管理部门会同国务院财政部门制定。

第七十七条 新闻、出版、广播、电影、电视等单位有进行安全生产公益宣传教育的义务，有对违反安全生产法律、法规的行为进行舆论监督的权利。

第七十八条 负有安全生产监督管理职责的部门应当建立安全生产违法行为信息库，如实记录生产经营单位及其有关从业人员的安全生产违法行为信息；对违法行为情节严重的生产经营单位及其有关从业人员，应当及时向社会公告，并通报行业主管部门、投资主管部门、自然资源主管部门、生态环境主管部门、证券监督管理机构以及有关金融机构。有关部门和机构应当对存在失信行为的生产经营单位及其有关从业人员采取加大执法检查频次、暂停项目审批、上调有关保险费率、行业或者职业禁入等联合惩戒措施，并向社会公示。

负有安全生产监督管理职责的部门应当加强对生产经营单位

行政处罚信息的及时归集、共享、应用和公开，对生产经营单位作出处罚决定后七个工作日内在监督管理部门公示系统予以公开曝光，强化对违法失信生产经营单位及其有关从业人员的社会监督，提高全社会安全生产诚信水平。

第五章　生产安全事故的应急救援与调查处理

第七十九条　国家加强生产安全事故应急能力建设，在重点行业、领域建立应急救援基地和应急救援队伍，并由国家安全生产应急救援机构统一协调指挥；鼓励生产经营单位和其他社会力量建立应急救援队伍，配备相应的应急救援装备和物资，提高应急救援的专业化水平。

国务院应急管理部门牵头建立全国统一的生产安全事故应急救援信息系统，国务院交通运输、住房和城乡建设、水利、民航等有关部门和县级以上地方人民政府建立健全相关行业、领域、地区的生产安全事故应急救援信息系统，实现互联互通、信息共享，通过推行网上安全信息采集、安全监管和监测预警，提升监管的精准化、智能化水平。

第八十条　县级以上地方各级人民政府应当组织有关部门制定本行政区域内生产安全事故应急救援预案，建立应急救援体系。

乡镇人民政府和街道办事处，以及开发区、工业园区、港区、风景区等应当制定相应的生产安全事故应急救援预案，协助人民政府有关部门或者按照授权依法履行生产安全事故应急救援工作职责。

第八十一条　生产经营单位应当制定本单位生产安全事故应急救援预案，与所在地县级以上地方人民政府组织制定的生产安全事故应急救援预案相衔接，并定期组织演练。

第八十二条　危险物品的生产、经营、储存单位以及矿山、金属冶炼、城市轨道交通运营、建筑施工单位应当建立应急救援组织；生产经营规模较小的，可以不建立应急救援组织，但应当指定兼职的应急救援人员。

危险物品的生产、经营、储存、运输单位以及矿山、金属冶炼、城市轨道交通运营、建筑施工单位应当配备必要的应急救援器材、设备和物资，并进行经常性维护、保养，保证正常运转。

第八十三条 生产经营单位发生生产安全事故后，事故现场有关人员应当立即报告本单位负责人。

单位负责人接到事故报告后，应当迅速采取有效措施，组织抢救，防止事故扩大，减少人员伤亡和财产损失，并按照国家有关规定立即如实报告当地负有安全生产监督管理职责的部门，不得隐瞒不报、谎报或者迟报，不得故意破坏事故现场、毁灭有关证据。

第八十四条 负有安全生产监督管理职责的部门接到事故报告后，应当立即按照国家有关规定上报事故情况。负有安全生产监督管理职责的部门和有关地方人民政府对事故情况不得隐瞒不报、谎报或者迟报。

第八十五条 有关地方人民政府和负有安全生产监督管理职责的部门的负责人接到生产安全事故报告后，应当按照生产安全事故应急救援预案的要求立即赶到事故现场，组织事故抢救。

参与事故抢救的部门和单位应当服从统一指挥，加强协同联动，采取有效的应急救援措施，并根据事故救援的需要采取警戒、疏散等措施，防止事故扩大和次生灾害的发生，减少人员伤亡和财产损失。

事故抢救过程中应当采取必要措施，避免或者减少对环境造成的危害。

任何单位和个人都应当支持、配合事故抢救，并提供一切便利条件。

第八十六条 事故调查处理应当按照科学严谨、依法依规、实事求是、注重实效的原则，及时、准确地查清事故原因，查明事故性质和责任，评估应急处置工作，总结事故教训，提出整改措施，并对事故责任单位和人员提出处理建议。事故调查报告应当依法及时向社会公布。事故调查和处理的具体办法由国务院制定。

事故发生单位应当及时全面落实整改措施，负有安全生产监督管理职责的部门应当加强监督检查。

负责事故调查处理的国务院有关部门和地方人民政府应当在批复事故调查报告后一年内，组织有关部门对事故整改和防范措施落实情况进行评估，并及时向社会公开评估结果；对不履行职责导致事故整改和防范措施没有落实的有关单位和人员，应当按照有关规定追究责任。

第八十七条 生产经营单位发生生产安全事故，经调查确定为责任事故的，除了应当查明事故单位的责任并依法予以追究外，还应当查明对安全生产的有关事项负有审查批准和监督职责的行政部门的责任，对有失职、渎职行为的，依照本法第九十条的规定追究法律责任。

第八十八条 任何单位和个人不得阻挠和干涉对事故的依法调查处理。

第八十九条 县级以上地方各级人民政府应急管理部门应当定期统计分析本行政区域内发生生产安全事故的情况，并定期向社会公布。

建设工程安全生产管理条例（节选）

（2003 年 11 月 12 日国务院第 28 次常务会议通过，2003 年 11 月 24 日中华人民共和国国务院令第 393 号公布，自 2004 年 2 月 1 日起施行）

第一章 总则

第一条 为了加强建设工程安全生产监督管理，保障人民群众生命和财产安全，根据《中华人民共和国建筑法》《中华人民共和国安全生产法》，制定本条例。

第二条 在中华人民共和国境内从事建设工程的新建、扩建、改建和拆除等有关活动及实施对建设工程安全生产的监督管理，必须遵守本条例。

本条例所称建设工程，是指土木工程、建筑工程、线路管道和设备安装工程及装修工程。

第三条 建设工程安全生产管理，坚持安全第一、预防为主的方针。

第四条 建设单位、勘察单位、设计单位、施工单位、工程监理单位及其他与建设工程安全生产有关的单位，必须遵守安全生产法律、法规的规定，保证建设工程安全生产，依法承担建设工程安全生产责任。

第五条 国家鼓励建设工程安全生产的科学技术研究和先进技术的推广应用，推进建设工程安全生产的科学管理。

第二章 建设单位的安全责任

第六条 建设单位应当向施工单位提供施工现场及毗邻区域内供水、排水、供电、供气、供热、通信、广播电视等地下管线资料，气象和水文观测资料，相邻建筑物和构筑物、地下工程的有关资料，并保证资料的真实、准确、完整。

建设单位因建设工程需要，向有关部门或者单位查询前款规定的资料时，有关部门或者单位应当及时提供。

第七条　建设单位不得对勘察、设计、施工、工程监理等单位提出不符合建设工程安全生产法律、法规和强制性标准规定的要求，不得压缩合同约定的工期。

第八条　建设单位在编制工程概算时，应当确定建设工程安全作业环境及安全施工措施所需费用。

第九条　建设单位不得明示或者暗示施工单位购买、租赁、使用不符合安全施工要求的安全防护用具、机械设备、施工机具及配件、消防设施和器材。

第十条　建设单位在申请领取施工许可证时，应当提供建设工程有关安全施工措施的资料。

依法批准开工报告的建设工程，建设单位应当自开工报告批准之日起15日内，将保证安全施工的措施报送建设工程所在地的县级以上地方人民政府建设行政主管部门或者其他有关部门备案。

第十一条　建设单位应当将拆除工程发包给具有相应资质等级的施工单位。

建设单位应当在拆除工程施工15日前，将下列资料报送建设工程所在地的县级以上地方人民政府建设行政主管部门或者其他有关部门备案：

（一）施工单位资质等级证明；

（二）拟拆除建筑物、构筑物及可能危及毗邻建筑的说明；

（三）拆除施工组织方案；

（四）堆放、清除废弃物的措施。

实施爆破作业的，应当遵守国家有关民用爆炸物品管理的规定。

第三章　勘察、设计、工程监理及其他有关单位的安全责任

第十二条　勘察单位应当按照法律、法规和工程建设强制性标准进行勘察，提供的勘察文件应当真实、准确，满足建设工程安全生产的需要。

勘察单位在勘察作业时，应当严格执行操作规程，采取措施保证各类管线、设施和周边建筑物、构筑物的安全。

第十三条　设计单位应当按照法律、法规和工程建设强制性标准进行设计，防止因设计不合理导致生产安全事故的发生。

设计单位应当考虑施工安全操作和防护的需要，对涉及施工安全的重点部位和环节在设计文件中注明，并对防范生产安全事故提出指导意见。

采用新结构、新材料、新工艺的建设工程和特殊结构的建设工程，设计单位应当在设计中提出保障施工作业人员安全和预防生产安全事故的措施建议。

设计单位和注册建筑师等注册执业人员应当对其设计负责。

第十四条　工程监理单位应当审查施工组织设计中的安全技术措施或者专项施工方案是否符合工程建设强制性标准。

工程监理单位在实施监理过程中，发现存在安全事故隐患的，应当要求施工单位整改；情况严重的，应当要求施工单位暂时停止施工，并及时报告建设单位。施工单位拒不整改或者不停止施工的，工程监理单位应当及时向有关主管部门报告。

工程监理单位和监理工程师应当按照法律、法规和工程建设强制性标准实施监理，并对建设工程安全生产承担监理责任。

第十五条　为建设工程提供机械设备和配件的单位，应当按照安全施工的要求配备齐全有效的保险、限位等安全设施和装置。

第十六条　出租的机械设备和施工机具及配件，应当具有生产（制造）许可证、产品合格证。

出租单位应当对出租的机械设备和施工机具及配件的安全性

能进行检测，在签订租赁协议时，应当出具检测合格证明。

禁止出租检测不合格的机械设备和施工机具及配件。

第十七条　在施工现场安装、拆卸施工起重机械和整体提升脚手架、模板等自升式架设设施，必须由具有相应资质的单位承担。

安装、拆卸施工起重机械和整体提升脚手架、模板等自升式架设设施，应当编制拆装方案、制定安全施工措施，并由专业技术人员现场监督。

施工起重机械和整体提升脚手架、模板等自升式架设设施安装完毕后，安装单位应当自检，出具自检合格证明，并向施工单位进行安全使用说明，办理验收手续并签字。

第十八条　施工起重机械和整体提升脚手架、模板等自升式架设设施的使用达到国家规定的检验检测期限的，必须经具有专业资质的检验检测机构检测。经检测不合格的，不得继续使用。

第十九条　检验检测机构对检测合格的施工起重机械和整体提升脚手架、模板等自升式架设设施，应当出具安全合格证明文件，并对检测结果负责。

第四章　施工单位的安全责任

第二十条　施工单位从事建设工程的新建、扩建、改建和拆除等活动，应当具备国家规定的注册资本、专业技术人员、技术装备和安全生产等条件，依法取得相应等级的资质证书，并在其资质等级许可的范围内承揽工程。

第二十一条　施工单位主要负责人依法对本单位的安全生产工作全面负责。施工单位应当建立健全安全生产责任制度和安全生产教育培训制度，制定安全生产规章制度和操作规程，保证本单位安全生产条件所需资金的投入，对所承担的建设工程进行定期和专项安全检查，并做好安全检查记录。

施工单位的项目负责人应当由取得相应执业资格的人员担任，对建设工程项目的安全施工负责，落实安全生产责任制度、安全生产规章制度和操作规程，确保安全生产费用的有效使用，并根据工程的特点组织制定安全施工措施，消除安全事故隐患，及时、如实报告生产安全事故。

第二十二条　施工单位对列入建设工程概算的安全作业环境及安全施工措施所需费用，应当用于施工安全防护用具及设施的采购和更新、安全施工措施的落实、安全生产条件的改善，不得挪作他用。

第二十三条　施工单位应当设立安全生产管理机构，配备专职安全生产管理人员。

专职安全生产管理人员负责对安全生产进行现场监督检查。发现安全事故隐患，应当及时向项目负责人和安全生产管理机构报告；对于违章指挥、违章操作的，应当立即制止。

专职安全生产管理人员的配备办法由国务院建设行政主管部门会同国务院其他有关部门制定。

第二十四条　建设工程实行施工总承包的，由总承包单位对施工现场的安全生产负总责。

总承包单位应当自行完成建设工程主体结构的施工。

总承包单位依法将建设工程分包给其他单位的，分包合同中应当明确各自的安全生产方面的权利、义务。总承包单位和分包单位对分包工程的安全生产承担连带责任。

分包单位应当服从总承包单位的安全生产管理，分包单位不服从管理导致生产安全事故的，由分包单位承担主要责任。

第二十五条　垂直运输机械作业人员、安装拆卸工、爆破作业人员、起重信号工、登高架设作业人员等特种作业人员，必须按照国家有关规定经过专门的安全作业培训，并取得特种作业操作资格证书后，方可上岗作业。

第二十六条　施工单位应当在施工组织设计中编制安全技术措施和施工现场临时用电方案，对下列达到一定规模的危险性较大的分部分项工程编制专项施工方案，并附具安全验算结果，经施工单位技术负责人、总监理工程师签字后实施，由专职安全生产管理人员进行现场监督：

（一）基坑支护与降水工程；

（二）土方开挖工程；

（三）模板工程；

（四）起重吊装工程；

（五）脚手架工程；

（六）拆除、爆破工程；

（七）国务院建设行政主管部门或者其他有关部门规定的其他危险性较大的工程。

对前款所列工程中涉及深基坑、地下暗挖工程、高大模板工程的专项施工方案，施工单位还应当组织专家进行论证、审查。

本条第一款规定的达到一定规模的危险性较大工程的标准，由国务院建设行政主管部门会同国务院其他有关部门制定。

第二十七条 建设工程施工前，施工单位负责项目管理的技术人员应当对有关安全施工的技术要求向施工作业班组、作业人员作出详细说明，并由双方签字确认。

第二十八条 施工单位应当在施工现场入口处、施工起重机械、临时用电设施、脚手架、出入通道口、楼梯口、电梯井口、孔洞口、桥梁口、隧道口、基坑边沿、爆破物及有害危险气体和液体存放处等危险部位，设置明显的安全警示标志。安全警示标志必须符合国家标准。

施工单位应当根据不同施工阶段和周围环境及季节、气候的变化，在施工现场采取相应的安全施工措施。施工现场暂时停止施工的，施工单位应当做好现场防护，所需费用由责任方承担，或者按照合同约定执行。

第二十九条 施工单位应当将施工现场的办公、生活区与作业区分开设置，并保持安全距离；办公、生活区的选址应当符合安全性要求。职工的膳食、饮水、休息场所等应当符合卫生标准。施工单位不得在尚未竣工的建筑物内设置员工集体宿舍。

施工现场临时搭建的建筑物应当符合安全使用要求。施工现场使用的装配式活动房屋应当具有产品合格证。

第三十条 施工单位对因建设工程施工可能造成损害的毗邻建筑物、构筑物和地下管线等，应当采取专项防护措施。

施工单位应当遵守有关环境保护法律、法规的规定，在施工现场采取措施，防止或者减少粉尘、废气、废水、固体废物、噪声、振动和施工照明对人和环境的危害和污染。

在城市市区内的建设工程，施工单位应当对施工现场实行封闭围挡。

第三十一条 施工单位应当在施工现场建立消防安全责任制度，确定消防安全责任人，制定用火、用电、使用易燃易爆材料等各项消防安全管理制度和操作规程，设置消防通道、消防水源，配备消防设施和灭火器材，并在施工现场入口处设置明显标志。

第三十二条 施工单位应当向作业人员提供安全防护用具和安全防护服装，并书面告知危险岗位的操作规程和违章操作的危害。

作业人员有权对施工现场的作业条件、作业程序和作业方式中存在的安全问题提出批评、检举和控告，有权拒绝违章指挥和强令冒险作业。

在施工中发生危及人身安全的紧急情况时，作业人员有权立即停止作业或者在采取必要的应急措施后撤离危险区域。

第三十三条 作业人员应当遵守安全施工的强制性标准、规章制度和操作规程，正确使用安全防护用具、机械设备等。

第三十四条 施工单位采购、租赁的安全防护用具、机械设备、施工机具及配件，应当具有生产（制造）许可证、产品合格证，并在进入施工现场前进行查验。

施工现场的安全防护用具、机械设备、施工机具及配件必须由专人管理，定期进行检查、维修和保养，建立相应的资料档案，并按照国家有关规定及时报废。

第三十五条 施工单位在使用施工起重机械和整体提升脚手

架、模板等自升式架设设施前，应当组织有关单位进行验收，也可以委托具有相应资质的检验检测机构进行验收；使用承租的机械设备和施工机具及配件的，由施工总承包单位、分包单位、出租单位和安装单位共同进行验收。验收合格的方可使用。

《特种设备安全监察条例》规定的施工起重机械，在验收前应当经有相应资质的检验检测机构监督检验合格。

施工单位应当自施工起重机械和整体提升脚手架、模板等自升式架设设施验收合格之日起 30 日内，向建设行政主管部门或者其他有关部门登记。登记标志应当置于或者附着于该设备的显著位置。

第三十六条 施工单位的主要负责人、项目负责人、专职安全生产管理人员应当经建设行政主管部门或者其他有关部门考核合格后方可任职。

施工单位应当对管理人员和作业人员每年至少进行一次安全生产教育培训，其教育培训情况记入个人工作档案。安全生产教育培训考核不合格的人员，不得上岗。

第三十七条 作业人员进入新的岗位或者新的施工现场前，应当接受安全生产教育培训。未经教育培训或者教育培训考核不合格的人员，不得上岗作业。

施工单位在采用新技术、新工艺、新设备、新材料时，应当对作业人员进行相应的安全生产教育培训。

第三十八条 施工单位应当为施工现场从事危险作业的人员办理意外伤害保险。

意外伤害保险费由施工单位支付。实行施工总承包的，由总承包单位支付意外伤害保险费。意外伤害保险期限自建设工程开工之日起至竣工验收合格止。

第五章　监督管理

第三十九条 国务院负责安全生产监督管理的部门依照《中华人民共和国安全生产法》的规定，对全国建设工程安全生产工作实施综合监督管理。

县级以上地方人民政府负责安全生产监督管理的部门依照《中华人民共和国安全生产法》的规定，对本行政区域内建设工程安全生产工作实施综合监督管理。

第四十条 国务院建设行政主管部门对全国的建设工程安全生产实施监督管理。国务院铁路、交通、水利等有关部门按照国务院规定的职责分工，负责有关专业建设工程安全生产的监督管理。

县级以上地方人民政府建设行政主管部门对本行政区域内的建设工程安全生产实施监督管理。县级以上地方人民政府交通、水利等有关部门在各自的职责范围内，负责本行政区域内的专业建设工程安全生产的监督管理。

第四十一条 建设行政主管部门和其他有关部门应当将本条例第十条、第十一条规定的有关资料的主要内容抄送同级负责安全生产监督管理的部门。

第四十二条 建设行政主管部门在审核发放施工许可证时，应当对建设工程是否有安全施工措施进行审查，对没有安全施工措施的，不得颁发施工许可证。

建设行政主管部门或者其他有关部门对建设工程是否有安全施工措施进行审查时，不得收取费用。

第四十三条 县级以上人民政府负有建设工程安全生产监督管理职责的部门在各自的职责范围内履行安全监督检查职责时，有权采取下列措施：

（一）要求被检查单位提供有关建设工程安全生产的文件和资料；

（二）进入被检查单位施工现场进行检查；

（三）纠正施工中违反安全生产要求的行为；

（四）对检查中发现的安全事故隐患，责令立即排除；重大安全事故隐患排除前或者排除过程中无法保证安全的，责令从危险区域内撤出作业人员或者暂时停止施工。

第四十四条　建设行政主管部门或者其他有关部门可以将施工现场的监督检查委托给建设工程安全监督机构具体实施。

第四十五条　国家对严重危及施工安全的工艺、设备、材料实行淘汰制度。具体目录由国务院建设行政主管部门会同国务院其他有关部门制定并公布。

第四十六条　县级以上人民政府建设行政主管部门和其他有关部门应当及时受理对建设工程生产安全事故及安全事故隐患的检举、控告和投诉。

第六章　生产安全事故的应急救援和调查处理

第四十七条　县级以上地方人民政府建设行政主管部门应当根据本级人民政府的要求，制定本行政区域内建设工程特大生产安全事故应急救援预案。

第四十八条　施工单位应当制定本单位生产安全事故应急救援预案，建立应急救援组织或者配备应急救援人员，配备必要的应急救援器材、设备，并定期组织演练。

第四十九条　施工单位应当根据建设工程施工的特点、范围，对施工现场易发生重大事故的部位、环节进行监控，制定施工现场生产安全事故应急救援预案。实行施工总承包的，由总承包单位统一组织编制建设工程生产安全事故应急救援预案，工程总承包单位和分包单位按照应急救援预案，各自建立应急救援组织或者配备应急救援人员，配备救援器材、设备，并定期组织演练。

第五十条　施工单位发生生产安全事故，应当按照国家有关伤亡事故报告和调查处理的规定，及时、如实地向负责安全生产监督管理的部门、建设行政主管部门或者其他有关部门报告；特种设备发生事故的，还应当同时向特种设备安全监督管理部门报告。接到报告的部门应当按照国家有关规定，如实上报。

实行施工总承包的建设工程，由总承包单位负责上报事故。

第五十一条　发生生产安全事故后，施工单位应当采取措施防止事故扩大，保护事故现场。需要移动现场物品时，应当做出标记和书面记录，妥善保管有关证物。

第五十二条 建设工程生产安全事故的调查、对事故责任单位和责任人的处罚与处理，按照有关法律、法规的规定执行。

中华人民共和国环境保护法（节选）

（1989 年 12 月 26 日第七届全国人民代表大会常务委员会第十一次会议通过，2014 年 4 月 24 日第十二届全国人民代表大会常务委员会第八次会议修订）

第一章　总则

第一条　为保护和改善环境，防治污染和其他公害，保障公众健康，推进生态文明建设，促进经济社会可持续发展，制定本法。

第二条　本法所称环境，是指影响人类生存和发展的各种天然的和经过人工改造的自然因素的总体，包括大气、水、海洋、土地、矿藏、森林、草原、湿地、野生生物、自然遗迹、人文遗迹、自然保护区、风景名胜区、城市和乡村等。

第三条　本法适用于中华人民共和国领域和中华人民共和国管辖的其他海域。

第四条　保护环境是国家的基本国策。

国家采取有利于节约和循环利用资源、保护和改善环境、促进人与自然和谐的经济、技术政策和措施，使经济社会发展与环境保护相协调。

第五条　环境保护坚持保护优先、预防为主、综合治理、公众参与、损害担责的原则。

第六条　一切单位和个人都有保护环境的义务。

地方各级人民政府应当对本行政区域的环境质量负责。

企业事业单位和其他生产经营者应当防止、减少环境污染和生态破坏，对所造成的损害依法承担责任。

公民应当增强环境保护意识，采取低碳、节俭的生活方式，自觉履行环境保护义务。

第七条 国家支持环境保护科学技术研究、开发和应用，鼓励环境保护产业发展，促进环境保护信息化建设，提高环境保护科学技术水平。

第八条 各级人民政府应当加大保护和改善环境、防治污染和其他公害的财政投入，提高财政资金的使用效益。

第九条 各级人民政府应当加强环境保护宣传和普及工作，鼓励基层群众性自治组织、社会组织、环境保护志愿者开展环境保护法律法规和环境保护知识的宣传，营造保护环境的良好风气。

教育行政部门、学校应当将环境保护知识纳入学校教育内容，培养学生的环境保护意识。

新闻媒体应当开展环境保护法律法规和环境保护知识的宣传，对环境违法行为进行舆论监督。

第十条 国务院环境保护主管部门，对全国环境保护工作实施统一监督管理；县级以上地方人民政府环境保护主管部门，对本行政区域环境保护工作实施统一监督管理。

县级以上人民政府有关部门和军队环境保护部门，依照有关法律的规定对资源保护和污染防治等环境保护工作实施监督管理。

第十一条 对保护和改善环境有显著成绩的单位和个人，由人民政府给予奖励。

第十二条 每年 6 月 5 日为环境日。

第二章　监督管理

第十三条 县级以上人民政府应当将环境保护工作纳入国民经济和社会发展规划。

国务院环境保护主管部门会同有关部门，根据国民经济和社会发展规划编制国家环境保护规划，报国务院批准并公布实施。

县级以上地方人民政府环境保护主管部门会同有关部门，根据国家环境保护规划的要求，编制本行政区域的环境保护规划，报同级人民政府批准并公布实施。

环境保护规划的内容应当包括生态保护和污染防治的目标、任务、保障措施等，并与主体功能区规划、土地利用总体规划和城乡规划等相衔接。

第十四条　国务院有关部门和省、自治区、直辖市人民政府组织制定经济、技术政策，应当充分考虑对环境的影响，听取有关方面和专家的意见。

第十五条　国务院环境保护主管部门制定国家环境质量标准。

省、自治区、直辖市人民政府对国家环境质量标准中未作规定的项目，可以制定地方环境质量标准；对国家环境质量标准中已作规定的项目，可以制定严于国家环境质量标准的地方环境质量标准。地方环境质量标准应当报国务院环境保护主管部门备案。

国家鼓励开展环境基准研究。

第十六条　国务院环境保护主管部门根据国家环境质量标准和国家经济、技术条件，制定国家污染物排放标准。

省、自治区、直辖市人民政府对国家污染物排放标准中未作规定的项目，可以制定地方污染物排放标准；对国家污染物排放标准中已作规定的项目，可以制定严于国家污染物排放标准的地方污染物排放标准。地方污染物排放标准应当报国务院环境保护主管部门备案。

第十七条　国家建立、健全环境监测制度。国务院环境保护主管部门制定监测规范，会同有关部门组织监测网络、统一规划国家环境质量监测站（点）的设置，建立监测数据共享机制，加强对环境监测的管理。

有关行业、专业等各类环境质量监测站（点）的设置应当符合法律法规规定和监测规范的要求。

监测机构应当使用符合国家标准的监测设备，遵守监测规范。监测机构及其负责人对监测数据的真实性和准确性负责。

第十八条 省级以上人民政府应当组织有关部门或者委托专业机构，对环境状况进行调查、评价，建立环境资源承载能力监测预警机制。

第十九条 编制有关开发利用规划，建设对环境有影响的项目，应当依法进行环境影响评价。

未依法进行环境影响评价的开发利用规划，不得组织实施；未依法进行环境影响评价的建设项目，不得开工建设。

第二十条 国家建立跨行政区域的重点区域、流域环境污染和生态破坏联合防治协调机制，实行统一规划、统一标准、统一监测、统一的防治措施。

前款规定以外的跨行政区域的环境污染和生态破坏的防治，由上级人民政府协调解决，或者由有关地方人民政府协商解决。

第二十一条 国家采取财政、税收、价格、政府采购等方面的政策和措施，鼓励和支持环境保护技术装备、资源综合利用和环境服务等环境保护产业的发展。

第二十二条 企业事业单位和其他生产经营者，在污染物排放符合法定要求的基础上，进一步减少污染物排放的，人民政府应当依法采取财政、税收、价格、政府采购等方面的政策和措施予以鼓励和支持。

第二十三条 企业事业单位和其他生产经营者，为改善环境，依照有关规定转产、搬迁、关闭的，人民政府应当予以支持。

第二十四条 县级以上人民政府环境保护主管部门及其委托的环境监察机构和其他负有环境保护监督管理职责的部门，有权对排放污染物的企业事业单位和其他生产经营者进行现场检查。被检查者应当如实反映情况，提供必要的资料。实施现场检查的部门、机构及其工作人员应当为被检查者保守商业秘密。

第二十五条 企业事业单位和其他生产经营者违反法律法规规定排放污染物，造成或者可能造成严重污染的，县级以上人民政府环境保护主管部门和其他负有环境保护监督管理职责的部门，可以查封、扣押造成污染物排放的设施、设备。

第二十六条　国家实行环境保护目标责任制和考核评价制度。县级以上人民政府应当将环境保护目标完成情况纳入对本级人民政府负有环境保护监督管理职责的部门及其负责人和下级人民政府及其负责人的考核内容，作为对其考核评价的重要依据。考核结果应当向社会公开。

第二十七条　县级以上人民政府应当每年向本级人民代表大会或者人民代表大会常务委员会报告环境状况和环境保护目标完成情况，对发生的重大环境事件应当及时向本级人民代表大会常务委员会报告，依法接受监督。

第三章　保护和改善环境

第二十八条　地方各级人民政府应当根据环境保护目标和治理任务，采取有效措施，改善环境质量。

未达到国家环境质量标准的重点区域、流域的有关地方人民政府，应当制定限期达标规划，并采取措施按期达标。

第二十九条　国家在重点生态功能区、生态环境敏感区和脆弱区等区域划定生态保护红线，实行严格保护。

各级人民政府对具有代表性的各种类型的自然生态系统区域，珍稀、濒危的野生动植物自然分布区域，重要的水源涵养区域，具有重大科学文化价值的地质构造、著名溶洞和化石分布区、冰川、火山、温泉等自然遗迹，以及人文遗迹、古树名木，应当采取措施予以保护，严禁破坏。

第三十条　开发利用自然资源，应当合理开发，保护生物多样性，保障生态安全，依法制定有关生态保护和恢复治理方案并予以实施。

引进外来物种以及研究、开发和利用生物技术，应当采取措施，防止对生物多样性的破坏。

第三十一条　国家建立、健全生态保护补偿制度。

国家加大对生态保护地区的财政转移支付力度。有关地方人民政府应当落实生态保护补偿资金，确保其用于生态保护补偿。

国家指导受益地区和生态保护地区人民政府通过协商或者按照市场规则进行生态保护补偿。

第三十二条 国家加强对大气、水、土壤等的保护，建立和完善相应的调查、监测、评估和修复制度。

第三十三条 各级人民政府应当加强对农业环境的保护，促进农业环境保护新技术的使用，加强对农业污染源的监测预警，统筹有关部门采取措施，防治土壤污染和土地沙化、盐渍化、贫瘠化、石漠化、地面沉降以及防治植被破坏、水土流失、水体富营养化、水源枯竭、种源灭绝等生态失调现象，推广植物病虫害的综合防治。

县级、乡级人民政府应当提高农村环境保护公共服务水平，推动农村环境综合整治。

第三十四条 国务院和沿海地方各级人民政府应当加强对海洋环境的保护。向海洋排放污染物、倾倒废弃物，进行海岸工程和海洋工程建设，应当符合法律法规规定和有关标准，防止和减少对海洋环境的污染损害。

第三十五条 城乡建设应当结合当地自然环境的特点，保护植被、水域和自然景观，加强城市园林、绿地和风景名胜区的建设与管理。

第三十六条 国家鼓励和引导公民、法人和其他组织使用有利于保护环境的产品和再生产品，减少废弃物的产生。

国家机关和使用财政资金的其他组织应当优先采购和使用节能、节水、节材等有利于保护环境的产品、设备和设施。

第三十七条 地方各级人民政府应当采取措施，组织对生活废弃物的分类处置、回收利用。

第三十八条 公民应当遵守环境保护法律法规，配合实施环境保护措施，按照规定对生活废弃物进行分类放置，减少日常生活对环境造成的损害。

第三十九条 国家建立、健全环境与健康监测、调查和风险评估制度；鼓励和组织开展环境质量对公众健康影响的研究，采取措施预防和控制与环境污染有关的疾病。

第四章　防治污染和其他公害

第四十条 国家促进清洁生产和资源循环利用。

国务院有关部门和地方各级人民政府应当采取措施，推广清洁能源的生产和使用。

企业应当优先使用清洁能源，采用资源利用率高、污染物排放量少的工艺、设备以及废弃物综合利用技术和污染物无害化处理技术，减少污染物的产生。

第四十一条 建设项目中防治污染的设施，应当与主体工程同时设计、同时施工、同时投产使用。防治污染的设施应当符合经批准的环境影响评价文件的要求，不得擅自拆除或者闲置。

第四十二条 排放污染物的企业事业单位和其他生产经营者，应当采取措施，防治在生产建设或者其他活动中产生的废气、废水、废渣、医疗废物、粉尘、恶臭气体、放射性物质以及噪声、振动、光辐射、电磁辐射等对环境的污染和危害。

排放污染物的企业事业单位，应当建立环境保护责任制度，明确单位负责人和相关人员的责任。

重点排污单位应当按照国家有关规定和监测规范安装使用监测设备，保证监测设备正常运行，保存原始监测记录。

严禁通过暗管、渗井、渗坑、灌注或者篡改、伪造监测数据，或者不正常运行防治污染设施等逃避监管的方式违法排放污染物。

第四十三条 排放污染物的企业事业单位和其他生产经营者，应当按照国家有关规定缴纳排污费。排污费应当全部专项用于环境污染防治，任何单位和个人不得截留、挤占或者挪作他用。

依照法律规定征收环境保护税的，不再征收排污费。

第四十四条　国家实行重点污染物排放总量控制制度。重点污染物排放总量控制指标由国务院下达，省、自治区、直辖市人民政府分解落实。企业事业单位在执行国家和地方污染物排放标准的同时，应当遵守分解落实到本单位的重点污染物排放总量控制指标。

对超过国家重点污染物排放总量控制指标或者未完成国家确定的环境质量目标的地区，省级以上人民政府环境保护主管部门应当暂停审批其新增重点污染物排放总量的建设项目环境影响评价文件。

第四十五条　国家依照法律规定实行排污许可管理制度。

实行排污许可管理的企业事业单位和其他生产经营者应当按照排污许可证的要求排放污染物；未取得排污许可证的，不得排放污染物。

第四十六条　国家对严重污染环境的工艺、设备和产品实行淘汰制度。任何单位和个人不得生产、销售或者转移、使用严重污染环境的工艺、设备和产品。

禁止引进不符合我国环境保护规定的技术、设备、材料和产品。

第四十七条　各级人民政府及其有关部门和企业事业单位，应当依照《中华人民共和国突发事件应对法》的规定，做好突发环境事件的风险控制、应急准备、应急处置和事后恢复等工作。

县级以上人民政府应当建立环境污染公共监测预警机制，组织制定预警方案；环境受到污染，可能影响公众健康和环境安全时，依法及时公布预警信息，启动应急措施。

企业事业单位应当按照国家有关规定制定突发环境事件应急预案，报环境保护主管部门和有关部门备案。在发生或者可能发生突发环境事件时，企业事业单位应当立即采取措施处理，及时通报可能受到危害的单位和居民，并向环境保护主管部门和有关部门报告。

突发环境事件应急处置工作结束后，有关人民政府应当立即组织评估事件造成的环境影响和损失，并及时将评估结果向社会公布。

第四十八条 生产、储存、运输、销售、使用、处置化学物品和含有放射性物质的物品，应当遵守国家有关规定，防止污染环境。

第四十九条 各级人民政府及其农业等有关部门和机构应当指导农业生产经营者科学种植和养殖，科学合理施用农药、化肥等农业投入品，科学处置农用薄膜、农作物秸秆等农业废弃物，防止农业面源污染。

禁止将不符合农用标准和环境保护标准的固体废物、废水施入农田。施用农药、化肥等农业投入品及进行灌溉，应当采取措施，防止重金属和其他有毒有害物质污染环境。

畜禽养殖场、养殖小区、定点屠宰企业等的选址、建设和管理应当符合有关法律法规规定。从事畜禽养殖和屠宰的单位和个人应当采取措施，对畜禽粪便、尸体和污水等废弃物进行科学处置，防止污染环境。

县级人民政府负责组织农村生活废弃物的处置工作。

第五十条 各级人民政府应当在财政预算中安排资金，支持农村饮用水水源地保护、生活污水和其他废弃物处理、畜禽养殖和屠宰污染防治、土壤污染防治和农村工矿污染治理等环境保护工作。

第五十一条 各级人民政府应当统筹城乡建设污水处理设施及配套管网，固体废物的收集、运输和处置等环境卫生设施，危险废物集中处置设施、场所以及其他环境保护公共设施，并保障其正常运行。

第五十二条 国家鼓励投保环境污染责任保险。

第五章 信息公开和公众参与

第五十三条 公民、法人和其他组织依法享有获取环境信息、参与和监督环境保护的权利。

各级人民政府环境保护主管部门和其他负有环境保护监督管理职责的部门，应当依法公开环境信息、完善公众参与程序，为公民、法人和其他组织参与和监督环境保护提供便利。

第五十四条　国务院环境保护主管部门统一发布国家环境质量、重点污染源监测信息及其他重大环境信息。省级以上人民政府环境保护主管部门定期发布环境状况公报。

县级以上人民政府环境保护主管部门和其他负有环境保护监督管理职责的部门，应当依法公开环境质量、环境监测、突发环境事件以及环境行政许可、行政处罚、排污费的征收和使用情况等信息。

县级以上地方人民政府环境保护主管部门和其他负有环境保护监督管理职责的部门，应当将企业事业单位和其他生产经营者的环境违法信息记入社会诚信档案，及时向社会公布违法者名单。

第五十五条　重点排污单位应当如实向社会公开其主要污染物的名称、排放方式、排放浓度和总量、超标排放情况，以及防治污染设施的建设和运行情况，接受社会监督。

第五十六条　对依法应当编制环境影响报告书的建设项目，建设单位应当在编制时向可能受影响的公众说明情况，充分征求意见。

负责审批建设项目环境影响评价文件的部门在收到建设项目环境影响报告书后，除涉及国家秘密和商业秘密的事项外，应当全文公开；发现建设项目未充分征求公众意见的，应当责成建设单位征求公众意见。

第五十七条　公民、法人和其他组织发现任何单位和个人有污染环境和破坏生态行为的，有权向环境保护主管部门或者其他负有环境保护监督管理职责的部门举报。

公民、法人和其他组织发现地方各级人民政府、县级以上人民政府环境保护主管部门和其他负有环境保护监督管理职责的部门不依法履行职责的，有权向其上级机关或者监察机关举报。

接受举报的机关应当对举报人的相关信息予以保密，保护举报人的合法权益。

第五十八条 对污染环境、破坏生态，损害社会公共利益的行为，符合下列条件的社会组织可以向人民法院提起诉讼：

（一）依法在设区的市级以上人民政府民政部门登记；

（二）专门从事环境保护公益活动连续五年以上且无违法记录。

符合前款规定的社会组织向人民法院提起诉讼，人民法院应当依法受理。

提起诉讼的社会组织不得通过诉讼牟取经济利益。

建设项目环境保护管理条例（节选）

（1998 年 11 月 29 日中华人民共和国国务院令第 253 号发布，根据 2017 年 7 月 16 日《国务院关于修改〈建设项目环境保护管理条例〉的决定》修订）

第一章　总则

第一条　为了防止建设项目产生新的污染、破坏生态环境，制定本条例。

第二条　在中华人民共和国领域和中华人民共和国管辖的其他海域内建设对环境有影响的建设项目，适用本条例。

第三条　建设产生污染的建设项目，必须遵守污染物排放的国家标准和地方标准；在实施重点污染物排放总量控制的区域内，还必须符合重点污染物排放总量控制的要求。

第四条　工业建设项目应当采用能耗物耗小、污染物产生量少的清洁生产工艺，合理利用自然资源，防止环境污染和生态破坏。

第五条　改建、扩建项目和技术改造项目必须采取措施，治理与该项目有关的原有环境污染和生态破坏。

第二章　环境影响评价

第六条　国家实行建设项目环境影响评价制度。

第七条　国家根据建设项目对环境的影响程度，按照下列规定对建设项目的环境保护实行分类管理：

（一）建设项目对环境可能造成重大影响的，应当编制环境影响报告书，对建设项目产生的污染和对环境的影响进行全面、详细的评价；

（二）建设项目对环境可能造成轻度影响的，应当编制环境影响报告表，对建设项目产生的污染和对环境的影响进行分析或者专项评价；

（三）建设项目对环境影响很小，不需要进行环境影响评价的，应当填报环境影响登记表。

建设项目环境影响评价分类管理名录，由国务院环境保护行政主管部门在组织专家进行论证和征求有关部门、行业协会、企事业单位、公众等意见的基础上制定并公布。

第八条　建设项目环境影响报告书，应当包括下列内容：

（一）建设项目概况；

（二）建设项目周围环境现状；

（三）建设项目对环境可能造成影响的分析和预测；

（四）环境保护措施及其经济、技术论证；

（五）环境影响经济损益分析；

（六）对建设项目实施环境监测的建议；

（七）环境影响评价结论。

建设项目环境影响报告表、环境影响登记表的内容和格式，由国务院环境保护行政主管部门规定。

第九条　依法应当编制环境影响报告书、环境影响报告表的建设项目，建设单位应当在开工建设前将环境影响报告书、环境影响报告表报有审批权的环境保护行政主管部门审批；建设项目的环境影响评价文件未依法经审批部门审查或者审查后未予批准的，建设单位不得开工建设。

环境保护行政主管部门审批环境影响报告书、环境影响报告表，应当重点审查建设项目的环境可行性、环境影响分析预测评估的可靠性、环境保护措施的有效性、环境影响评价结论的科学性等，并分别自收到环境影响报告书之日起 60 日内、收到环境影响报告表之日起 30 日内，作出审批决定并书面通知建设单位。

环境保护行政主管部门可以组织技术机构对建设项目环境影响报告书、环境影响报告表进行技术评估，并承担相应费用；技术机构应当对其提出的技术评估意见负责，不得向建设单位、从事环境影响评价工作的单位收取任何费用。

依法应当填报环境影响登记表的建设项目，建设单位应当按照国务院环境保护行政主管部门的规定将环境影响登记表报建设项目所在地县级环境保护行政主管部门备案。

环境保护行政主管部门应当开展环境影响评价文件网上审批、备案和信息公开。

第十条 国务院环境保护行政主管部门负责审批下列建设项目环境影响报告书、环境影响报告表：

（一）核设施、绝密工程等特殊性质的建设项目；

（二）跨省、自治区、直辖市行政区域的建设项目；

（三）国务院审批的或者国务院授权有关部门审批的建设项目。

前款规定以外的建设项目环境影响报告书、环境影响报告表的审批权限，由省、自治区、直辖市人民政府规定。

建设项目造成跨行政区域环境影响，有关环境保护行政主管部门对环境影响评价结论有争议的，其环境影响报告书或者环境影响报告表由共同上一级环境保护行政主管部门审批。

第十一条 建设项目有下列情形之一的，环境保护行政主管部门应当对环境影响报告书、环境影响报告表作出不予批准的决定：

（一）建设项目类型及其选址、布局、规模等不符合环境保护法律法规和相关法定规划；

（二）所在区域环境质量未达到国家或者地方环境质量标准，且建设项目拟采取的措施不能满足区域环境质量改善目标管理要求；

（三）建设项目采取的污染防治措施无法确保污染物排放达到国家和地方排放标准，或者未采取必要措施预防和控制生态破坏；

（四）改建、扩建和技术改造项目，未针对项目原有环境污染和生态破坏提出有效防治措施；

（五）建设项目的环境影响报告书、环境影响报告表的基础资料数据明显不实，内容存在重大缺陷、遗漏，或者环境影响评价结论不明确、不合理。

第十二条　建设项目环境影响报告书、环境影响报告表经批准后，建设项目的性质、规模、地点、采用的生产工艺或者防治污染、防止生态破坏的措施发生重大变动的，建设单位应当重新报批建设项目环境影响报告书、环境影响报告表。

建设项目环境影响报告书、环境影响报告表自批准之日起满5年，建设项目方开工建设的，其环境影响报告书、环境影响报告表应当报原审批部门重新审核。原审批部门应当自收到建设项目环境影响报告书、环境影响报告表之日起10日内，将审核意见书面通知建设单位；逾期未通知的，视为审核同意。

审核、审批建设项目环境影响报告书、环境影响报告表及备案环境影响登记表，不得收取任何费用。

第十三条　建设单位可以采取公开招标的方式，选择从事环境影响评价工作的单位，对建设项目进行环境影响评价。

任何行政机关不得为建设单位指定从事环境影响评价工作的单位，进行环境影响评价。

第十四条　建设单位编制环境影响报告书，应当依照有关法律规定，征求建设项目所在地有关单位和居民的意见。

第三章　环境保护设施建设

第十五条　建设项目需要配套建设的环境保护设施，必须与主体工程同时设计、同时施工、同时投产使用。

第十六条　建设项目的初步设计，应当按照环境保护设计规范的要求，编制环境保护篇章，落实防治环境污染和生态破坏的措施以及环境保护设施投资概算。

建设单位应当将环境保护设施建设纳入施工合同，保证环境保护设施建设进度和资金，并在项目建设过程中同时组织实施环境影响报告书、环境影响报告表及其审批部门审批决定中提出的环境保护对策措施。

第十七条　编制环境影响报告书、环境影响报告表的建设项目竣工后，建设单位应当按照国务院环境保护行政主管部门规定的标准和程序，对配套建设的环境保护设施进行验收，编制验收报告。

建设单位在环境保护设施验收过程中，应当如实查验、监测、记载建设项目环境保护设施的建设和调试情况，不得弄虚作假。

除按照国家规定需要保密的情形外，建设单位应当依法向社会公开验收报告。

第十八条　分期建设、分期投入生产或者使用的建设项目，其相应的环境保护设施应当分期验收。

第十九条　编制环境影响报告书、环境影响报告表的建设项目，其配套建设的环境保护设施经验收合格，方可投入生产或者使用；未经验收或者验收不合格的，不得投入生产或者使用。

前款规定的建设项目投入生产或者使用后，应当按照国务院环境保护行政主管部门的规定开展环境影响后评价。

第二十条　环境保护行政主管部门应当对建设项目环境保护设施设计、施工、验收、投入生产或者使用情况，以及有关环境影响评价文件确定的其他环境保护措施的落实情况，进行监督检查。

环境保护行政主管部门应当将建设项目有关环境违法信息记入社会诚信档案，及时向社会公开违法者名单。

中华人民共和国职业病防治法（节选）

（2001 年 10 月 27 日第九届全国人民代表大会常务委员会第二十四次会议通过，根据 2011 年 12 月 31 日第十一届全国人民代表大会常务委员会第二十四次会议《关于修改〈中华人民共和国职业病防治法〉的决定》第一次修正，根据 2016 年 7 月 2 日第十二届全国人民代表大会常务委员会第二十一次会议《关于修改〈中华人民共和国节约能源法〉等六部法律的决定》第二次修正，根据 2017 年 11 月 4 日第十二届全国人民代表大会常务委员会第三十次会议《关于修改〈中华人民共和国会计法〉等十一部法律的决定》第三次修正，根据 2018 年 12 月 29 日第十三届全国人民代表大会常务委员会第七次会议《关于修改〈中华人民共和国劳动法〉等七部法律的决定》第四次修正）

第一章　总则

第一条　为了预防、控制和消除职业病危害，防治职业病，保护劳动者健康及其相关权益，促进经济社会发展，根据宪法，制定本法。

第二条　本法适用于中华人民共和国领域内的职业病防治活动。

本法所称职业病，是指企业、事业单位和个体经济组织等用人单位的劳动者在职业活动中，因接触粉尘、放射性物质和其他有毒、有害因素而引起的疾病。

职业病的分类和目录由国务院卫生行政部门会同国务院劳动保障行政部门制定、调整并公布。

第三条　职业病防治工作坚持预防为主、防治结合的方针，建立用人单位负责、行政机关监管、行业自律、职工参与和社会监督的机制，实行分类管理、综合治理。

第四条 劳动者依法享有职业卫生保护的权利。

用人单位应当为劳动者创造符合国家职业卫生标准和卫生要求的工作环境和条件，并采取措施保障劳动者获得职业卫生保护。

工会组织依法对职业病防治工作进行监督，维护劳动者的合法权益。用人单位制定或者修改有关职业病防治的规章制度，应当听取工会组织的意见。

第五条 用人单位应当建立、健全职业病防治责任制，加强对职业病防治的管理，提高职业病防治水平，对本单位产生的职业病危害承担责任。

第六条 用人单位的主要负责人对本单位的职业病防治工作全面负责。

第七条 用人单位必须依法参加工伤保险。

国务院和县级以上地方人民政府劳动保障行政部门应当加强对工伤保险的监督管理，确保劳动者依法享受工伤保险待遇。

第八条 国家鼓励和支持研制、开发、推广、应用有利于职业病防治和保护劳动者健康的新技术、新工艺、新设备、新材料，加强对职业病的机理和发生规律的基础研究，提高职业病防治科学技术水平；积极采用有效的职业病防治技术、工艺、设备、材料；限制使用或者淘汰职业病危害严重的技术、工艺、设备、材料。

国家鼓励和支持职业病医疗康复机构的建设。

第九条 国家实行职业卫生监督制度。

国务院卫生行政部门、劳动保障行政部门依照本法和国务院确定的职责，负责全国职业病防治的监督管理工作。国务院有关部门在各自的职责范围内负责职业病防治的有关监督管理工作。

县级以上地方人民政府卫生行政部门、劳动保障行政部门依据各自职责，负责本行政区域内职业病防治的监督管理工作。县级以上地方人民政府有关部门在各自的职责范围内负责职业病防治的有关监督管理工作。

县级以上人民政府卫生行政部门、劳动保障行政部门（以下统称职业卫生监督管理部门）应当加强沟通，密切配合，按照各自职责分工，依法行使职权，承担责任。

第十条 国务院和县级以上地方人民政府应当制定职业病防治规划，将其纳入国民经济和社会发展计划，并组织实施。

县级以上地方人民政府统一负责、领导、组织、协调本行政区域的职业病防治工作，建立健全职业病防治工作体制、机制，统一领导、指挥职业卫生突发事件应对工作；加强职业病防治能力建设和服务体系建设，完善、落实职业病防治工作责任制。

乡、民族乡、镇的人民政府应当认真执行本法，支持职业卫生监督管理部门依法履行职责。

第十一条 县级以上人民政府职业卫生监督管理部门应当加强对职业病防治的宣传教育，普及职业病防治的知识，增强用人单位的职业病防治观念，提高劳动者的职业健康意识、自我保护意识和行使职业卫生保护权利的能力。

第十二条 有关防治职业病的国家职业卫生标准，由国务院卫生行政部门组织制定并公布。

国务院卫生行政部门应当组织开展重点职业病监测和专项调查，对职业健康风险进行评估，为制定职业卫生标准和职业病防治政策提供科学依据。

县级以上地方人民政府卫生行政部门应当定期对本行政区域的职业病防治情况进行统计和调查分析。

第十三条 任何单位和个人有权对违反本法的行为进行检举和控告。有关部门收到相关的检举和控告后，应当及时处理。

对防治职业病成绩显著的单位和个人，给予奖励。

第二章 前期预防

第十四条 用人单位应当依照法律、法规要求，严格遵守国家职业卫生标准，落实职业病预防措施，从源头上控制和消除职业病危害。

第十五条　产生职业病危害的用人单位的设立除应当符合法律、行政法规规定的设立条件外，其工作场所还应当符合下列职业卫生要求：

（一）职业病危害因素的强度或者浓度符合国家职业卫生标准；

（二）有与职业病危害防护相适应的设施；

（三）生产布局合理，符合有害与无害作业分开的原则；

（四）有配套的更衣间、洗浴间、孕妇休息间等卫生设施；

（五）设备、工具、用具等设施符合保护劳动者生理、心理健康的要求；

（六）法律、行政法规和国务院卫生行政部门关于保护劳动者健康的其他要求。

第十六条　国家建立职业病危害项目申报制度。

用人单位工作场所存在职业病目录所列职业病的危害因素的，应当及时、如实向所在地卫生行政部门申报危害项目，接受监督。

职业病危害因素分类目录由国务院卫生行政部门制定、调整并公布。职业病危害项目申报的具体办法由国务院卫生行政部门制定。

第十七条　新建、扩建、改建建设项目和技术改造、技术引进项目（以下统称建设项目）可能产生职业病危害的，建设单位在可行性论证阶段应当进行职业病危害预评价。

医疗机构建设项目可能产生放射性职业病危害的，建设单位应当向卫生行政部门提交放射性职业病危害预评价报告。卫生行政部门应当自收到预评价报告之日起三十日内，作出审核决定并书面通知建设单位。未提交预评价报告或者预评价报告未经卫生行政部门审核同意的，不得开工建设。

职业病危害预评价报告应当对建设项目可能产生的职业病危害因素及其对工作场所和劳动者健康的影响作出评价，确定危害类别和职业病防护措施。

建设项目职业病危害分类管理办法由国务院卫生行政部门制定。

第十八条 建设项目的职业病防护设施所需费用应当纳入建设项目工程预算，并与主体工程同时设计，同时施工，同时投入生产和使用。

建设项目的职业病防护设施设计应当符合国家职业卫生标准和卫生要求；其中，医疗机构放射性职业病危害严重的建设项目的防护设施设计，应当经卫生行政部门审查同意后，方可施工。

建设项目在竣工验收前，建设单位应当进行职业病危害控制效果评价。

医疗机构可能产生放射性职业病危害的建设项目竣工验收时，其放射性职业病防护设施经卫生行政部门验收合格后，方可投入使用；其他建设项目的职业病防护设施应当由建设单位负责依法组织验收，验收合格后，方可投入生产和使用。卫生行政部门应当加强对建设单位组织的验收活动和验收结果的监督核查。

第十九条 国家对从事放射性、高毒、高危粉尘等作业实行特殊管理。具体管理办法由国务院制定。

第三章　劳动过程中的防护与管理

第二十条 用人单位应当采取下列职业病防治管理措施：

（一）设置或者指定职业卫生管理机构或者组织，配备专职或者兼职的职业卫生管理人员，负责本单位的职业病防治工作；

（二）制定职业病防治计划和实施方案；

（三）建立、健全职业卫生管理制度和操作规程；

（四）建立、健全职业卫生档案和劳动者健康监护档案；

（五）建立、健全工作场所职业病危害因素监测及评价制度；

（六）建立、健全职业病危害事故应急救援预案。

第二十一条 用人单位应当保障职业病防治所需的资金投入，不得挤占、挪用，并对因资金投入不足导致的后果承担责任。

第二十二条 用人单位必须采用有效的职业病防护设施，并为劳动者提供个人使用的职业病防护用品。

用人单位为劳动者个人提供的职业病防护用品必须符合防治职业病的要求；不符合要求的，不得使用。

第二十三条 用人单位应当优先采用有利于防治职业病和保护劳动者健康的新技术、新工艺、新设备、新材料，逐步替代职业病危害严重的技术、工艺、设备、材料。

第二十四条 产生职业病危害的用人单位，应当在醒目位置设置公告栏，公布有关职业病防治的规章制度、操作规程、职业病危害事故应急救援措施和工作场所职业病危害因素检测结果。

对产生严重职业病危害的作业岗位，应当在其醒目位置，设置警示标识和中文警示说明。警示说明应当载明产生职业病危害的种类、后果、预防以及应急救治措施等内容。

第二十五条 对可能发生急性职业损伤的有毒、有害工作场所，用人单位应当设置报警装置，配置现场急救用品、冲洗设备、应急撤离通道和必要的泄险区。

对放射工作场所和放射性同位素的运输、贮存，用人单位必须配置防护设备和报警装置，保证接触放射线的工作人员佩戴个人剂量计。

对职业病防护设备、应急救援设施和个人使用的职业病防护用品，用人单位应当进行经常性的维护、检修，定期检测其性能和效果，确保其处于正常状态，不得擅自拆除或者停止使用。

第二十六条 用人单位应当实施由专人负责的职业病危害因素日常监测，并确保监测系统处于正常运行状态。

用人单位应当按照国务院卫生行政部门的规定，定期对工作场所进行职业病危害因素检测、评价。检测、评价结果存入用人单位职业卫生档案，定期向所在地卫生行政部门报告并向劳动者公布。

职业病危害因素检测、评价由依法设立的取得国务院卫生行政部门或者设区的市级以上地方人民政府卫生行政部门按照职责分工给予资质认可的职业卫生技术服务机构进行。职业卫生技术服务机构所作检测、评价应当客观、真实。

发现工作场所职业病危害因素不符合国家职业卫生标准和卫生要求时，用人单位应当立即采取相应治理措施，仍然达不到国家职业卫生标准和卫生要求的，必须停止存在职业病危害因素的作业；职业病危害因素经治理后，符合国家职业卫生标准和卫生要求的，方可重新作业。

第二十七条　职业卫生技术服务机构依法从事职业病危害因素检测、评价工作，接受卫生行政部门的监督检查。卫生行政部门应当依法履行监督职责。

第二十八条　向用人单位提供可能产生职业病危害的设备的，应当提供中文说明书，并在设备的醒目位置设置警示标识和中文警示说明。警示说明应当载明设备性能、可能产生的职业病危害、安全操作和维护注意事项、职业病防护以及应急救治措施等内容。

第二十九条　向用人单位提供可能产生职业病危害的化学品、放射性同位素和含有放射性物质的材料的，应当提供中文说明书。说明书应当载明产品特性、主要成份、存在的有害因素、可能产生的危害后果、安全使用注意事项、职业病防护以及应急救治措施等内容。产品包装应当有醒目的警示标识和中文警示说明。贮存上述材料的场所应当在规定的部位设置危险物品标识或者放射性警示标识。

国内首次使用或者首次进口与职业病危害有关的化学材料，使用单位或者进口单位按照国家规定经国务院有关部门批准后，应当向国务院卫生行政部门报送该化学材料的毒性鉴定以及经有关部门登记注册或者批准进口的文件等资料。

进口放射性同位素、射线装置和含有放射性物质的物品的，按照国家有关规定办理。

第三十条　任何单位和个人不得生产、经营、进口和使用国家明令禁止使用的可能产生职业病危害的设备或者材料。

第三十一条 任何单位和个人不得将产生职业病危害的作业转移给不具备职业病防护条件的单位和个人。不具备职业病防护条件的单位和个人不得接受产生职业病危害的作业。

第三十二条 用人单位对采用的技术、工艺、设备、材料，应当知悉其产生的职业病危害，对有职业病危害的技术、工艺、设备、材料隐瞒其危害而采用的，对所造成的职业病危害后果承担责任。

第三十三条 用人单位与劳动者订立劳动合同（含聘用合同，下同）时，应当将工作过程中可能产生的职业病危害及其后果、职业病防护措施和待遇等如实告知劳动者，并在劳动合同中写明，不得隐瞒或者欺骗。

劳动者在已订立劳动合同期间因工作岗位或者工作内容变更，从事与所订立劳动合同中未告知的存在职业病危害的作业时，用人单位应当依照前款规定，向劳动者履行如实告知的义务，并协商变更原劳动合同相关条款。

用人单位违反前两款规定的，劳动者有权拒绝从事存在职业病危害的作业，用人单位不得因此解除与劳动者所订立的劳动合同。

第三十四条 用人单位的主要负责人和职业卫生管理人员应当接受职业卫生培训，遵守职业病防治法律、法规，依法组织本单位的职业病防治工作。

用人单位应当对劳动者进行上岗前的职业卫生培训和在岗期间的定期职业卫生培训，普及职业卫生知识，督促劳动者遵守职业病防治法律、法规、规章和操作规程，指导劳动者正确使用职业病防护设备和个人使用的职业病防护用品。

劳动者应当学习和掌握相关的职业卫生知识，增强职业病防范意识，遵守职业病防治法律、法规、规章和操作规程，正确使用、维护职业病防护设备和个人使用的职业病防护用品，发现职业病危害事故隐患应当及时报告。

劳动者不履行前款规定义务的，用人单位应当对其进行教育。

第三十五条 对从事接触职业病危害的作业的劳动者，用人单位应当按照国务院卫生行政部门的规定组织上岗前、在岗期间和离岗时的职业健康检查，并将检查结果书面告知劳动者。职业健康检查费用由用人单位承担。

用人单位不得安排未经上岗前职业健康检查的劳动者从事接触职业病危害的作业；不得安排有职业禁忌的劳动者从事其所禁忌的作业；对在职业健康检查中发现有与所从事的职业相关的健康损害的劳动者，应当调离原工作岗位，并妥善安置；对未进行离岗前职业健康检查的劳动者不得解除或者终止与其订立的劳动合同。

职业健康检查应当由取得《医疗机构执业许可证》的医疗卫生机构承担。卫生行政部门应当加强对职业健康检查工作的规范管理，具体管理办法由国务院卫生行政部门制定。

第三十六条 用人单位应当为劳动者建立职业健康监护档案，并按照规定的期限妥善保存。

职业健康监护档案应当包括劳动者的职业史、职业病危害接触史、职业健康检查结果和职业病诊疗等有关个人健康资料。

劳动者离开用人单位时，有权索取本人职业健康监护档案复印件，用人单位应当如实、无偿提供，并在所提供的复印件上签章。

第三十七条 发生或者可能发生急性职业病危害事故时，用人单位应当立即采取应急救援和控制措施，并及时报告所在地卫生行政部门和有关部门。卫生行政部门接到报告后，应当及时会同有关部门组织调查处理；必要时，可以采取临时控制措施。卫生行政部门应当组织做好医疗救治工作。

对遭受或者可能遭受急性职业病危害的劳动者，用人单位应当及时组织救治、进行健康检查和医学观察，所需费用由用人单位承担。

第三十八条　用人单位不得安排未成年工从事接触职业病危害的作业；不得安排孕期、哺乳期的女职工从事对本人和胎儿、婴儿有危害的作业。

第三十九条　劳动者享有下列职业卫生保护权利：

（一）获得职业卫生教育、培训；

（二）获得职业健康检查、职业病诊疗、康复等职业病防治服务；

（三）了解工作场所产生或者可能产生的职业病危害因素、危害后果和应当采取的职业病防护措施；

（四）要求用人单位提供符合防治职业病要求的职业病防护设施和个人使用的职业病防护用品，改善工作条件；

（五）对违反职业病防治法律、法规以及危及生命健康的行为提出批评、检举和控告；

（六）拒绝违章指挥和强令进行没有职业病防护措施的作业；

（七）参与用人单位职业卫生工作的民主管理，对职业病防治工作提出意见和建议。

用人单位应当保障劳动者行使前款所列权利。因劳动者依法行使正当权利而降低其工资、福利等待遇或者解除、终止与其订立的劳动合同的，其行为无效。

第四十条　工会组织应当督促并协助用人单位开展职业卫生宣传教育和培训，有权对用人单位的职业病防治工作提出意见和建议，依法代表劳动者与用人单位签订劳动安全卫生专项集体合同，与用人单位就劳动者反映的有关职业病防治的问题进行协调并督促解决。

工会组织对用人单位违反职业病防治法律、法规，侵犯劳动者合法权益的行为，有权要求纠正；产生严重职业病危害时，有权要求采取防护措施，或者向政府有关部门建议采取强制性措施；发生职业病危害事故时，有权参与事故调查处理；发现危及劳动者生命健康的情形时，有权向用人单位建议组织劳动者撤离危险现场，用人单位应当立即作出处理。

第四十一条　用人单位按照职业病防治要求，用于预防和治理职业病危害、工作场所卫生检测、健康监护和职业卫生培训等费用，按照国家有关规定，在生产成本中据实列支。

第四十二条　职业卫生监督管理部门应当按照职责分工，加强对用人单位落实职业病防护管理措施情况的监督检查，依法行使职权，承担责任。

第四章　职业病诊断与职业病病人保障

第四十三条　医疗卫生机构承担职业病诊断，应当经省、自治区、直辖市人民政府卫生行政部门批准。省、自治区、直辖市人民政府卫生行政部门应当向社会公布本行政区域内承担职业病诊断的医疗卫生机构的名单。

承担职业病诊断的医疗卫生机构应当具备下列条件：

（一）持有《医疗机构执业许可证》；

（二）具有与开展职业病诊断相适应的医疗卫生技术人员；

（三）具有与开展职业病诊断相适应的仪器、设备；

（四）具有健全的职业病诊断质量管理制度。

承担职业病诊断的医疗卫生机构不得拒绝劳动者进行职业病诊断的要求。

第四十四条　劳动者可以在用人单位所在地、本人户籍所在地或者经常居住地依法承担职业病诊断的医疗卫生机构进行职业病诊断。

第四十五条　职业病诊断标准和职业病诊断、鉴定办法由国务院卫生行政部门制定。职业病伤残等级的鉴定办法由国务院劳动保障行政部门会同国务院卫生行政部门制定。

第四十六条　职业病诊断，应当综合分析下列因素：

（一）病人的职业史；

（二）职业病危害接触史和工作场所职业病危害因素情况；

（三）临床表现以及辅助检查结果等。

没有证据否定职业病危害因素与病人临床表现之间的必然联

系的，应当诊断为职业病。

职业病诊断证明书应当由参与诊断的取得职业病诊断资格的执业医师签署，并经承担职业病诊断的医疗卫生机构审核盖章。

第四十七条　用人单位应当如实提供职业病诊断、鉴定所需的劳动者职业史和职业病危害接触史、工作场所职业病危害因素检测结果等资料；卫生行政部门应当监督检查和督促用人单位提供上述资料；劳动者和有关机构也应当提供与职业病诊断、鉴定有关的资料。

职业病诊断、鉴定机构需要了解工作场所职业病危害因素情况时，可以对工作场所进行现场调查，也可以向卫生行政部门提出，卫生行政部门应当在十日内组织现场调查。用人单位不得拒绝、阻挠。

第四十八条　职业病诊断、鉴定过程中，用人单位不提供工作场所职业病危害因素检测结果等资料的，诊断、鉴定机构应当结合劳动者的临床表现、辅助检查结果和劳动者的职业史、职业病危害接触史，并参考劳动者的自述、卫生行政部门提供的日常监督检查信息等，作出职业病诊断、鉴定结论。

劳动者对用人单位提供的工作场所职业病危害因素检测结果等资料有异议，或者因劳动者的用人单位解散、破产，无用人单位提供上述资料的，诊断、鉴定机构应当提请卫生行政部门进行调查，卫生行政部门应当自接到申请之日起三十日内对存在异议的资料或者工作场所职业病危害因素情况作出判定；有关部门应当配合。

第四十九条　职业病诊断、鉴定过程中，在确认劳动者职业史、职业病危害接触史时，当事人对劳动关系、工种、工作岗位或者在岗时间有争议的，可以向当地的劳动人事争议仲裁委员会申请仲裁；接到申请的劳动人事争议仲裁委员会应当受理，并在三十日内作出裁决。

当事人在仲裁过程中对自己提出的主张，有责任提供证据。劳动者无法提供由用人单位掌握管理的与仲裁主张有关的证据的，仲裁庭应当要求用人单位在指定期限内提供；用人单位在指定期限内不提供的，应当承担不利后果。

劳动者对仲裁裁决不服的，可以依法向人民法院提起诉讼。

用人单位对仲裁裁决不服的，可以在职业病诊断、鉴定程序结束之日起十五日内依法向人民法院提起诉讼；诉讼期间，劳动者的治疗费用按照职业病待遇规定的途径支付。

第五十条　用人单位和医疗卫生机构发现职业病病人或者疑似职业病病人时，应当及时向所在地卫生行政部门报告。确诊为职业病的，用人单位还应当向所在地劳动保障行政部门报告。接到报告的部门应当依法作出处理。

第五十一条　县级以上地方人民政府卫生行攻部门负责本行政区域内的职业病统计报告的管理工作，并按照规定上报。

第五十二条　当事人对职业病诊断有异议的，可以向作出诊断的医疗卫生机构所在地地方人民政府卫生行政部门申请鉴定。

职业病诊断争议由设区的市级以上地方人民政府卫生行政部门根据当事人的申请，组织职业病诊断鉴定委员会进行鉴定。

当事人对设区的市级职业病诊断鉴定委员会的鉴定结论不服的，可以向省、自治区、直辖市人民政府卫生行政部门申请再鉴定。

第五十三条　职业病诊断鉴定委员会由相关专业的专家组成。

省、自治区、直辖市人民政府卫生行政部门应当设立相关的专家库，需要对职业病争议作出诊断鉴定时，由当事人或者当事人委托有关卫生行政部门从专家库中以随机抽取的方式确定参加诊断鉴定委员会的专家。

职业病诊断鉴定委员会应当按照国务院卫生行政部门颁布的职业病诊断标准和职业病诊断、鉴定办法进行职业病诊断鉴定，向当事人出具职业病诊断鉴定书。职业病诊断、鉴定费用由用人单位承担。

第五十四条　职业病诊断鉴定委员会组成人员应当遵守职业

道德，客观、公正地进行诊断鉴定，并承担相应的责任。职业病诊断鉴定委员会组成人员不得私下接触当事人，不得收受当事人的财物或者其他好处，与当事人有利害关系的，应当回避。

人民法院受理有关案件需要进行职业病鉴定时，应当从省、自治区、直辖市人民政府卫生行政部门依法设立的相关的专家库中选取参加鉴定的专家。

第五十五条 医疗卫生机构发现疑似职业病病人时，应当告知劳动者本人并及时通知用人单位。

用人单位应当及时安排对疑似职业病病人进行诊断；在疑似职业病病人诊断或者医学观察期间，不得解除或者终止与其订立的劳动合同。

疑似职业病病人在诊断、医学观察期间的费用，由用人单位承担。

第五十六条 用人单位应当保障职业病病人依法享受国家规定的职业病待遇。

用人单位应当按照国家有关规定，安排职业病病人进行治疗、康复和定期检查。

用人单位对不适宜继续从事原工作的职业病病人，应当调离原岗位，并妥善安置。

用人单位对从事接触职业病危害的作业的劳动者，应当给予适当岗位津贴。

第五十七条 职业病病人的诊疗、康复费用，伤残以及丧失劳动能力的职业病病人的社会保障，按照国家有关工伤保险的规定执行。

第五十八条 职业病病人除依法享有工伤保险外，依照有关民事法律，尚有获得赔偿的权利的，有权向用人单位提出赔偿要求。

第五十九条 劳动者被诊断患有职业病，但用人单位没有依法参加工伤保险的，其医疗和生活保障由该用人单位承担。

第六十条 职业病病人变动工作单位，其依法享有的待遇不变。

用人单位在发生分立、合并、解散、破产等情形时，应当对从事接触职业病危害的作业的劳动者进行健康检查，并按照国家有关规定妥善安置职业病病人。

第六十一条 用人单位已经不存在或者无法确认劳动关系的职业病病人，可以向地方人民政府医疗保障、民政部门申请医疗救助和生活等方面的救助。

地方各级人民政府应当根据本地区的实际情况，采取其他措施，使前款规定的职业病病人获得医疗救治。

第五章 监督检查

第六十二条 县级以上人民政府职业卫生监督管理部门依照职业病防治法律、法规、国家职业卫生标准和卫生要求，依据职责划分，对职业病防治工作进行监督检查。

第六十三条 卫生行政部门履行监督检查职责时，有权采取下列措施：

（一）进入被检查单位和职业病危害现场，了解情况，调查取证；

（二）查阅或者复制与违反职业病防治法律、法规的行为有关的资料和采集样品；

（三）责令违反职业病防治法律、法规的单位和个人停止违法行为。

第六十四条 发生职业病危害事故或者有证据证明危害状态可能导致职业病危害事故发生时，卫生行政部门可以采取下列临时控制措施：

（一）责令暂停导致职业病危害事故的作业；

（二）封存造成职业病危害事故或者可能导致职业病危害事故发生的材料和设备；

（三）组织控制职业病危害事故现场。

在职业病危害事故或者危害状态得到有效控制后，卫生行政部门应当及时解除控制措施。

第六十五条　职业卫生监督执法人员依法执行职务时，应当出示监督执法证件。

职业卫生监督执法人员应当忠于职守，秉公执法，严格遵守执法规范；涉及用人单位的秘密的，应当为其保密。

第六十六条　职业卫生监督执法人员依法执行职务时，被检查单位应当接受检查并予以支持配合，不得拒绝和阻碍。

第六十七条　卫生行政部门及其职业卫生监督执法人员履行职责时，不得有下列行为：

（一）对不符合法定条件的，发给建设项目有关证明文件、资质证明文件或者予以批准；

（二）对已经取得有关证明文件的，不履行监督检查职责；

（三）发现用人单位存在职业病危害的，可能造成职业病危害事故，不及时依法采取控制措施；

（四）其他违反本法的行为。

第六十八条　职业卫生监督执法人员应当依法经过资格认定。

职业卫生监督管理部门应当加强队伍建设，提高职业卫生监督执法人员的政治、业务素质，依照本法和其他有关法律、法规的规定，建立、健全内部监督制度，对其工作人员执行法律、法规和遵守纪律的情况，进行监督检查。

房屋市政工程生产安全重大事故隐患判定标准
（2024 版）

第一条　为准确认定、及时消除房屋建筑和市政基础设施工程（以下简称房屋市政工程）生产安全重大事故隐患，有效防范和遏制群死群伤事故发生，根据《中华人民共和国建筑法》、《中华人民共和国安全生产法》、《建设工程安全生产管理条例》等法律和行政法规，制定本标准。

第二条　本标准所称重大事故隐患，是指在房屋市政工程施工过程中，存在的危害程度较大、可能导致群死群伤或造成重大经济损失的生产安全事故隐患。

第三条　本标准适用于判定新建、扩建、改建、拆除房屋市政工程的生产安全重大事故隐患。

县级及以上人民政府住房和城乡建设主管部门和施工安全监督机构在监督检查过程中可依照本标准判定房屋市政工程生产安全重大事故隐患。

第四条　施工安全管理有下列情形之一的，应判定为重大事故隐患：

（一）建筑施工企业未取得安全生产许可证擅自从事建筑施工活动或超（无）资质承揽工程；

（二）建筑施工企业未按照规定要求足额配备安全生产管理人员，或其主要负责人、项目负责人、专职安全生产管理人员未取得有效安全生产考核合格证书从事相关工作；

（三）建筑施工特种作业人员未取得有效特种作业人员操作资格证书上岗作业；

（四）危险性较大的分部分项工程未编制、未审核专项施工方案，或专项施工方案存在严重缺陷的，或未按规定组织专家对

"超过一定规模的危险性较大的分部分项工程范围"的专项施工方案进行论证；

（五）对于按照规定需要验收的危险性较大的分部分项工程，未经验收合格即进入下一道工序或投入使用。

第五条 基坑、边坡工程有下列情形之一的，应判定为重大事故隐患：

（一）未对因基坑、边坡工程施工可能造成损害的毗邻建筑物、构筑物和地下管线等，采取专项防护措施；

（二）基坑、边坡土方超挖且未采取有效措施；

（三）深基坑、高边坡（一级、二级）施工未进行第三方监测；

（四）有下列基坑、边坡坍塌风险预兆之一，且未及时处理：

1. 支护结构或周边建筑物变形值超过设计变形控制值；

2. 基坑侧壁出现大量漏水、流土；

3. 基坑底部出现管涌或突涌；

4. 桩间土流失孔洞深度超过桩径。

第六条 模板工程及支撑体系有下列情形之一的，应判定为重大事故隐患：

（一）模板支架的基础承载力和变形不满足设计要求；

（二）模板支架承受的施工荷载超过设计值；

（三）模板支架拆除及滑模、爬模爬升时，混凝土强度未达到设计或规范要求；

（四）危险性较大的混凝土模板支撑工程未按专项施工方案要求的顺序或分层厚度浇筑混凝土。

第七条 脚手架工程有下列情形之一的，应判定为重大事故隐患：

（一）脚手架工程的基础承载力和变形不满足设计要求；

（二）未设置连墙件或连墙件整层缺失；

（三）附着式升降脚手架的防倾覆、防坠落或同步升降控制装置不符合设计要求、失效或缺失。

第八条 建筑起重机械及吊装工程有下列情形之一的，应判定为重大事故隐患：

（一）塔式起重机、施工升降机、物料提升机等起重机械设备未经验收合格即投入使用，或未按规定办理使用登记；

（二）建筑起重机械的基础承载力和变形不满足设计要求；

（三）建筑起重机械安装、拆卸、爬升（降）以及附着前未对结构件、爬升装置和附着装置以及高强度螺栓、销轴、定位板等连接件及安全装置进行检查；

（四）建筑起重机械的安全装置不齐全、失效或者被违规拆除、破坏；

（五）建筑起重机械主要受力构件有可见裂纹、严重锈蚀、塑性变形、开焊，或其连接螺栓、销轴缺失或失效；

（六）施工升降机附着间距和最高附着以上的最大悬高及垂直度不符合规范要求；

（七）塔式起重机独立起升高度、附着间距和最高附着以上的最大悬高及垂直度不符合规范要求；

（八）塔式起重机与周边建（构）筑物或群塔作业未保持安全距离；

（九）使用达到报废标准的建筑起重机械，或使用达到报废标准的吊索具进行起重吊装作业。

第九条 高处作业有下列情形之一的，应判定为重大事故隐患：

（一）钢结构、网架安装用支撑结构基础承载力和变形不满足设计要求，钢结构、网架安装用支撑结构超过设计承载力或未按设计要求设置防倾覆装置；

（二）单榀钢桁架（屋架）等预制构件安装时未采取防失稳措施；

（三）悬挑式卸料平台的搁置点、拉结点、支撑点未设置在稳定的主体结构上，且未做可靠连接；

（四）脚手架与结构外表面之间贯通未采取水平防护措施，

或电梯井道内贯通未采取水平防护措施且电梯井口未设置防护门；

（五）高处作业吊篮超载使用，或安全锁失效、安全绳（用于挂设安全带）未独立悬挂。

第十条 施工临时用电有下列情形之一的，应判定为重大事故隐患：

（一）特殊作业环境（通风不畅、高温、有导电灰尘、相对湿度长期超过75%、泥泞、存在积水或其他导电液体等不利作业环境）照明未按规定使用安全电压；

（二）在建工程及脚手架、机械设备、场内机动车道与外电架空线路之间的安全距离不符合规范要求且未采取防护措施。

第十一条 有限空间作业有下列情形之一的，应判定为重大事故隐患：

（一）未辨识施工现场有限空间，且未在显著位置设置警示标志；

（二）有限空间作业未履行"作业审批制度"，未对施工人员进行专项安全教育培训，未执行"先通风、再检测、后作业"原则；

（三）有限空间作业时现场无专人负责监护工作，或无专职安全生产管理人员现场监督；

（四）有限空间作业现场未配备必要的气体检测、机械通风、呼吸防护及应急救援设施设备。

第十二条 拆除工程有下列情形之一的，应判定为重大事故隐患：

（一）装饰装修工程拆除承重结构未经原设计单位或具有相应资质条件的设计单位进行结构复核；

（二）拆除施工作业顺序不符合规范和施工方案要求。

第十三条 隧道工程有下列情形之一的，应判定为重大事故隐患：

（一）作业面带水施工未采取相关措施，或地下水控制措施失效且继续施工；

（二）施工时出现涌水、涌沙、局部坍塌，支护结构扭曲变形或出现裂缝，未及时采取措施；

（三）未按规范或施工方案要求选择开挖、支护方法，或未按规定开展超前地质预报、监控量测，或监测数据超过设计控制值且未及时采取措施；

（四）盾构机始发、接收端头未按设计进行加固，或加固效果未达到要求且未采取措施即开始施工；

（五）盾构机盾尾密封失效、铰链部位发生渗漏仍继续掘进作业，或盾构机带压开仓检查换刀未按有关规定实施；

（六）未对因施工可能造成损害的毗邻建筑物、构筑物和地下管线等，采取专项防护措施；

（七）未经批准，在轨道交通工程安全保护区范围内进行新（改、扩）建建（构）筑物、敷设管线、架空、挖掘、爆破等作业。

第十四条 施工临时堆载有下列情形之一的，应判定为重大事故隐患：

（一）基坑周边堆载超过设计允许值；

（二）无支护基坑（槽）周边，在坑底边线周边与开挖深度相等范围内堆载；

（三）楼板、屋面和地下室顶板等结构构件或脚手架上堆载超过设计允许值。

第十五条 存在以下冒险作业情形之一的，应判定为重大事故隐患：

（一）使用混凝土泵车、打桩设备、汽车起重机、履带起重机等大型机械设备，未校核其运行路线及作业位置承载能力；

（二）在雷雨、大雪、浓雾或大风等恶劣天气条件下违规进行吊装作业、设备安装、拆卸和高处作业；

（三）施工现场使用塔式起重机、汽车起重机、履带起重机或轮胎起重机等非载人设备吊运人员。

第十六条 使用国家明令禁止和限制使用的危害程度较大、可能导致群死群伤或造成重大经济损失的施工工艺、设备和材料，应判定为重大事故隐患。

第十七条 其他严重违反房屋市政工程安全生产法律法规、部门规章及强制性标准，且存在危害程度较大、可能导致群死群伤或造成重大经济损失的现实危险，应判定为重大事故隐患。

第十八条 本标准自发布之日起执行。《房屋市政工程生产安全重大事故隐患判定标准（2022版）》（建质规〔2022〕2号）同时废止。

危险性较大的分部分项工程安全管理规定

（2018 年 3 月 8 日中华人民共和国住房和城乡建设部令第 37 号发布，根据 2019 年 3 月 13 日中华人民共和国住房和城乡建设部令第 47 号《住房和城乡建设部关于修改部分部门规章的决定》修正，自 2018 年 6 月 1 日起施行。）

第一章 总则

第一条 为加强对房屋建筑和市政基础设施工程中危险性较大的分部分项工程安全管理，有效防范生产安全事故，依据《中华人民共和国建筑法》《中华人民共和国安全生产法》《建设工程安全生产管理条例》等法律法规，制定本规定。

第二条 本规定适用于房屋建筑和市政基础设施工程中危险性较大的分部分项工程安全管理。

第三条 本规定所称危险性较大的分部分项工程（以下简称"危大工程"），是指房屋建筑和市政基础设施工程在施工过程中，容易导致人员群死群伤或者造成重大经济损失的分部分项工程。

危大工程及超过一定规模的危大工程范围由国务院住房城乡建设主管部门制定。

省级住房城乡建设主管部门可以结合本地区实际情况，补充本地区危大工程范围。

第四条 国务院住房城乡建设主管部门负责全国危大工程安全管理的指导监督。

县级以上地方人民政府住房城乡建设主管部门负责本行政区域内危大工程的安全监督管理。

第二章　前期保障

第五条　建设单位应当依法提供真实、准确、完整的工程地质、水文地质和工程周边环境等资料。

第六条　勘察单位应当根据工程实际及工程周边环境资料，在勘察文件中说明地质条件可能造成的工程风险。

设计单位应当在设计文件中注明涉及危大工程的重点部位和环节，提出保障工程周边环境安全和工程施工安全的意见，必要时进行专项设计。

第七条　建设单位应当组织勘察、设计等单位在施工招标文件中列出危大工程清单，要求施工单位在投标时补充完善危大工程清单并明确相应的安全管理措施。

第八条　建设单位应当按照施工合同约定及时支付危大工程施工技术措施费以及相应的安全防护文明施工措施费，保障危大工程施工安全。

第九条　建设单位在申请办理施工许可手续时，应当提交危大工程清单及其安全管理措施等资料。

第三章　专项施工方案

第十条　施工单位应当在危大工程施工前组织工程技术人员编制专项施工方案。

实行施工总承包的，专项施工方案应当由施工总承包单位组织编制。危大工程实行分包的，专项施工方案可以由相关专业分包单位组织编制。

第十一条　专项施工方案应当由施工单位技术负责人审核签字、加盖单位公章，并由总监理工程师审查签字、加盖执业印章后方可实施。

危大工程实行分包并由分包单位编制专项施工方案的，专项施工方案应当由总承包单位技术负责人及分包单位技术负责人共同审核签字并加盖单位公章。

第十二条　对于超过一定规模的危大工程，施工单位应当组织召开专家论证会对专项施工方案进行论证。实行施工总承包的，由施工总承包单位组织召开专家论证会。专家论证前专项施工方案应当通过施工单位审核和总监理工程师审查。

专家应当从地方人民政府住房城乡建设主管部门建立的专家库中选取，符合专业要求且人数不得少于 5 名。与本工程有利害关系的人员不得以专家身份参加专家论证会。

第十三条　专家论证会后，应当形成论证报告，对专项施工方案提出通过、修改后通过或者不通过的一致意见。专家对论证报告负责并签字确认。

专项施工方案经论证需修改后通过的，施工单位应当根据论证报告修改完善后，重新履行本规定第十一条的程序。

专项施工方案经论证不通过的，施工单位修改后应当按照本规定的要求重新组织专家论证。

第四章　现场安全管理

第十四条　施工单位应当在施工现场显著位置公告危大工程名称、施工时间和具体责任人员，并在危险区域设置安全警示标志。

第十五条　专项施工方案实施前，编制人员或者项目技术负责人应当向施工现场管理人员进行方案交底。

施工现场管理人员应当向作业人员进行安全技术交底，并由双方和项目专职安全生产管理人员共同签字确认。

第十六条　施工单位应当严格按照专项施工方案组织施工，不得擅自修改专项施工方案。

因规划调整、设计变更等原因确需调整的，修改后的专项施工方案应当按照本规定重新审核和论证。涉及资金或者工期调整的，建设单位应当按照约定予以调整。

第十七条　施工单位应当对危大工程施工作业人员进行登记，项目负责人应当在施工现场履职。

项目专职安全生产管理人员应当对专项施工方案实施情况进行现场监督，对未按照专项施工方案施工的，应当要求立即整改，并及时报告项目负责人，项目负责人应当及时组织限期整改。

施工单位应当按照规定对危大工程进行施工监测和安全巡视，发现危及人身安全的紧急情况，应当立即组织作业人员撤离危险区域。

第十八条 监理单位应当结合危大工程专项施工方案编制监理实施细则，并对危大工程施工实施专项巡视检查。

第十九条 监理单位发现施工单位未按照专项施工方案施工的，应当要求其进行整改；情节严重的，应当要求其暂停施工，并及时报告建设单位。施工单位拒不整改或者不停止施工的，监理单位应当及时报告建设单位和工程所在地住房城乡建设主管部门。

第二十条 对于按照规定需要进行第三方监测的危大工程，建设单位应当委托具有相应勘察资质的单位进行监测。

监测单位应当编制监测方案。监测方案由监测单位技术负责人审核签字并加盖单位公章，报送监理单位后方可实施。

监测单位应当按照监测方案开展监测，及时向建设单位报送监测成果，并对监测成果负责；发现异常时，及时向建设、设计、施工、监理单位报告，建设单位应当立即组织相关单位采取处置措施。

第二十一条 对于按照规定需要验收的危大工程，施工单位、监理单位应当组织相关人员进行验收。验收合格的，经施工单位项目技术负责人及总监理工程师签字确认后，方可进入下一道工序。

危大工程验收合格后，施工单位应当在施工现场明显位置设置验收标识牌，公示验收时间及责任人员。

第二十二条 危大工程发生险情或者事故时，施工单位应当立即采取应急处置措施，并报告工程所在地住房城乡建设主管部门。建设、勘察、设计、监理等单位应当配合施工单位开展应急抢险工作。

第二十三条　危大工程应急抢险结束后，建设单位应当组织勘察、设计、施工、监理等单位制定工程恢复方案，并对应急抢险工作进行后评估。

第二十四条　施工、监理单位应当建立危大工程安全管理档案。

施工单位应当将专项施工方案及审核、专家论证、交底、现场检查、验收及整改等相关资料纳入档案管理。

监理单位应当将监理实施细则、专项施工方案审查、专项巡视检查、验收及整改等相关资料纳入档案管理。

第五章　监督管理

第二十五条　设区的市级以上地方人民政府住房城乡建设主管部门应当建立专家库，制定专家库管理制度，建立专家诚信档案，并向社会公布，接受社会监督。

第二十六条　县级以上地方人民政府住房城乡建设主管部门或者所属施工安全监督机构，应当根据监督工作计划对危大工程进行抽查。

县级以上地方人民政府住房城乡建设主管部门或者所属施工安全监督机构，可以通过政府购买技术服务方式，聘请具有专业技术能力的单位和人员对危大工程进行检查，所需费用向本级财政申请予以保障。

第二十七条　县级以上地方人民政府住房城乡建设主管部门或者所属施工安全监督机构，在监督抽查中发现危大工程存在安全隐患的，应当责令施工单位整改；重大安全事故隐患排除前或者排除过程中无法保证安全的，责令从危险区域内撤出作业人员或者暂时停止施工；对依法应当给予行政处罚的行为，应当依法作出行政处罚决定。

第二十八条　县级以上地方人民政府住房城乡建设主管部门

应当将单位和个人的处罚信息纳入建筑施工安全生产不良信用记录。

第六章 法律责任

第二十九条 建设单位有下列行为之一的，责令限期改正，并处 1 万元以上 3 万元以下的罚款；对直接负责的主管人员和其他直接责任人员处 1000 元以上 5000 元以下的罚款：

（一）未按照本规定提供工程周边环境等资料的；

（二）未按照本规定在招标文件中列出危大工程清单的；

（三）未按照施工合同约定及时支付危大工程施工技术措施费或者相应的安全防护文明施工措施费的；

（四）未按照本规定委托具有相应勘察资质的单位进行第三方监测的；

（五）未对第三方监测单位报告的异常情况组织采取处置措施的。

第三十条 勘察单位未在勘察文件中说明地质条件可能造成的工程风险的，责令限期改正，依照《建设工程安全生产管理条例》对单位进行处罚；对直接负责的主管人员和其他直接责任人员处 1000 元以上 5000 元以下的罚款。

第三十一条 设计单位未在设计文件中注明涉及危大工程的重点部位和环节，未提出保障工程周边环境安全和工程施工安全的意见的，责令限期改正，并处 1 万元以上 3 万元以下的罚款；对直接负责的主管人员和其他直接责任人员处 1000 元以上 5000 元以下的罚款。

第三十二条 施工单位未按照本规定编制并审核危大工程专项施工方案的，依照《建设工程安全生产管理条例》对单位进行处罚，并暂扣安全生产许可证 30 日；对直接负责的主管人员和其他直接责任人员处 1000 元以上 5000 元以下的罚款。

第三十三条 施工单位有下列行为之一的，依照《中华人民共和国安全生产法》《建设工程安全生产管理条例》对单位和相关责任人员进行处罚：

（一）未向施工现场管理人员和作业人员进行方案交底和安全技术交底的；

（二）未在施工现场显著位置公告危大工程，并在危险区域设置安全警示标志的；

（三）项目专职安全生产管理人员未对专项施工方案实施情况进行现场监督的。

第三十四条 施工单位有下列行为之一的，责令限期改正，处 1 万元以上 3 万元以下的罚款，并暂扣安全生产许可证 30 日；对直接负责的主管人员和其他直接责任人员处 1000 元以上 5000 元以下的罚款：

（一）未对超过一定规模的危大工程专项施工方案进行专家论证的；

（二）未根据专家论证报告对超过一定规模的危大工程专项施工方案进行修改，或者未按照本规定重新组织专家论证的；

（三）未严格按照专项施工方案组织施工，或者擅自修改专项施工方案的。

第三十五条 施工单位有下列行为之一的，责令限期改正，并处 1 万元以上 3 万元以下的罚款；对直接负责的主管人员和其他直接责任人员处 1000 元以上 5000 元以下的罚款：

（一）项目负责人未按照本规定现场履职或者组织限期整改的；

（二）施工单位未按照本规定进行施工监测和安全巡视的；

（三）未按照本规定组织危大工程验收的；

（四）发生险情或者事故时，未采取应急处置措施的；

（五）未按照本规定建立危大工程安全管理档案的。

第三十六条 监理单位有下列行为之一的，依照《中华人民共和国安全生产法》《建设工程安全生产管理条例》对单位进行处罚；对直接负责的主管人员和其他直接责任人员处 1000 元以上 5000 元以下的罚款：

（一）总监理工程师未按照本规定审查危大工程专项施工方案的；

（二）发现施工单位未按照专项施工方案实施，未要求其整改或者停工的；

（三）施工单位拒不整改或者不停止施工时，未向建设单位和工程所在地住房城乡建设主管部门报告的。

第三十七条 监理单位有下列行为之一的，责令限期改正，并处 1 万元以上 3 万元以下的罚款；对直接负责的主管人员和其他直接责任人员处 1000 元以上 5000 元以下的罚款：

（一）未按照本规定编制监理实施细则的；

（二）未对危大工程施工实施专项巡视检查的；

（三）未按照本规定参与组织危大工程验收的；

（四）未按照本规定建立危大工程安全管理档案的。

第三十八条 监测单位有下列行为之一的，责令限期改正，并处 1 万元以上 3 万元以下的罚款；对直接负责的主管人员和其他直接责任人员处 1000 元以上 5000 元以下的罚款：

（一）未取得相应勘察资质从事第三方监测的；

（二）未按照本规定编制监测方案的；

（三）未按照监测方案开展监测的；

（四）发现异常未及时报告的。

第三十九条 县级以上地方人民政府住房城乡建设主管部门或者所属施工安全监督机构的工作人员，未依法履行危大工程安全监督管理职责的，依照有关规定给予处分。

第七章　附则

第四十条 本规定自 2018 年 6 月 1 日起施行。

住房城乡建设部办公厅关于实施
《危险性较大的分部分项工程安全管理规定》
有关问题的通知

各省、自治区住房城乡建设厅，北京市住房城乡建设委、天津市城乡建设委、上海市住房城乡建设管委、重庆市城乡建设委，新疆生产建设兵团住房城乡建设局：

为贯彻实施《危险性较大的分部分项工程安全管理规定》（住房城乡建设部令第 37 号），进一步加强和规范房屋建筑和市政基础设施工程中危险性较大的分部分项工程（以下简称危大工程）安全管理，现将有关问题通知如下：

一、关于危大工程范围

危大工程范围详见附件 1。超过一定规模的危大工程范围详见附件 2。

二、关于专项施工方案内容

危大工程专项施工方案的主要内容应当包括：

（一）工程概况：危大工程概况和特点、施工平面布置、施工要求和技术保证条件；

（二）编制依据：相关法律、法规、规范性文件、标准、规范及施工图设计文件、施工组织设计等；

（三）施工计划：包括施工进度计划、材料与设备计划；

（四）施工工艺技术：技术参数、工艺流程、施工方法、操作要求、检查要求等；

（五）施工安全保证措施：组织保障措施、技术措施、监测监控措施等；

（六）施工管理及作业人员配备和分工：施工管理人员、专职安全生产管理人员、特种作业人员、其他作业人员等；

（七）验收要求：验收标准、验收程序、验收内容、验收人员等；

（八）应急处置措施；

（九）计算书及相关施工图纸。

三、关于专家论证会参会人员

超过一定规模的危大工程专项施工方案专家论证会的参会人员应当包括：

（一）专家；

（二）建设单位项目负责人；

（三）有关勘察、设计单位项目技术负责人及相关人员；

（四）总承包单位和分包单位技术负责人或授权委派的专业技术人员、项目负责人、项目技术负责人、专项施工方案编制人员、项目专职安全生产管理人员及相关人员；

（五）监理单位项目总监理工程师及专业监理工程师。

四、关于专家论证内容

对于超过一定规模的危大工程专项施工方案，专家论证的主要内容应当包括：

（一）专项施工方案内容是否完整、可行；

（二）专项施工方案计算书和验算依据、施工图是否符合有关标准规范；

（三）专项施工方案是否满足现场实际情况，并能够确保施工安全。

五、关于专项施工方案修改

超过一定规模的危大工程专项施工方案经专家论证后结论为"通过"的，施工单位可参考专家意见自行修改完善；结论为"修改后通过"的，专家意见要明确具体修改内容，施工单位应当按照专家意见进行修改，并履行有关审核和审查手续后方可实施，修改情况应及时告知专家。

六、关于监测方案内容

进行第三方监测的危大工程监测方案的主要内容应当包括工程概况、监测依据、监测内容、监测方法、人员及设备、测点布置与保护、监测频次、预警标准及监测成果报送等。

七、关于验收人员

危大工程验收人员应当包括：

（一）总承包单位和分包单位技术负责人或授权委派的专业技术人员、项目负责人、项目技术负责人、专项施工方案编制人员、项目专职安全生产管理人员及相关人员；

（二）监理单位项目总监理工程师及专业监理工程师；

（三）有关勘察、设计和监测单位项目技术负责人。

八、关于专家条件

设区的市级以上地方人民政府住房城乡建设主管部门建立的专家库专家应当具备以下基本条件：

（一）诚实守信、作风正派、学术严谨；

（二）从事相关专业工作 15 年以上或具有丰富的专业经验；

（三）具有高级专业技术职称。

九、关于专家库管理

设区的市级以上地方人民政府住房城乡建设主管部门应当加强对专家库专家的管理，定期向社会公布专家业绩，对于专家不认真履行论证职责、工作失职等行为，记入不良信用记录，情节严重的，取消专家资格。

《关于印发〈危险性较大的分部分项工程安全管理办法〉的通知》（建质〔2009〕87 号）自 2018 年 6 月 1 日起废止。

附件：1. 危险性较大的分部分项工程范围

2. 超过一定规模的危险性较大的分部分项工程范围

中华人民共和国住房和城乡建设部办公厅

2018 年 5 月 17 日

危险性较大的分部分项工程范围

一、基坑工程

（一）开挖深度超过 3m（含 3m）的基坑（槽）的土方开挖、支护、降水工程。

（二）开挖深度虽未超过 3m，但地质条件、周围环境和地下管线复杂，或影响毗邻建、构筑物安全的基坑（槽）的土方开挖、支护、降水工程。

二、模板工程及支撑体系

（一）各类工具式模板工程：包括滑模、爬模、飞模、隧道模等工程。

（二）混凝土模板支撑工程：搭设高度 5m 及以上，或搭设跨度 10m 及以上，或施工总荷载（荷载效应基本组合的设计值，以下简称设计值）10kN/m² 及以上，或集中线荷载（设计值）15kN/m 及以上，或高度大于支撑水平投影宽度且相对独立无联系构件的混凝土模板支撑工程。

（三）承重支撑体系：用于钢结构安装等满堂支撑体系。

三、起重吊装及起重机械安装拆卸工程

（一）采用非常规起重设备、方法，且单件起吊重量在 10kN 及以上的起重吊装工程。

（二）采用起重机械进行安装的工程。

（三）起重机械安装和拆卸工程。

四、脚手架工程

（一）搭设高度 24m 及以上的落地式钢管脚手架工程（包括采光井、电梯井脚手架）。

（二）附着式升降脚手架工程。

（三）悬挑式脚手架工程。

（四）高处作业吊篮。

（五）卸料平台、操作平台工程。

（六）异型脚手架工程。

五、拆除工程

可能影响行人、交通、电力设施、通信设施或其他建、构筑物安全的拆除工程。

六、暗挖工程

采用矿山法、盾构法、顶管法施工的隧道、洞室工程。

七、其他

（一）建筑幕墙安装工程。

（二）钢结构、网架和索膜结构安装工程。

（三）人工挖孔桩工程。

（四）水下作业工程。

（五）装配式建筑混凝土预制构件安装工程。

（六）采用新技术、新工艺、新材料、新设备可能影响工程施工安全，尚无国家、行业及地方技术标准的分部分项工程。

超过一定规模的危险性较大的
分部分项工程范围

一、深基坑工程

开挖深度超过 5m（含 5m）的基坑（槽）的土方开挖、支护、降水工程。

二、模板工程及支撑体系

（一）各类工具式模板工程：包括滑模、爬模、飞模、隧道模等工程。

（二）混凝土模板支撑工程：搭设高度 8m 及以上，或搭设跨度 18m 及以上，或施工总荷载（设计值）15kN/m² 及以上，或集中线荷载（设计值）20kN/m 及以上。

（三）承重支撑体系：用于钢结构安装等满堂支撑体系，承受单点集中荷载 7kN 及以上。

三、起重吊装及起重机械安装拆卸工程

（一）采用非常规起重设备、方法，且单件起吊重量在 100kN 及以上的起重吊装工程。

（二）起重量 300kN 及以上，或搭设总高度 200m 及以上，或搭设基础标高在 200m 及以上的起重机械安装和拆卸工程。

四、脚手架工程

（一）搭设高度 50m 及以上的落地式钢管脚手架工程。

（二）提升高度在 150m 及以上的附着式升降脚手架工程或附着式升降操作平台工程。

（三）分段架体搭设高度 20m 及以上的悬挑式脚手架工程。

五、拆除工程

（一）码头、桥梁、高架、烟囱、水塔或拆除中容易引起有毒有害气（液）体或粉尘扩散、易燃易爆事故发生的特殊建、构

筑物的拆除工程。

（二）文物保护建筑、优秀历史建筑或历史文化风貌区影响范围内的拆除工程。

六、暗挖工程

采用矿山法、盾构法、顶管法施工的隧道、洞室工程。

七、其他

（一）施工高度 50m 及以上的建筑幕墙安装工程。

（二）跨度 36m 及以上的钢结构安装工程，或跨度 60m 及以上的网架和索膜结构安装工程。

（三）开挖深度 16m 及以上的人工挖孔桩工程。

（四）水下作业工程。

（五）重量 1000kN 及以上的大型结构整体顶升、平移、转体等施工工艺。

（六）采用新技术、新工艺、新材料、新设备可能影响工程施工安全，尚无国家、行业及地方技术标准的分部分项工程。

危险性较大的分部分项工程专项施工方案
编制指南

一、基坑工程

（一）工程概况

1.基坑工程概况和特点：

（1）工程基本情况：基坑周长、面积、开挖深度、基坑支护设计安全等级、基坑设计使用年限等。

（2）工程地质情况：地形地貌、地层岩性、不良地质作用和地质灾害、特殊性岩土等情况。

（3）工程水文地质情况：地表水、地下水、地层渗透性与地下水补给排泄等情况。

（4）施工地的气候特征和季节性天气。

（5）主要工程量清单。

2.周边环境条件：

（1）邻近建（构）筑物、道路及地下管线与基坑工程的位置关系。

（2）邻近建（构）筑物的工程重要性、层数、结构形式、基础形式、基础埋深、桩基础或复合地基增强体的平面布置、桩长等设计参数、建设及竣工时间、结构完好情况及使用状况。

（3）邻近道路的重要性、道路特征、使用情况。

（4）地下管线（包括供水、排水、燃气、热力、供电、通信、消防等）的重要性、规格、埋置深度、使用情况以及废弃的供、排水管线情况。

（5）环境平面图应标注与工程之间的平面关系及尺寸，条件复杂时，还应画剖面图并标注剖切线及剖面号，剖面图应标注邻近建（构）筑物的埋深、地下管线的用途、材质、管径尺寸、埋深等。

（6）临近河、湖、管渠、水坝等位置，应查阅历史资料，明确汛期水位高度，并分析对基坑可能产生的影响。

（7）相邻区域内正在施工或使用的基坑工程状况。

（8）邻近高压线铁塔、信号塔等构筑物及其对施工作业设备限高、限接距离等情况。

3. 基坑支护、地下水控制及土方开挖设计（包括基坑支护平面、剖面布置，施工降水、帷幕隔水，土方开挖方式及布置，土方开挖与加撑的关系）。

4. 施工平面布置：基坑围护结构施工及土方开挖阶段的施工总平面布置（含临水、临电、安全文明施工现场要求及危大工程标识等）及说明，基坑周边使用条件。

5. 施工要求：明确质量安全目标要求，工期要求（本工程开工日期、计划竣工日期），基坑工程计划开工日期、计划完工日期。

6. 风险辨识与分级：风险因素辨识及基坑安全风险分级。

7. 参建各方责任主体单位。

（二）编制依据

1. 法律依据：基坑工程所依据的相关法律、法规、规范性文件、标准、规范等。

2. 项目文件：施工合同（施工承包模式）、勘察文件、基坑设计施工图纸、现状地形及影响范围管线探测或查询资料、相关设计文件、地质灾害危险性评价报告、业主相关规定、管线图等。

3. 施工组织设计等。

（三）施工计划

1. 施工进度计划：基坑工程的施工进度安排，具体到各分项工程的进度安排。

2. 材料与设备计划等：机械设备配置，主要材料及周转材料需求计划，主要材料投入计划、力学性能要求及取样复试详细要求，试验计划。

3. 劳动力计划。

（四）施工工艺技术

1. 技术参数：支护结构施工、降水、帷幕、关键设备等工艺技术参数。

2. 工艺流程：基坑工程总的施工工艺流程和分项工程工艺流程。

3. 施工方法及操作要求：基坑工程施工前准备，地下水控制、支护施工、土方开挖等工艺流程、要点，常见问题及预防、处理措施。

4. 检查要求：基坑工程所用的材料进场质量检查、抽检，基坑施工过程中各工序检验内容及检验标准。

（五）施工保证措施

1. 组织保障措施：安全组织机构、安全保证体系及相应人员安全职责等。

2. 技术措施：安全保证措施、质量技术保证措施、文明施工保证措施、环境保护措施、季节性施工保证措施等。

3. 监测监控措施：监测组织机构，监测范围、监测项目、监测方法、监测频率、预警值及控制值、巡视检查、信息反馈，监测点布置图等。

（六）施工管理及作业人员配备和分工

1. 施工管理人员：管理人员名单及岗位职责（如项目负责人、项目技术负责人、施工员、质量员、各班组长等）。

2. 专职安全人员：专职安全生产管理人员名单及岗位职责。

3. 特种作业人员：特种作业人员持证人员名单及岗位职责。

4. 其他作业人员：其他人员名单及岗位职责。

（七）验收要求

1. 验收标准：根据施工工艺明确相关验收标准及验收条件。

2. 验收程序及人员：具体验收程序，确定验收人员组成（建设、勘察、设计、施工、监理、监测等单位相关负责人）。

3.验收内容：基坑开挖至基底且变形相对稳定后支护结构顶部水平位移及沉降、建（构）筑物沉降、周边道路及管线沉降、锚杆（支撑）轴力控制值，坡顶（底）排水措施和基坑侧壁完整性。

（八）应急处置措施

1.应急处置领导小组组成与职责、应急救援小组组成与职责，包括抢险、安保、后勤、医救、善后、应急救援工作流程、联系方式等。

2.应急事件（重大隐患和事故）及其应急措施。

3.周边建（构）筑物、道路、地下管线等产权单位各方联系方式、救援医院信息（名称、电话、救援线路）。

4.应急物资准备。

（九）计算书及相关施工图纸

1.施工设计计算书（如基坑为专业资质单位正式施工图设计，此附件可略）。

2.相关施工图纸：施工总平面布置图、基坑周边环境平面图、监测点平面图、基坑土方开挖示意图、基坑施工顺序示意图、基坑马道收尾示意图等。

二、模板支撑体系工程

（一）工程概况

1.模板支撑体系工程概况和特点：本工程及模板支撑体系工程概况，具体明确模板支撑体系的区域及梁板结构概况，模板支撑体系的地基基础情况等。

2.施工平面及立面布置：本工程施工总体平面布置情况、支撑体系区域的结构平面图及剖面图。

3.施工要求：明确质量安全目标要求，工期要求（本工程开工日期、计划竣工日期），模板支撑体系工程搭设日期及拆除日期。

4. 风险辨识与分级：风险辨识及模板支撑体系安全风险分级。

5. 施工地的气候特征和季节性天气。

6. 参建各方责任主体单位。

（二）编制依据

1. 法律依据：模板支撑体系工程所依据的相关法律、法规、规范性文件、标准、规范等。

2. 项目文件：施工合同（施工承包模式）、勘察文件、施工图纸等。

3. 施工组织设计等。

（三）施工计划

1. 施工进度计划：模板支撑体系工程施工进度安排，具体到各分项工程的进度安排。

2. 材料与设备计划：模板支撑体系选用的材料和设备进出场明细表。

3. 劳动力计划。

（四）施工工艺技术

1. 技术参数：模板支撑体系的所用材料选型、规格及品质要求，模架体系设计、构造措施等技术参数。

2. 工艺流程：支撑体系搭设、使用及拆除工艺流程支架预压方案。

3. 施工方法及操作要求：模板支撑体系搭设前施工准备、基础处理、模板支撑体系搭设方法、构造措施（剪刀撑、周边拉结、后浇带支撑设计等）、模板支撑体系拆除方法等。

4. 支撑架使用要求：混凝土浇筑方式、顺序、模架使用安全要求等。

5. 检查要求：模板支撑体系主要材料进场质量检查，模板支撑体系施工过程中对照专项施工方案有关检查内容等。

（五）施工保证措施

1. 组织保障措施：安全组织机构、安全保证体系及相应人员安全职责等。

2. 技术措施：安全保证措施、质量技术保证措施、文明施工保证措施、环境保护措施、季节性施工保证措施等。

3. 监测监控措施：监测点的设置、监测仪器设备和人员的配备、监测方式方法、信息反馈、预警值计算等。

（六）施工管理及作业人员配备和分工

1. 施工管理人员：管理人员名单及岗位职责（如项目负责人、项目技术负责人、施工员、质量员、各班组长等）。

2. 专职安全人员：专职安全生产管理人员名单及岗位职责。

3. 特种作业人员：模板支撑体系搭设持证人员名单及岗位职责。

4. 其他作业人员：其他人员名单及岗位职责。

（七）验收要求

1. 验收标准：根据施工工艺明确相关验收标准及验收条件。

2. 验收程序及人员：具体验收程序，确定验收人员组成（建设、设计、施工、监理、监测等单位相关负责人）。

3. 验收内容：材料构配件及质量、搭设场地及支撑结构的稳定性、阶段搭设质量、支撑体系的构造措施等。

（八）应急处置措施

1. 应急处置领导小组组成与职责、应急救援小组组成与职责，包括抢险、安保、后勤、医救、善后、应急救援工作流程、联系方式等。

2. 应急事件（重大隐患和事故）及其应急措施。

3. 救援医院信息（名称、电话、救援线路）。

4. 应急物资准备。

（九）计算书及相关图纸

1. 计算书：支撑架构配件的力学特性及几何参数，荷载组合包括永久荷载、施工荷载、风荷载，模板支撑体系的强度、刚度及稳定性的计算，支撑体系基础承载力、变形计算等。

2. 相关图纸：支撑体系平面布置、立（剖）面图（含剪刀撑布置），梁模板支撑节点详图与结构拉结节点图，支撑体系监测平面布置图等。

三、起重吊装及安装拆卸工程

（一）工程概况

1. 起重吊装及安装拆卸工程概况和特点：

（1）本工程概况、起重吊装及安装拆卸工程概况。

（2）工程所在位置、场地及其周边环境（包括邻近建（构）筑物、道路及地下地上管线、高压线路、基坑的位置关系）、装配式建筑构件的运输及堆场情况等。

（3）邻近建（构）筑物、道路及地下管线的现况（包括基坑深度、层数、高度、结构型式等）。

（4）施工地的气候特征和季节性天气。

2. 施工平面布置：

（1）施工总体平面布置：临时施工道路及材料堆场布置，施工、办公、生活区域布置，临时用电、用水、排水、消防布置，起重机械配置，起重机械安装拆卸场地等。

（2）地下管线（包括供水、排水、燃气、热力、供电、通信、消防等）的特征、埋置深度等。

（3）道路的交通负载。

3. 施工要求：明确质量安全目标要求，工期要求（本工程开工日期和计划竣工日期），起重吊装及安装拆卸工程计划开工日期、计划完工日期。

4. 风险辨识与分级：风险因素辨识及起重吊装、安装拆卸工程安全风险分级。

5. 参建各方责任主体单位。

（二）编制依据

1. 法律依据：起重吊装及安装拆卸工程所依据的相关法律、法规、规范性文件、标准、规范等。

2. 项目文件：施工图设计文件，吊装设备、设施操作手册（使用说明书），被安装设备设施的说明书，施工合同等。

3.施工组织设计等。

（三）施工计划

1.施工进度计划：起重吊装及安装、加臂增高起升高度、拆卸工程施工进度安排，具体到各分项工程的进度安排。

2.材料与设备计划：起重吊装及安装拆卸工程选用的材料、机械设备、劳动力等进出场明细表。

3.劳动力计划。

（四）施工工艺技术

1.技术参数：工程的所用材料、规格、支撑形式等技术参数，起重吊装及安装、拆卸设备设施的名称、型号、出厂时间、性能、自重等，被吊物数量、起重量、起升高度、组件的吊点、体积、结构形式、重心、通透率、风载荷系数、尺寸、就位位置等性能参数。

2.工艺流程：起重吊装及安装拆卸工程施工工艺流程图，吊装或拆卸程序与步骤，二次运输路径图，批量设备运输顺序排布。

3.施工方法：多机种联合起重作业（垂直、水平、翻转、递吊）及群塔作业的吊装及安装拆卸，机械设备、材料的使用，吊装过程中的操作方法，吊装作业后机械设备和材料拆除方法等。

4.操作要求：吊装与拆卸过程中临时稳固、稳定措施，涉及临时支撑的，应有相应的施工工艺，吊装、拆卸的有关操作具体要求，运输、摆放、胎架、拼装、吊运、安装、拆卸的工艺要求。

5.安全检查要求：吊装与拆卸过程主要材料、机械设备进场质量检查、抽检，试吊作业方案及试吊前对照专项施工方案有关工序、工艺、工法安全质量检查内容等。

（五）施工保证措施

1.组织保障措施：安全组织机构、安全保证体系及人员安全职责等。

2.技术措施：安全保证措施、质量技术保证措施、文明施工保证措施、环境保护措施、季节性及防台风施工保证措施等。

3.监测监控措施：监测点的设置，监测仪器、设备和人员的配备，监测方式、方法、频率、信息反馈等。

（六）施工管理及作业人员配备和分工

1.施工管理人员：管理人员名单及岗位职责（如项目负责人、项目技术负责人、施工员、质量员、各班组长等）。

2.专职安全人员：专职安全生产管理人员名单及岗位职责。

3.特种作业人员：机械设备操作人员持证人员名单及岗位职责。

4.其他作业人员：其他人员名单及岗位职责。

（七）验收要求

1.验收标准：起重吊装及起重机械设备、设施安装，过程中各工序、节点的验收标准和验收条件。

2.验收程序及人员：作业中起吊、运行、安装的设备与被吊物前期验收，过程监控（测）措施验收等流程（可用图、表表示）；确定验收人员组成（建设、设计、施工、监理、监测等单位相关负责人）。

3.验收内容：进场材料、机械设备、设施验收标准及验收表，吊装与拆卸作业全过程安全技术控制的关键环节，基础承载力满足要求，起重性能符合，吊、索、卡、具完好，被吊物重心确认，焊缝强度满足设计要求，吊运轨迹正确，信号指挥方式确定。

（八）应急处置措施

1.应急处置领导小组组成与职责、应急救援小组组成与职责，包括抢险、安保、后勤、医救、善后、应急救援工作流程、联系方式等。

2.应急事件（重大隐患和事故）及其应急措施。

3.周边建构筑物、道路、地下管线等产权单位各方联系方式、救援医院信息（名称、电话、救援线路）。

4.应急物资准备。

（九）计算书及相关施工图纸

1.计算书

（1）支承面承载能力的验算

移动式起重机（包括汽车式起重机、折臂式起重机等未列入《特种设备目录》中的移动式起重设备和流动式起重机）要求进行地基承载力的验算；吊装高度较高且地基较软弱时，宜进行地基变形验算。

设备位于边坡附近，应进行边坡稳定性验算。

（2）辅助起重设备起重能力的验算

垂直起重工程，应根据辅助起重设备站位图、吊装构件重量和几何尺寸，以及起吊幅度、就位幅度、起升高度，校核起升高度、起重能力，以及被吊物是否与起重臂自身干涉，还有起重全过程中与既有建构筑物的安全距离。

水平起重工程，应根据坡度和支承面的实际情况，校核动力设备的牵引力、提供水平支撑反力的结构承载能力。

联合起重工程，应充分考虑起重不同步造成的影响，应适当在额定起重性能的基础上进行折减。

室外起重作业，起升高度很高，且被吊物尺寸较大时，应考虑风荷载的影响。

自制起重设备设施，应具备完整的计算书，各项荷载的分项系数应符合《起重机设计规范》GB 3811 的规定。

（3）吊索具的验算

根据吊索、吊具的种类和起重形式建立受力模型，对吊索、吊具进行验算，选择适合的吊索具。应注意被吊物翻身时，吊索具的受力会产生变化。

自制吊具，如平衡梁等，应具有完整的计算书，根据需要校核其局部和整体的强度、刚度、稳定性。

（4）被吊物受力验算

兜、锁、吊、捆等不同系挂工艺，吊链、钢丝绳吊索、吊带等不同吊索种类，对被吊物受力产生不同的影响。应根据实际情况分析被吊物的受力状态，保证被吊物安全。

吊耳的验算。应根据吊耳的实际受力状态、具体尺寸和焊缝形式校核其各部位强度。尤其注意被吊物需要翻身的情况，应关注起重全过程中吊耳的受力状态会产生变化。

大型网架、大高宽比的 T 梁、大长细比的被吊物、薄壁构件等，没有设置专用吊耳的，起重过程的系挂方式与其就位后的工作状态有较大区别，应关注并校核起重各个状态下整体和局部的强度、刚度和稳定性。

（5）临时固定措施的验算

对尚未处于稳定状态的被安装设备或结构，其地锚、缆风绳、临时支撑措施等，应考虑正常状态下向危险方向倾斜不少于 5° 时的受力，在室外施工的，应叠加同方向的风荷载。

（6）其他验算

塔机附着，应对整个附着受力体系进行验算，包括附着点强度、附墙耳板各部位的强度、穿墙螺栓、附着杆强度和稳定性、销轴和调节螺栓等。

缆索式起重机、悬臂式起重机、桥式起重机、门式起重机、塔式起重机、施工升降机等起重机械安装工程，应附完整的基础设计。

2. 相关施工图纸：施工总平面布置及说明，平面图、立面图应标注明起重吊装及安装设备设施或被吊物与邻近建（构）筑物、道路及地下管线、基坑、高压线路之间的平、立面关系及相关形、位尺寸（条件复杂时，应附剖面图）。

四、脚手架工程

（一）工程概况

1. 脚手架工程概况和特点：本工程及脚手架工程概况，脚手架的类型、搭设区域及高度等。

2. 施工平面及立面布置：本工程施工总体平面布置图及使用

脚手架区域的结构平面、立（剖）面图，塔机及施工升降机布置图等。

3. 施工要求：明确质量安全目标要求，工期要求（开工日期、计划竣工日期），脚手架工程搭设日期及拆除日期。

4. 施工地的气候特征和季节性天气。

5. 风险辨识与分级：风险辨识及脚手架体系安全风险分级。

6. 参建各方责任主体单位。

（二）编制依据

1. 法律依据：脚手架工程所依据的相关法律、法规、规范性文件、标准、规范等。

2. 项目文件：施工合同（施工承包模式）、勘察文件、施工图纸等。

3. 施工组织设计等。

（三）施工计划

1. 施工进度计划：总体施工方案及各工序施工方案，施工总体流程、施工顺序及进度。

2. 材料与设备计划：脚手架选用材料的规格型号、设备、数量及进场和退场时间计划安排。

3. 劳动力计划。

（四）施工工艺技术

1. 技术参数：脚手架类型、搭设参数的选择，脚手架基础、架体、附墙支座及连墙件设计等技术参数，动力设备的选择与设计参数，稳定承载计算等技术参数。

2. 工艺流程：脚手架搭设和安装、使用、升降及拆除工艺流程。

3. 施工方法及操作要求：脚手架搭设、构造措施（剪刀撑、周边拉结、基础设置及排水措施等），附着式升降脚手架的安全装置（如防倾覆、防坠落、安全锁等）设置，安全防护设置，脚手架安装、使用、升降及拆除等。

4. 检查要求：脚手架主要材料进场质量检查，阶段检查项目及内容。

（五）施工保证措施

1. 组织保障措施：安全组织机构、安全保证体系及相应人员安全职责等。

2. 技术措施：安全保证措施、质量技术保证措施、文明施工保证措施、环境保护措施、季节性施工保证措施等。

3. 监测监控措施：监测组织机构，监测范围、监测项目、监测方法、监测频率、预警值及控制值、巡视检查、信息反馈，监测点布置图等。

（六）施工管理及作业人员配备和分工

1. 施工管理人员：管理人员名单及岗位职责（如项目负责人、项目技术负责人、施工员、质量员、各班组长等）。

2. 专职安全人员：专职安全生产管理人员名单及岗位职责。

3. 特种作业人员：脚手架搭设、安装及拆除人员持证人员名单及岗位职责。

4. 其他作业人员：其他人员名单及岗位职责（与脚手架安装、拆除、管理有关的人员）。

（七）验收要求

1. 验收标准：根据脚手架类型确定验收标准及验收条件。

2. 验收程序：根据脚手架类型确定脚手架验收阶段、验收项目及验收人员（建设、施工、监理、监测等单位相关负责人）。

3. 验收内容：进场材料及构配件规格型号，构造要求，组装质量，连墙件及附着支撑结构，防倾覆、防坠落、荷载控制系统及动力系统等装置。

（八）应急处置措施

1. 应急处置领导小组组成与职责、应急救援小组组成与职责，包括抢险、安保、后勤、医救、善后、应急救援工作流程、联系方式等。

2. 应急事件（重大隐患和事故）及其应急措施。

3. 救援医院信息（名称、电话、救援线路）。

4.应急物资准备。

（九）计算书及相关施工图纸

1.脚手架计算书

（1）落地脚手架计算书：受弯构件的强度和连接扣件的抗滑移、立杆稳定性、连墙件的强度、稳定性和连接强度；落地架立杆地基承载力；悬挑架钢梁挠度；

（2）附着式脚手架计算书：架体结构的稳定计算（厂家提供）、支撑结构穿墙螺栓及螺栓孔混凝土局部承压计算、连接节点计算；

（3）吊篮计算：吊篮基础支撑结构承载力核算、抗倾覆验算、加高支架稳定性验算。

2.相关设计图纸

（1）脚手架平面布置、立（剖）面图（含剪刀撑布置），脚手架基础节点图，连墙件布置图及节点详图，塔机、施工升降机及其他特殊部位布置及构造图等。

（2）吊篮平面布置、全剖面图，非标吊篮节点图（包括非标支腿、支腿固定稳定措施、钢丝绳非正常固定措施），施工升降机及其他特殊部位（电梯间、高低跨、流水段）布置及构造图等。

五、拆除工程

（一）工程概况

1.拆除工程概况和特点：本工程及拆除工程概况，工程所在位置、场地情况等，各拟拆除物的平面尺寸、结构形式、层数、跨径、面积、高度或深度等，结构特征、结构性能状况，电力、燃气、热力等地上地下管线分布及使用状况等。

2.施工平面布置：拆除阶段的施工总平面布置（包括周边建筑距离、道路、安全防护设施搭设位置、临时用电设施、消防设施、临时办公生活区、废弃材料堆放位置、机械行走路线，拆除区域的主要通道和出入口）。

3. 周边环境条件

（1）毗邻建（构）筑物、道路、管线（包括供水、排水、燃气、热力、供电、通信、消防等）、树木和设施等与拆除工程的位置关系；改造工程局部拆除结构和保留结构的位置关系。

（2）毗邻建（构）筑物和设施的重要程度和特殊要求、层数、高度（深度）、结构形式、基础形式、基础埋深、建设及竣工时间、现状情况等。

（3）施工平面图、断面图等应按规范绘制，环境复杂时，还应标注毗邻建（构）筑物的详细情况，并说明施工振动、噪声、粉尘等有害效应的控制要求。

4. 施工要求：明确安全质量目标要求，工期要求（本工程开工日期、计划竣工日期）。

5. 风险辨识与分级：风险因素辨识及拆除安全风险分级。

6. 参建各方责任主体单位。

（二）编制依据

1. 法律依据：拆除工程所依据的相关法律、法规、规范性文件、标准、规范等。

2. 项目文件：包括施工合同（施工承包模式）、拆除结构设计资料、结构鉴定资料、拆除设备操作手册或说明书、现场勘查资料、业主规定等。

3. 施工组织设计等。

（三）施工计划

1. 施工进度计划：总体施工方案及各工序施工方案，施工总体流程、施工顺序。

2. 材料与设备计划等：拆除工程所选用的材料和设备进出场明细表。

3. 劳动力计划。

（四）施工工艺技术

1. 技术参数：拟拆除建、构筑物的结构参数及解体、清运、防护设施、关键设备及爆破拆除设计等技术参数。

2.工艺流程：拆除工程总的施工工艺流程和主要施工方法的施工工艺流程；拆除工程整体、单体或局部的拆除顺序。

3.施工方法及操作要求：人工、机械、爆破和静力破碎等各种拆除施工方法的工艺流程、要点，常见问题及预防、处理措施。

4.检查要求：拆除工程所用的主要材料、设备进场质量检查、抽检；拆除前及施工过程中对照专项施工方案有关检查内容等。

（五）施工保证措施

1.组织保障措施：安全组织机构、安全保证体系及相应人员安全职责等。

2.技术措施：安全保证措施、质量技术保证措施、文明施工保证措施、环境保护措施、季节施工保证措施等。

3.监测监控措施：描述监测点的设置、监测仪器设备和人员的配备、监测方式方法、信息反馈等。

（六）施工管理及作业人员配备和分工

1.施工管理人员：管理人员名单及岗位职责（如项目负责人、项目技术负责人、施工员、质量员、各班组长等）。

2.专职安全人员：专职安全生产管理人员名单及岗位职责。

3.特种作业人员：特种作业人员持证人员名单及岗位职责。

4.其他作业人员：其他人员名单及岗位职责。

（七）验收要求

1.验收标准：根据施工工艺明确相关验收标准及验收条件。

2.验收程序及人员：具体验收程序，确定验收人员组成（施工、监理、监测等单位相关负责人）。

3.验收内容：明确局部拆除保留结构、作业平台承载结构变形控制值；明确防护设施、拟拆除物的稳定状态控制标准。

（八）应急处置措施

1.应急救援领导小组组成与职责、应急救援小组组成与职责，包括抢险、安保、后勤、医救、善后、应急救援工作流程、联系方式等。

2.应急事件（重大隐患和事故）及其应急措施。

3.周边建构筑物、道路、地上地下管线等产权单位各方联系方式、救援医院信息（名称、电话、救援线路）。

4.应急物资准备。

（九）计算书及相关施工图纸

1.吊运计算，见"三、起重吊装及安装拆卸工程"的计算要求，移动式拆除机械底部受力的结构承载能力计算书，临时支撑计算书，爆破拆除时的爆破计算书。

2.相关图纸。

六、暗挖工程

（一）工程概况

1.暗挖工程概况和特点：工程所在位置、设计概况与工程规模（结构形式、尺寸、埋深等）、开工时间及计划完工时间等。

2.工程地质与水文地质条件：与工程有关的地层描述（包括名称、厚度、状态、性质、物理力学参数等）。含水层的类型，含水层的厚度及顶、底板标高，含水层的富水性、渗透性、补给与排泄条件，各含水层之间的水力联系，地下水位标高及动态变化。绘制地层剖面图，应展示工程所处的地质、地下水环境，并标注结构位置。

3.施工平面布置：拟建工程区域、生活区与办公区、道路、加工区域、材料堆场、机械设备、临水、临电、消防的布置等，在施工现场显著位置公告危大工程名称、施工时间和具体责任人员，危险区域安全警示标志。

4.周边环境条件：

（1）周边环境与工程的位置关系平面图、剖面图，并标注周边环境的类型。

（2）邻近建（构）筑物的工程重要性、层数、结构形式、基础形式、基础埋深、建设及竣工时间、结构完好情况及使用状况。

（3）邻近道路的重要性、交通负载量、道路特征、使用情况。

（4）地下管线（包括供水、排水、燃气、热力、供电、通信、消防等）的重要性、特征、埋置深度、使用情况。

（5）地表水系的重要性、性质、防渗情况、水位、对暗挖工程的影响程度等。

5.施工要求：明确质量安全目标要求，工期要求（本工程开工日期、计划竣工日期），暗挖工程计划开工日期、计划完工日期。

6.风险辨识与分级：风险因素辨识及暗挖工程安全风险分级。

7.参建各方责任主体单位。

（二）编制依据

1.法律依据：暗挖工程所依据的相关法律、法规、规范性文件、标准、规范等。

2.项目文件：施工合同（施工承包模式）、勘察文件、设计文件及施工图、地质灾害危险性评价报告、安全风险评估报告、地下水控制专家评审报告等。

3.施工组织设计等。

（三）施工计划

1.施工进度计划：暗挖工程的施工进度安排，具体到各分项工程的进度安排。

2.材料与设备计划等：机械设备配置，主要材料及周转材料需求计划，主要材料投入计划、物理力学性能要求及取样复试详细要求，试验计划。

3.劳动力计划。

（四）施工工艺技术

1.技术参数：设备技术参数（包括主要施工机械设备选型及

适应性评估等，如顶管设备、盾构设备、箱涵顶进设备、注浆设备和冻结设备等）、开挖技术参数（包括开挖断面尺寸、开挖进尺等）、支护技术参数（材料、构造组成、尺寸等）。

2. 工艺流程：暗挖工程总的施工工艺流程和各分项工程工艺流程。

3. 施工方法及操作要求：暗挖工程施工前准备，地下水控制、支护施工、土方开挖等工艺流程、要点，常见问题及预防、处理措施。

4. 检查要求：暗挖工程所用的材料、构件进场质量检查、抽检，施工过程中各工序检查内容及检查标准。

（五）施工保证措施

1. 组织保障措施：安全组织机构、安全保证体系及相应人员安全职责等。

2. 技术措施：安全保证措施、质量技术保证措施、文明施工保证措施、环境保护措施、季节施工保证措施等。

3. 监测监控措施：监测组织机构，监测范围、监测项目、监测方法、监测频率、预警值及控制值、巡视检查、信息反馈，监测点布置图等。

（六）施工管理及作业人员配备和分工

1. 施工管理人员：管理人员名单及岗位职责（如项目负责人、项目技术负责人、施工员、质量员、各班组长等）。

2. 专职安全人员：专职安全生产管理人员名单及岗位职责。

3. 特种作业人员：特种作业人员持证人员名单及岗位职责。

4. 其他作业人员：其他人员名单及岗位职责。

（七）验收要求

1. 验收标准：根据施工工艺明确相关验收标准及验收条件。

2. 验收程序及人员：具体验收程序，确定验收人员组成（建设、勘察、设计、施工、监理、监测等单位相关负责人）。

3. 验收内容：暗挖工程自身结构的变形、完整程度，周边环境变形，地下水控制等。

（八）应急处置措施

1. 应急处置领导小组组成与职责、应急救援小组组成与职责，包括抢险、安保、后勤、医救、善后、应急救援工作流程、联系方式等。

2. 应急事件（重大隐患和事故）及其应急措施。

3. 周边建构筑物、道路、地下管线等产权单位各方联系方式、救援医院信息（名称、电话、救援线路）。

4. 应急物资准备。

（九）计算书及相关施工图纸

1. 施工计算书：注浆量和注浆压力、盾构掘进参数、顶管（涵）顶进参数、反力架（或后背）、钢套筒、冻结壁验算、地下水控制等。

2. 相关施工图纸：工程设计图、施工总平面布置图、周边环境平面（剖面）图、施工步序图、节点详图、监测布置图等。

七、建筑幕墙安装工程

（一）工程概况

1. 建筑幕墙安装工程概况和特点：本工程及建筑幕墙安装工程概况，幕墙系统的类型、划分区域，幕墙的安装高度、幕墙的形状、幕墙材料的大小和重量、总包提供的安装条件、幕墙工程危大内容等。

2. 施工平面及立面布置：本工程施工总体平面布置图，包括幕墙工程平面图、立面图、剖面图、典型节点图等。

3. 施工要求：明确质量安全目标要求，工期要求（本工程开工日期、计划竣工日期），幕墙工程开始安装日期及完成日期。

4. 幕墙工程周边结构概况及施工地的气候特征和季节性天气。

5. 风险辨识与分级：风险辨识及幕墙工程安全风险分级。

6. 参建各方责任主体单位。

（二）编制依据

1. 法律依据：建筑幕墙安装工程所依据的相关法律、法规、规范性文件、标准、规范等。

2. 项目文件：施工合同（施工承包模式）、勘察文件、施工图纸等。

3. 施工组织设计等。

（三）施工计划

1. 施工进度计划：幕墙工程总体施工顺序及进度、各幕墙施工措施介绍和施工顺序及进度。

2. 材料与设备计划：幕墙工程所用材料及幕墙施工临时设施所用材料和设备的规格型号、数量及进场和退场时间计划安排。

3. 劳动力计划。

（四）施工工艺技术

1. 技术参数：幕墙类型、安装操作设施的选择，基础、架体、附墙支座及连墙件设计等技术参数，动力设备的选择与设计参数。

2. 工艺流程：幕墙材料及组件运输，安装设施的安装、使用及拆除工艺流程。

3. 施工方法及操作要求：幕墙安装操作设施搭设前施工准备、搭设方法、构造措施（如剪刀撑、周边拉结等），安全装置（如防倾覆、防坠落、安全锁等）设置，安全防护设置，拆除方法等。

4. 检查要求：幕墙工程所用的材料进场质量检查，阶段检查项目及内容。

（五）施工保证措施

1. 组织保障措施：安全组织机构、安全保证体系及相应人员安全职责等。

2. 技术措施：安全保证措施、质量技术保证措施、文明施工保证措施、环境保护措施、季节性施工保证措施等。

3. 监测监控措施：监测内容，监测方法、监测频率、监测仪器设备的名称、型号和精度等级，监测项目报警值，巡视检查、信息反馈，监测点平面布置图等。

（六）施工管理及作业人员配备和分工

1. 施工管理人员：管理人员名单及岗位职责（如项目负责人、项目技术负责人、施工员、质量员、各班组长等）。

2. 专职安全人员：专职安全生产管理人员名单及岗位职责。

3. 特种作业人员：幕墙安装操作设施搭设的持证人员名单及岗位职责。

4. 其他作业人员：其他人员名单及岗位职责。

（七）验收要求

1. 验收标准：根据幕墙安装临时设施的设计及要求编写验收标准及验收条件。

2. 验收程序及人员：根据幕墙安装临时设施的设计要求及使用要求确定幕墙安装验收阶段、验收项目及验收人员（建设、施工、监理、监测等单位相关负责人）。

3. 验收内容：进场材料及构配件规格型号，构造要求，组装质量，连墙件及附着支撑结构，防倾覆、防坠落、荷载控制系统及动力系统等装置。

（八）应急处置措施

1. 应急处置领导小组组成与职责、应急救援小组组成与职责，包括抢险、安保、后勤、医救、善后、应急救援工作流程及应对措施、联系方式等。

2. 应急事件（重大隐患和事故）及其应急措施。

3. 救援医院信息（名称、电话、救援线路）。

4. 应急物资准备。

（九）计算书及相关施工图纸

1. 幕墙工程计算书：计算依据、计算参数、计算简图、控制指标及幕墙安装操作设施及运输设备的各构部件、基础、附着支撑的承载力验算，索具吊具及动力设备的计算等。

2. 相关设计图纸：幕墙安装操作设施及运输设备的布置平面图、剖面图，安全防护设计施工图，基础、预埋锚固、附着支撑、特殊部位、特殊构造等节点详图，幕墙构件堆放平面图及堆放大样、幕墙吊装运行路线及运输路线图等。

八、人工挖孔桩工程

下列情况之一者，不得使用人工挖孔桩：

1. 开挖深度范围内分布有厚度超过 2m 的流塑状泥或厚度超过 4m 的软塑状土。

2. 开挖深度范围内分布有层厚超过 2m 的砂层。

3. 有涌水的地质断裂带。

4. 地下水丰富，采取措施后仍无法避免边抽水边作业。

5. 高压缩性人工杂填土厚度超过 5m。

6. 开挖面 3m 以下土层中分布有腐殖质有机物、煤层等可能存在有毒气体的土层。

（一）工程概况

1. 人工挖孔桩工程概况和特点：

（1）工程基本情况：桩数、桩长、桩径、桩的用途（护坡桩、抗滑桩、基础桩等）。

（2）工程地质、水文地质情况及桩与地层关系：地形地貌、地层岩性、地下水、地层渗透性，桩与典型地层剖面图关系等情况。

（3）工程环境情况：工程所在位置、场地及其周边环境情况，地表水、洪水的影响等情况。

（4）施工地的气候特征和季节性天气。

（5）主要工程量清单。

2. 施工平面布置：临时施工道路及材料堆场布置，施工、办公、生活区域布置，临时用电、用水、排水、消防布置，起重机械配置等。

3. 施工要求：明确质量安全目标要求，工期要求（本工程开工日期、计划竣工日期），人工挖孔桩工程计划开工日期、计划完工日期。

4. 人工挖孔桩设计：平面布置图、护壁剖面图、节点大样图等。

5. 风险辨识与分级：风险因素辨识及人工挖孔安全风险分级。

6. 参建各方责任主体单位。

（二）编制依据

1. 法律依据：人工挖孔桩工程的相关法律、法规、规范性文件、标准、规范等。

2. 施工图设计文件：招标文件、勘察文件、设计图纸、现状地形及影响范围管线探测或查询资料、业主相关规定等。

3. 施工组织设计等。

（三）施工计划

1. 施工进度计划：人工挖孔桩工程施工进度安排，具体到各分项工程的进度安排。

2. 材料与设备计划等：人工挖孔桩工程选用的材料、机具和设备进出场明细表。

3. 劳动力计划。

（四）施工工艺技术

1. 技术参数：挖孔桩孔径、深度、钢筋笼重量、混凝土数量等技术参数。

2. 工艺流程：施工总体流程、施工顺序，重点包括挖孔桩分区、分序跳挖要求。

3. 施工方法：开挖方式、出土用垂直运输设备（电动葫芦等）、钢筋笼安装、混凝土浇筑等。

4. 操作要求：人工挖孔桩工程从开挖到浇筑的有关操作具体要求。

5. 检查要求：人工挖孔桩工程主要材料进场质量检查、抽检，过程中对照专项施工方案有关检查内容等。

（五）施工保证措施

1.组织保障措施：安全生产小组、各班组组成人员。

2.技术保障措施：安全组织机构、安全保证体系及相应人员安全职责，安全检查相关内容，有针对性的安全保证措施（防坍塌、防高坠、防物体打击），孔内有害气体检测及预防措施，地下水抽排及防止触电安全措施，施工及检查人员上下安全通行措施等。

3.监测监控措施：必要的护壁沉降监测，影响区内环境监测，巡视检查，信息反馈等。

（六）施工管理及作业人员配备和分工

1.施工管理人员：管理人员名单及岗位职责（如项目负责人、项目技术负责人、施工员、质量员、各班组长等）。

2.专职安全人员：专职安全生产管理人员名单及岗位职责。

3.特种作业人员：人工挖孔桩工程的特种作业人员持证人员名单及岗位职责。

4.其他作业人员：其他人员名单及岗位职责。

（七）验收要求

1.验收标准：人工挖孔桩工程各有关验收标准及验收条件。

2.验收程序及人员：具体验收程序，验收人员组成（建设、勘察、设计、施工、监理、监测等单位相关负责人）。

3.验收内容：依据设计和专项施工方案要求，包括防坍塌措施（护壁高度、厚度、配筋及搭接）、防中毒和窒息措施、防高坠措施、防物体打击措施等安全措施落实情况。

（八）应急处置措施

1.应急处置领导小组组成与职责、应急救援小组组成与职责，包括抢险、安保、后勤、医救、善后、应急救援工作流程、联系方式等。

2.应急事件（重大隐患和事故）及其应急措施。

3.周边建（构）筑物、道路、地下管线等产权单位各方联系方式、救援医院信息（名称、电话、救援线路）。

4. 应急物资准备。

（九）计算书及相关施工图纸

1. 施工设计计算书：垂直运输设备计算，钢筋笼吊装计算书。

2. 相关图纸。

九、钢结构安装工程

（一）工程概况

1. 钢结构安装工程概况和特点：

（1）工程基本情况：建筑面积、高度、层数、结构形式、主要特点等。

（2）钢结构工程概况及超危大工程内容：钢结构工程平面图、立面图、剖面图，典型节点图、主要钢构件断面图、最大板厚、钢材材质和工程量等，列出超危大工程。

2. 施工平面布置：临时施工道路及运输车辆行进路线，钢构件堆放场地及拼装场地布置，起重机械布置、移动吊装机械行走路线等，施工、办公、生活区域布置，临时用电、用水、排水、消防布置等。

3. 施工要求：明确质量安全目标要求，工期要求（本工程开工日期、计划竣工日期），钢结构工程计划开始安装日期、完成安装日期。

4. 周边环境条件：工程所在位置、场地及其周边环境（邻近建（构）筑物、道路及地下地上管线、高压线路、基坑的位置关系）。

5. 风险辨识与分级：风险辨识及钢结构安装安全风险分级。

6. 参建各方责任主体单位。

（二）编制依据

1. 法律依据：钢结构安装工程所依据的相关法律、法规、规范性文件、标准、规范等。

2. 项目文件：施工合同（施工承包模式）、勘察文件、施工图纸等。

3. 施工组织设计等。

（三）施工计划

1. 施工总体安排及流水段划分。

2. 施工进度计划：钢结构安装工程的施工进度安排，具体到各分项工程的进度安排。

3. 施工所需的材料设备及进场计划：机械设备配置、施工辅助材料需求和进场计划，相关测量、检测仪器需求计划，施工用电计划，必要的检验试验计划。

4. 劳动力计划。

（四）施工工艺技术

1. 技术参数：

（1）钢构件的规格尺寸、重量、安装就位位置（平面距离和立面高度）。

（2）选择塔式起重机及移动吊装设备的性能、数量、安装位置；确定移动起重设备行走路线、选择吊索具、核定移动起重设备站位处地基承载力、并进行工况分析。

（3）钢结构安装所需操作平台、工装、拼装胎架、临时承重支撑架、构造措施及其基础设计、地基承载力等技术参数。

（4）季节性施工必要的技术参数。

（5）钢结构安装所需施工预起拱值等技术参数。

2. 工艺流程：钢结构安装工程总的施工工艺流程和各分项工程工艺流程（操作平台、拼装胎架及临时承重支撑架体的搭设、安装和拆除工艺流程）。

3. 施工方法及操作要求：钢结构工程施工前准备、现场组拼、安装顺序及就位、校正、焊接、卸载和涂装等施工方法、操作要点，以及所采取的安全技术措施（操作平台、拼装胎架、临时承重支撑架体及相关设施、设备等的搭设和拆除方法），常见安全、质量问题及预防、处理措施。

4. 检查要求：描述钢构件及其他材料进场质量检查，钢结构安装过程中对照专项施工方案进行有关工序、工艺等过程安全质量检查内容等。

（五）施工保证措施

1. 组织保障措施：安全组织机构、安全保证体系及相应人员安全职责等，明确制度性的安全管理措施，包括人员教育、技术交底、安全检查等要求。

2. 技术措施：安全保证措施（含防火安全保证措施）、质量技术保证措施、文明施工保证措施、环境保护措施、季节施工保证措施等。

3. 监测监控措施：监测组织机构，监测范围、监测项目、监测方法、监测频率、预警值及控制值、巡视检查、信息反馈，监测点布置图等。

（六）施工管理及作业人员配备和分工

1. 施工管理人员：管理人员名单及岗位职责（项目负责人、项目技术负责人、施工员、质量员、各班组长等）。

2. 专职安全人员：专职安全生产管理人员名单及岗位职责。

3. 特种作业人员：特种作业人员持证人员名单及岗位职责。

4. 其他作业人员：其他人员名单及岗位职责。

（七）验收要求

1. 验收标准：根据施工工艺明确相关验收标准及验收条件（专项施工方案，钢结构施工图纸及工艺设计图纸，钢结构工程施工质量验收标准，安全技术规范、标准、规程，其他验收标准）。

2. 验收程序及人员：具体验收程序，验收人员组成（建设、施工、监理、监测等单位相关负责人）。

3. 验收内容：

（1）吊装机械选型、使用备案证及其必要的地基承载力；双机或多机抬吊时的吊重分配、吊点位置及站车位置等。

（2）吊索具的规格、完好程度；吊耳尺寸、位置及焊接质量。

（3）大型拼装胎架，临时支承架体基础及架体搭设。

（4）构件吊装时的变形控制措施。

（5）工艺需要的结构加固补强措施。

（6）提升、顶升、平移（滑移）、转体等相应配套设备的规格和使用性能、配套工装。

（7）卸载条件。

（8）其他验收内容。

（八）应急处置措施

1.应急救援领导小组组成与职责、应急救援小组组成与职责，包括应急处置逐级上报程序，抢险、安保、后勤、医救、善后、应急救援工作流程、联系方式等。

2.应急事件（重大隐患和事故）及其应急措施。

3.周边建（构）筑物、道路、地下管线等产权单位各方联系方式、救援医院信息（名称、电话、救援线路）。

4.应急物资准备。

（九）计算书及相关图纸

1.计算书：包括荷载条件、计算依据、计算参数、荷载工况组合、计算简图（模型）、控制指标、计算结果等。

2.计算书内容：吊耳、吊索具、必要的地基或结构承载力验算、拼装胎架、临时支撑架体、有关提升、顶升、滑移及转体等相关工艺设计计算、双机或多机抬吊吊重分配、不同施工阶段（工况）结构强度、变形的模拟计算及其他必要验算的项目。

3.相关措施施工图主要包括：吊耳、拼装胎架、临时支承架体、有关提升、顶升、滑移、转体及索、索膜结构张拉等工装、有关安全防护设施、操作平台及爬梯、结构局部加固等；监测点平面布置图；施工总平面布置图。

4.相关措施施工图应符合绘图规范要求，不宜采用示意图。

用人单位职业健康监护监督管理办法

第一章 总则

第一条 为了规范用人单位职业健康监护工作，加强职业健康监护的监督管理，保护劳动者健康及其相关权益，根据《中华人民共和国职业病防治法》，制定本办法。

第二条 用人单位从事接触职业病危害作业的劳动者（以下简称劳动者）的职业健康监护和安全生产监督管理部门对其实施监督管理，适用本办法。

第三条 本办法所称职业健康监护，是指劳动者上岗前、在岗期间、离岗时、应急的职业健康检查和职业健康监护档案管理。

第四条 用人单位应当建立、健全劳动者职业健康监护制度，依法落实职业健康监护工作。

第五条 用人单位应当接受安全生产监督管理部门依法对其职业健康监护工作的监督检查，并提供有关文件和资料。

第六条 对用人单位违反本办法的行为，任何单位和个人均有权向安全生产监督管理部门举报或者报告。

第二章 用人单位的职责

第七条 用人单位是职业健康监护工作的责任主体，其主要负责人对本单位职业健康监护工作全面负责。

用人单位应当依照本办法以及《职业健康监护技术规范》（GBZ 188）、《放射工作人员职业健康监护技术规范》（GBZ 235）等国家职业卫生标准的要求，制定、落实本单位职业健康检查年度计划，并保证所需要的专项经费。

第八条　用人单位应当组织劳动者进行职业健康检查，并承担职业健康检查费用。

劳动者接受职业健康检查应当视同正常出勤。

第九条　用人单位应当选择由省级以上人民政府卫生行政部门批准的医疗卫生机构承担职业健康检查工作，并确保参加职业健康检查的劳动者身份的真实性。

第十条　用人单位在委托职业健康检查机构对从事接触职业病危害作业的劳动者进行职业健康检查时，应当如实提供下列文件、资料：

（一）用人单位的基本情况；

（二）工作场所职业病危害因素种类及其接触人员名册；

（三）职业病危害因素定期检测、评价结果。

第十一条　用人单位应当对下列劳动者进行上岗前的职业健康检查：

（一）拟从事接触职业病危害作业的新录用劳动者，包括转岗到该作业岗位的劳动者；

（二）拟从事有特殊健康要求作业的劳动者。

第十二条　用人单位不得安排未经上岗前职业健康检查的劳动者从事接触职业病危害的作业，不得安排有职业禁忌的劳动者从事其所禁忌的作业。

用人单位不得安排未成年工从事接触职业病危害的作业，不得安排孕期、哺乳期的女职工从事对本人和胎儿、婴儿有危害的作业。

第十三条　用人单位应当根据劳动者所接触的职业病危害因素，定期安排劳动者进行在岗期间的职业健康检查。

对在岗期间的职业健康检查，用人单位应当按照《职业健康监护技术规范》（GBZ 188）等国家职业卫生标准的规定和要求，确定接触职业病危害的劳动者的检查项目和检查周期。需要复查的，应当根据复查要求增加相应的检查项目。

第十四条　出现下列情况之一的，用人单位应当立即组织有关劳动者进行应急职业健康检查：

（一）接触职业病危害因素的劳动者在作业过程中出现与所接触职业病危害因素相关的不适症状的；

（二）劳动者受到急性职业中毒危害或者出现职业中毒症状的。

第十五条 对准备脱离所从事的职业病危害作业或者岗位的劳动者，用人单位应当在劳动者离岗前 30 日内组织劳动者进行离岗时的职业健康检查。劳动者离岗前 90 日内的在岗期间的职业健康检查可以视为离岗时的职业健康检查。

用人单位对未进行离岗时职业健康检查的劳动者，不得解除或者终止与其订立的劳动合同。

第十六条 用人单位应当及时将职业健康检查结果及职业健康检查机构的建议以书面形式如实告知劳动者。

第十七条 用人单位应当根据职业健康检查报告，采取下列措施：

（一）对有职业禁忌的劳动者，调离或者暂时脱离原工作岗位；

（二）对健康损害可能与所从事的职业相关的劳动者，进行妥善安置；

（三）对需要复查的劳动者，按照职业健康检查机构要求的时间安排复查和医学观察；

（四）对疑似职业病病人，按照职业健康检查机构的建议安排其进行医学观察或者职业病诊断；

（五）对存在职业病危害的岗位，立即改善劳动条件，完善职业病防护设施，为劳动者配备符合国家标准的职业病危害防护用品。

第十八条 职业健康监护中出现新发生职业病（职业中毒）或者两例以上疑似职业病（职业中毒）的，用人单位应当及时向所在地安全生产监督管理部门报告。

第十九条 用人单位应当为劳动者个人建立职业健康监护

档案，并按照有关规定妥善保存。职业健康监护档案包括下列内容：

（一）劳动者姓名、性别、年龄、籍贯、婚姻、文化程度、嗜好等情况；

（二）劳动者职业史、既往病史和职业病危害接触史；

（三）历次职业健康检查结果及处理情况；

（四）职业病诊疗资料；

（五）需要存入职业健康监护档案的其他有关资料。

第二十条 安全生产行政执法人员、劳动者或者其近亲属、劳动者委托的代理人有权查阅、复印劳动者的职业健康监护档案。

劳动者离开用人单位时，有权索取本人职业健康监护档案复印件，用人单位应当如实、无偿提供，并在所提供的复印件上签章。

第二十一条 用人单位发生分立、合并、解散、破产等情形时，应当对劳动者进行职业健康检查，并依照国家有关规定妥善安置职业病病人；其职业健康监护档案应当依照国家有关规定实施移交保管。

第三章 监督管理

第二十二条 安全生产监督管理部门应当依法对用人单位落实有关职业健康监护的法律、法规、规章和标准的情况进行监督检查，重点监督检查下列内容：

（一）职业健康监护制度建立情况；

（二）职业健康监护计划制定和专项经费落实情况；

（三）如实提供职业健康检查所需资料情况；

（四）劳动者上岗前、在岗期间、离岗时、应急职业健康检查情况；

（五）对职业健康检查结果及建议，向劳动者履行告知义务情况；

（六）针对职业健康检查报告采取措施情况；

（七）报告职业病、疑似职业病情况；

（八）劳动者职业健康监护档案建立及管理情况；

（九）为离开用人单位的劳动者如实、无偿提供本人职业健康监护档案复印件情况；

（十）依法应当监督检查的其他情况。

第二十三条　安全生产监督管理部门应当加强行政执法人员职业健康知识培训，提高行政执法人员的业务素质。

第二十四条　安全生产行政执法人员依法履行监督检查职责时，应当出示有效的执法证件。

安全生产行政执法人员应当忠于职守，秉公执法，严格遵守执法规范；涉及被检查单位技术秘密、业务秘密以及个人隐私的，应当为其保密。

第二十五条　安全生产监督管理部门履行监督检查职责时，有权进入被检查单位，查阅、复制被检查单位有关职业健康监护的文件、资料。

第四章　法律责任

第二十六条　用人单位有下列行为之一的，给予警告，责令限期改正，可以并处 3 万元以下的罚款：

（一）未建立或者落实职业健康监护制度的；

（二）未按照规定制定职业健康监护计划和落实专项经费的；

（三）弄虚作假，指使他人冒名顶替参加职业健康检查的；

（四）未如实提供职业健康检查所需要的文件、资料的；

（五）未根据职业健康检查情况采取相应措施的；

（六）不承担职业健康检查费用的。

第二十七条　用人单位有下列行为之一的，责令限期改正，给予警告，可以并处 5 万元以上 10 万元以下的罚款：

（一）未按照规定组织职业健康检查、建立职业健康监护档案或者未将检查结果如实告知劳动者的；

（二）未按照规定在劳动者离开用人单位时提供职业健康监护档案复印件的。

第二十八条　用人单位有下列情形之一的，给予警告，责令限期改正，逾期不改正的，处 5 万元以上 20 万元以下的罚款；情节严重的，责令停止产生职业病危害的作业，或者提请有关人民政府按照国务院规定的权限责令关闭：

（一）未按照规定安排职业病病人、疑似职业病病人进行诊治的；

（二）隐瞒、伪造、篡改、损毁职业健康监护档案等相关资料，或者拒不提供职业病诊断、鉴定所需资料的。

第二十九条　用人单位有下列情形之一的，责令限期治理，并处 5 万元以上 30 万元以下的罚款；情节严重的，责令停止产生职业病危害的作业，或者提请有关人民政府按照国务院规定的权限责令关闭：

（一）安排未经职业健康检查的劳动者从事接触职业病危害的作业的；

（二）安排未成年工从事接触职业病危害的作业的；

（三）安排孕期、哺乳期女职工从事对本人和胎儿、婴儿有危害的作业的；

（四）安排有职业禁忌的劳动者从事所禁忌的作业的。

第三十条　用人单位违反本办法规定，未报告职业病、疑似职业病的，由安全生产监督管理部门责令限期改正，给予警告，可以并处 1 万元以下的罚款；弄虚作假的，并处 2 万元以上 5 万元以下的罚款。

第五章　附则

第三十一条　煤矿安全监察机构依照本办法负责煤矿劳动者职业健康监护的监察工作。

第三十二条　本办法自 2012 年 6 月 1 日起施行。